食物と栄養学基礎シリーズ 9

第八版

栄養教育論

吉田 勉 監修
土江節子 編著

学文社

監修のことば

「食物と栄養学基礎シリーズ」は，その名称が示すように，食物・栄養に関する学問的基礎知識を獲得することに主眼が置かれているものである。しかしながら，その分野への関心や興味が，健康の保持・増進，或いは疾病からの回復予防などの視点から生じている場合が多いため，本シリーズでは応用分野へも手を伸ばすことが必要と考えて企画されている。

食物・栄養の基礎と応用を接続する“栄養教育”の重要性については改めて記すまでもないところではあるが，日本は勿論，世界的にもその役割は増加する傾向にあることを考えれば，『栄養教育論』が果たすべき任務は極めて大きなものがあると考える。

丸山千寿子・日本女子大学教授および栗原伸公・神戸女子大学教授から絶大なご推薦を頂戴した土江節子・神戸女子大学教授には，お忙しい公務を縫われながらも，熟達されたご手腕で『栄養教育論』を編集願えたことに深く感謝申し上げる。また本書を作り上げるに当っては，参加頂いた多士済々の中堅的執筆者，そして前途有望な若手執筆者のご努力・ご協力があってこそ完成したことに，謝意を表したい。

2013 年 3 月

監修者記す

編者のことば

栄養士法では，管理栄養士は，「傷病者に対する療養のため必要な栄養の指導，個人の身体の状況，栄養状態に応じた高度の専門的知識及び技術を必要とする健康保持増進のための栄養の指導，特定多数人に対して継続的に食事を供給する施設における利用者の身体の状況，栄養状態，利用の状況等に応じた特別の配慮を必要とする給食管理及びこれらの施設に対する栄養改善上必要な指導等を行うことを業とする者」とされている。また，栄養士は，「栄養士の名称を用いて栄養の指導に従事することを業とする者」とされており，管理栄養士・栄養士には，「栄養の指導」すなわち，「栄養教育（指導）」は，重要かつウエイトの高い業務である。

健康・栄養上の問題には，「過栄養」「低栄養」「偏栄養」などがあり，その背景には，社会・経済の豊かさ・貧しさ，高齢化，栄養の知識の過剰・不足，心理的な問題等が考えられる。栄養教育では，これらの環境に対する行政・組織での施策と，個人の背景を配慮した個人に対する教育が重要である。

筆者は，長年，病院において栄養指導を行ってきた。そのなかで，阪神淡路大震災後，栄養指導の必要な対象者が急増した。その理由は，食物が入手できないことともに，「苦労して新築した自宅が一瞬にして燃えてしまった。避難所にいて焚き火を囲むと何か食べずにはいられない」など，深刻な問題を抱える対象者がほとんどであった。このような場合，医師・看護師・管理栄養士・臨床心理士等の医療チームが連携し，教育学・行動科学・心理学の理論にもとづく技法を用い，対象者が自ら問題を克服し望ましい食物摂取行動を実践していけるような支援が必要となる。医療チームのなかで，管理栄養士・栄養士には，他の職種にはできない内容の栄養教育が求められる。

栄養教育は，健康の維持・増進の基本であり，疾病の治療・合併症予防となり，QOLの向上につながる。国民のQOLの向上は国の発展につながる。それらの認識のもとに，「他の職種にはできない管理栄養士・栄養士の栄養教育」の知識・技術を修得されることを希望する。

今回，本書は，吉田勉・東京都立短期大学名誉教授（監修者）のご指導のもと，新進気鋭の若手の管理栄養士に執筆をお願いし，学文社の田中社長，担当の椎名氏のご協力を得て迅速に完成することができた。本書に関係くださった方々に心より感謝したい。

2013年3月

土江　節子

第六版刊行にあたって

日本人の食事摂取基準の改定（2020 版）に応じて一部変更を行ったが，不完全な所が生じている。次回に追加修正を行いたい。第４章ライフステージ・ライフスタイル別栄養教育では，栄養教育プログラムの実際の項を設け，臨地校外実習など実務に役立つ内容を追加した。

2020 年 1 月

土江　節子

第七版刊行にあたって

2020 年初頭より，新型コロナウィルス感染症が拡がり，緊急事態宣言や蔓延防止措置が出され，人々は，不要不急の外出を控え自粛生活をしている。そのためにストレスを抱え，過食・過飲となり，運動の機会も不足し，生活習慣病等が発症し重症化しやすい環境となっている。

令和２年度・３年度は国民健康・栄養調査が取り止めとなり，国民栄養の現状は明らかでないが，これまで以上に，栄養教育の必要な時であると思われる。

栄養教育においては，三密（密閉・密集・密接）を配慮した環境を整えることやテレビ電話の利用，バイキング・食事会・調理実習などの集団教育においては Web 利用を検討していくことが課題となる。本書により栄養教育の基礎を修得し，コロナ禍での栄養教育への応用を期待したい。

2022 年 3 月 1 日

土江　節子

第八版刊行にあたって

近年，国民の生活様式が変化してきている。コロナ感染症の発症やインターネットの発展により出勤勤務が減り在宅での生活が増えた，また逆に，格差社会により複数の仕事が必要で重労働となったなど，多様となっている。栄養教育においては，対象者の状況を把握し，多様な栄養教育が重要となる。栄養教育の基礎を発展・応用し効果的な教育ができるよう基礎を入念に学んでほしい。

2023 年 2 月

土江　節子

目　次

1　栄養教育の概念

1.1　栄養教育の目的・目標……1

1.1.1　栄養教育の定義……1
1.1.2　栄養教育と健康教育・ヘルスプロモーション……2
1.1.3　栄養教育と生活習慣……3

1.2　栄養教育の対象と機会……4

1.2.1　ライフステージ・ライフスタイルからみた対象と機会…4
1.2.2　健康状態からみた対象と機会……5
1.2.3　個人・組織・地域社会のレベル別にみた対象と機会…5

2　栄養教育のための理論的基礎

2.1　行動科学の理論やモデルと栄養教育……8

2.1.1　行動科学……8
2.1.2　行動科学を用いた健康教育の変遷と栄養教育との関わり…8

2.2　行動科学の理論とモデル……10

2.2.1　理論とモデルを栄養教育へ導入する方法と意義…10
2.2.2　行動変容を導く理論とモデル……11

2.3　行動変容技法と概念……24

2.3.1　行動変容技法の種類と概念・活用方法…24
2.3.2　行動変容技法の応用……30
2.3.3　行動変容技法を用いた栄養教育の実例…30

2.4　栄養カウンセリング……32

2.4.1　行動カウンセリング……32
2.4.2　カウンセリングの基本……34
2.4.3　カウンセリングにおける基本的態度…35
2.4.4　栄養カウンセリングの基礎的技法……36
2.4.5　認知行動療法……39
2.4.6　動機付け面接……40

2.5　組織づくり・地域づくりへの展開……42

2.5.1　自助集団（セルフヘルプグループ）…42
2.5.2　組織づくり・ネットワークづくり……42
2.5.3　グループ・ダイナミクス……42
2.5.4　エンパワーメント……43
2.5.5　ソーシャルキャピタル……44

2.6　食環境づくりとの関連……44

2.6.1　食物へのアクセス……44
2.6.2　情報へのアクセス……47
2.6.3　食物および情報へのアクセスの統合…48
2.6.4　食環境に関わる組織・集団への栄養教育……49

3　栄養教育マネジメント

3.1　健康・食物摂取に影響を及ぼす要因のアセスメント……58

3.1.1　アセスメントの種類と方法……59
3.1.2　個人要因のアセスメント……60
3.1.3　環境要因のアセスメント……63
3.1.4　情報収集の方法……63
3.1.5　優先課題の特定……67

3.2　栄養教育の目標設定……67
3.2.1　目標設定の意義と方法……67
3.2.2　実施目標……68
3.2.3　学習目標……68
3.2.4　行動目標……68
3.2.5　環境目標……68
3.2.6　結果目標……68
3.2.7　目標設定時の留意点……68
3.3　栄養教育計画立案……69
3.3.1　対象者の決定……70
3.3.2　期間・時期・頻度・時間の設定……71
3.3.3　場所の選択と設定……71
3.3.4　実施者の決定とトレーニング……72
3.3.5　教材の選択と作成……77
3.3.6　学習形態の選択（How）……79
3.4　栄養教育プログラムの実施……80
3.4.1　モニタリング……83
3.4.2　実施記録・報告……83
3.5　栄養教育の評価……84
3.5.1　評価の種類……84
3.5.2　栄養教育における評価結果のフィードバック……86
3.5.3　評価の方法（評価指標と評価デザイン）……86
3.5.4　栄養教育プログラムの評価結果の判断に関わる概念……88

4　ライフステージ・ライフスタイル別栄養教育

4.1　妊娠期・授乳期……94
4.1.1　栄養教育の特徴と留意事項……94
(1)　体重管理……94
(2)　妊娠の合併症と栄養教育……95
4.1.2　栄養教育プログラムの実際……95
(1)　アセスメント……95
(2)　目標設定……97
(3)　プログラムの作成……97
(4)　プログラムの実施……98
(5)　プログラムの評価……98
4.2　乳幼児期の栄養教育……98
4.2.1　栄養教育の特徴と留意事項……98
(1)　授乳期……98
(2)　離乳期……98
(3)　幼児期……101
4.2.2　栄養教育プログラムの実際……102
(1)　アセスメント……102
(2)　目標設定……102
(3)　プログラムの作成……105
(4)　プログラムの実施……106
(5)　プログラムの評価……106
4.3　学童期・思春期の栄養教育……106
4.3.1　栄養教育の特徴と留意事項……107
(1)　食生活と健康の留意点……107
(2)　学校を拠点とした食育と栄養教育……109
(3)　ダイエットと栄養教育……112
(4)　スポーツと栄養教育……115
4.3.2　栄養教育プログラムの実際……116
(1)　アセスメント……116
(2)　目標設定……116

(3) プログラムの作成 …… 116
(4) プログラムの実施 …… 117
(5) プログラムの評価 …… 117
4.4 成人期の栄養教育 …… 117
4.4.1 栄養教育の特徴と留意事項 …… 118
(1) 健康上の特徴と留意点 …… 118
(2) 身体活動・運動習慣の教育 …… 121
(3) ワーク・ライフ・バランスと栄養教育 … 122
(4) ライフスタイルと栄養教育 …… 123
4.4.2 栄養教育プログラムの実際 …… 124
(1) アセスメント …… 124
(2) 目標設定 …… 124
(3) プログラムの作成 …… 125
(4) プログラムの実施 …… 125
(5) プログラムの評価 …… 126
4.5 高齢期の栄養教育 …… 126
4.5.1 栄養教育の特徴と留意事項 …… 126
(1) 健康上の特徴と留意点 …… 127
(2) 在宅での食事サービスと栄養教育 …… 128
(3) 高齢者福祉施設での栄養教育 …… 128
4.5.2 栄養教育プログラムの実際 …… 128
(1) アセスメント …… 128
(2) 目標設定 …… 129
(3) プログラムの作成 …… 129
(4) プログラムの実施 …… 130
(5) プログラムの評価 …… 130
4.6 傷病者の栄養食事指導 …… 130
4.6.1 栄養食事指導の特徴と留意事項 … 130
(1) 入院栄養食事指導 …… 132
(2) 外来栄養食事指導 …… 133
(3) 在宅患者訪問栄養食事指導 …… 133
(4) 集団栄養食事指導 …… 133
(5) 個別指導と集団指導 …… 134
4.6.2 栄養食事指導プログラムの実際 … 134
(1) アセスメント …… 134
(2) 目標設定とプログラムの作成 …… 135
(3) プログラムの実施 …… 135
(4) プログラムの評価 …… 136
(5) 報告とフィードバック …… 137
4.7 障害者の栄養教育 …… 137
4.7.1 栄養教育の特徴と留意事項 …… 137
(1) 障害者とは …… 137
(2) 障害者への栄養教育 …… 137
4.7.2 栄養教育プログラムの実際 …… 139
(1) アセスメント …… 139
(2) 目標設定とプログラムの作成 …… 139
(3) プログラムの実施 …… 140
(4) プログラムの評価 …… 140
(5) 報告とフィードバック …… 140
4.7.3 ノーマライゼーションと栄養教育 … 140

5 栄養教育の国際的動向

5.1 わが国と諸外国の食生活の比較 …… 149

5.2　先進国における栄養教育……149
5.2.1　アメリカのガイドラインについて…150
5.2.2　アメリカにおけるその他の栄養教育にまつわる事象…150
5.2.3　カナダのガイドラインについて…151
5.2.4　オーストラリアのガイドラインについて……151
5.2.5　イギリスのガイドラインについて…152
5.2.6　デンマークのガイドラインについて……153
5.2.7　その他の国のフードガイド，食育の実施について……153
5.3　開発途上国の栄養教育……154

巻末資料

1　栄養教育に必要な基礎知識と教材……158
2　栄養教育に関連する法律・通知および疾患治療ガイドライン……162
〈演習問題〉……162
〈予想問題〉……163

索　引……165

1　栄養教育の概念

1.1　栄養教育の目的・目標

1.1.1　栄養教育の定義

(1)　目的・目標

目的：対象者が向かう方向性（ゴール）

目標：目的を達成するための具体的な行動指標

栄養とは，生物が，必要な物質を外界から摂取し，それを利用して体を構成し，生命活動を営み，自らの健康を維持・増進する一連の現象である。

一方教育とは，教え育てることであり，望ましい知識・技術・態度を教え，対象者が進んでそれを行動に移し（変容）その行動を継続していける（形成）ように育てることである。

対象者が，栄養教育を受け，栄養（食物摂取）について望ましい行動を実践することは，健康の維持・増進，疾病の予防・治療・再発防止となり，QOL*の維持・向上につながる。このことが，栄養教育の目的である。

＊QOL（quality of life）　個人が生活する文化や価値観の中で目標や期待，基準，関心に関連した自分自身の人生の状況に対する認識（WHO 定義）

栄養教育の目標は，栄養教育の目的に向けて，「対象者が，望ましい**食物摂取行動**を理解し，それを主体的に実践して，その行動を維持していける自己管理能力の育成」，さらには，個人の食物摂取行動のみならず「他者への望ましい食物摂取行動を支援する能力の育成」である。食物摂取行動の理解とは，食物の選択（種類・量）・食べ方・その根拠，つまり，「いつ・どこで・何を・どれだけ・どのように・なぜ」摂取するのかを理解することである。

(2)　栄養教育の内容

栄養教育は，①個人（本人・家族・キーパーソン）に対して個人の属する組織（学校・職場・病院など）・地域（保健所など）のなかで実施する。②組織・地域の栄養改善に関する環境を整備するなどその内容は多様である。**表 1.1** は，

コラム 1　栄養教育を行うための管理栄養士・栄養士の必須条件

栄養教育の目標を達成するには，対象者は，望ましい食物摂取行動に関する知識，技術，態度，行動を身につけることが必要であり，管理栄養士・栄養士はそれらを教育しなければならない。管理栄養士・栄養士には，個人要因の教育においては，「専門基礎分野（食べ物と健康，人体の構造と機能及び疾病の成り立ち）」と，「専門分野（基礎栄養学，応用栄養学，栄養教育論，臨床栄養学など）」の教科の履修内容を活用することが必須となる。対象者を取り巻く，家庭・組織・地域などの環境要因についての理解も必須であり，「専門基礎分野（社会・環境と健康），専門分野（公衆栄養学，給食経営管理学など）」の教科の履修内容を活用する。また，社会，経済，文化などの背景についての配慮も重要である。これらの教科の内容や背景は，日々進歩し，変化するものである。管理栄養士・栄養士には，学会や研修会への参加，専門誌の購読，マスコミによる情報を適切に判断するなどの研鑽が求められる。

表 1.1　食物摂取行動変容のための栄養教育内容例

知識（理解）：健康（疾病・栄養状態），栄養素の種類と体内での働き，栄養素と食物，食物の流通，必要栄養量，望ましい食物摂取（食品構成，食事時間，外食，食べ方） 技術：献立作成，調理，食物の入手，情報の入手，協力の要請，環境の整備，その他（食物の安全・衛生や栄養成分表示の見方） 態度（動機付け）：健康（疾病）・望ましい食物摂取の利益性・障害性，罹病性・重大性 行動：食物摂取状況や食物摂取について他者への支援状況の把握

望ましい食物摂取行動を習得するための，知識・技術・態度・行動に対する個人への栄養教育の内容例である。栄養教育の実施にあたっては，対象者の食物摂取に対するそれらの現状を把握し個々の必要に応じた教育内容とする。

1.1.2　栄養教育と健康教育・ヘルスプロモーション

(1)　健康教育

健康について，世界保健機関（World Health Organization：WHO）の保健憲章において，「健康とは，完全に，身体的精神的及び社会的によい（安寧な）状態であることを意味し，単に病気でない，虚弱でないということではない」と定義している（1946 年）。

健康教育とは，対象者の状況に応じた健康に関する知識・技術・態度を教え，対象者がそれを自発的に行動に移しその行動を継続していけるように育てることである。個人の健康行動は，組織，地域の制度・政策など社会政策にも影響されるため，それらの環境（体制）づくりも健康教育である（p.9，＊2 参照）。

(2)　ヘルスプロモーション

ヘルスプロモーションについて，世界保健機関はオタワ憲章において，21 世紀の健康戦略として，「人々が自らの健康とその決定要因をコントロールし，改善することができるようにするプロセス」と定義し，その目標として「すべての人びとがあらゆる生活舞台―労働・学習・余暇そして愛の場―で健康を享受することのできる公正な社会の創造」を掲げている（1986 年）。すなわち，ヘルスプロモーションとは，「人々が自らの健康を調整し，改善することができるようにするための健康政策」であり，「人々の健康に役立つような，行動や生活に対する教育的支援と法的整備を含めた環境的支援が重要である」とされている。目標実現のための活動方法として，①健康な公共政策づくり，②健康を支援する環境づくり，③地域活動の強化，④個人技術の開発，⑤ヘルスサービスの方向転換など教育的支援と環境的支援を掲げ，有機的な連携が具体的な“健康づくり”に発展するとしている。

さらに，2015 年には誰ひとり取り残さないことを目指し，先進国と途上国が一丸となって達成すべき持続可能な開発目標「SDGs」が策定された。2030 年までに達成すべき 17 の目標の中に「飢餓をゼロに」「すべての人に健康と福祉を」などが掲げられている。

(3)　栄養教育と健康教育・ヘルスプロモーション

栄養教育は健康教育のなかのひとつであり，管理栄養士・栄養士がその役割を果たす。健康教育は，栄養教育の他，健康に影響する，身体活動，喫煙，飲酒，休養，睡眠など生活習慣についての教育があり，これらは，栄養教育のなかでも取り上げる。

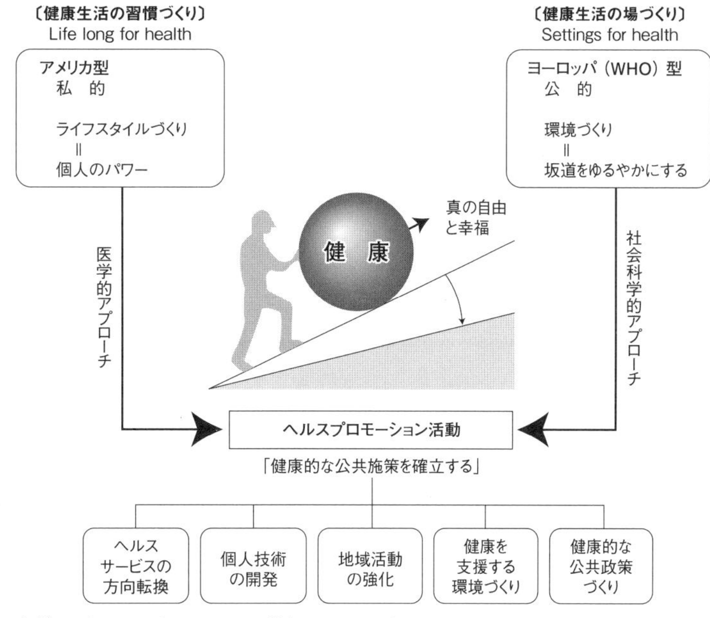

出所）日本ヘルスプロモーション学会ホームページ

図 1.1　ヘルスプロモーション活動の概念図

医師・管理栄養士・保健師・看護師・健康運動指導士・理学療法士・臨床心理士・ケースワーカーなどが連携し，健康に関する政策・環境づくりの構築・地域活動などヘルスプロモーションをとおして，対象者が自分たちの力で健康や豊かな人生を手にいれられるよう支援を進める（**図 1.1**）。

1.1.3　栄養教育と生活習慣

健康の維持・増進の先には，QOL が位置づけられるため，健康につながる栄養教育の果たす役割は大きい。また，一次（健康の維持・増進，疾病の予防）・二次（早期発見，早期治療，疾病の重症化予防）・三次予防（疾病の再発防止，リハビリテーション）には，食物摂取に加えて，身体活動，喫煙，飲酒，休養，睡眠などの生活習慣についての健康教育も重要である。「健康日本 21（第 2 次）」には，これらの基本的方向および目標が示されている。

(1)　身体活動

身体活動量は，総死亡，虚血性心疾患，高血圧，糖尿病，肥満，骨粗鬆症，結腸がんなどの罹患率や死亡率と関連する。また，メンタルヘルスや高齢者の寝たきり防止など QOL の改善に効果をもたらす。2013 年には「健康づくりのための身体活動基準」（巻末資料 1 参照）が策定された。身体活動（生活活動＋運動）全体に着目することの重要性から「健康づくりのための運動基準 2006」を改定している。

(2)　喫煙

たばこは，がん，虚血性心疾患，脳血管疾患，慢性閉塞性肺疾患，歯周病疾患や，流産・早産，低出生体重児など妊娠における異常の危険因子である。

また，「受動喫煙」によって，周囲の健康にも影響する。

(3) 飲酒

アルコールは，健康に対して，短時間内の多量飲酒による急性アルコール中毒，慢性影響として肝疾患・がん等との関連，未成年者の飲酒による精神的・身体的発育への影響，妊婦による飲酒を通じた胎児への影響などがある。「健康日本 21（第 2 次）」では，①生活習慣病のリスクを高める量を飲酒している者の割合の減少，②未成年者の飲酒をなくす，③妊娠中の飲酒をなくすことを目標としている。

(4) 休養と睡眠

1) 休養

「休む」ことにより，仕事や活動によって生じた心身の疲労やストレスを回復し，元の活力ある状態にもどし，「養う」ことにより，明日に向かっての鋭気を養い，身体的，精神的，社会的な健康能力を高める。

2) 睡眠

睡眠不足は，疲労感をもたらし，情緒を不安定にし，適切な判断力を鈍らせる。精神疾患の一症状としてあらわれることが多い。高血圧や糖尿病の悪化要因や事故の原因となる（健康づくりのための睡眠指針 2014 巻末資料参照）。

1.2 栄養教育の対象と機会

栄養教育の対象は，ライフステージ，ライフスタイル，健康状態（一次・二次・三次予防）などさまざまであり，また，属する組織や地域社会も異なる。対象のニーズに応じた栄養教育を，属する組織や地域社会のなかで生涯を通して実施することが必要である。

1.2.1 ライフステージ・ライフスタイルからみた対象と機会

(1) ライフステージによる対象者の特徴

必要な栄養素の種類や量は，ライフステージ（妊娠期・授乳期，乳幼児期，学童期，思春期，成人期，高齢期）によって異なり，また，同じライフステージにあっても，体格，運動量，環境等によって異なる。対象者に応じた必要栄養量を設定し，対象者のニーズに応じた食物摂取行動を教育する。

妊娠・授乳期の栄養状態は，本人だけではなく，胎児，新生児，乳児の成長に影響する。胎児期・乳児期の栄養状態は一生涯の健康状態に関係する。幼児期，学童期では，特に偏食・**コ食***，思春期では女子のやせ願望からの食欲不振症を念頭においた栄養教育が必要となる。成人期には，年齢とともに基礎代謝量や活動量が低下し，必要栄養量が減少する。また，食事時間が不規則になる，外食が増えるなど生活習慣病につながる環境が多くなる。高齢期には，消化・生理機能が低下し，低栄養になりやすい。

＊コ食　→ p.101

(2)　ライフスタイルによる対象者の特徴

必要栄養量や食物摂取行動は，対象者の世帯（単身～複数世帯），就学，業種・勤労形態，日常生活活動，居住地域などの社会環境，経済状態，思想などの文化環境などによって異なる。

1.2.2　健康状態からみた対象と機会

「健康」と「病気」の間には，明確な境界はなく，この間には，「半健康」や「病弱」の状態も存在している*。健康な場合は一次予防，半健康や病気に罹患している状態では二次予防，病気が継続する状態では三次予防を行う。栄養教育においては，一次予防，二次予防，三次予防の各状況に応じた栄養教育を実施する（**表 1.2**）。

*吉田勉監修，栗原伸公編著：公衆衛生学，学文社（2015）

表 1.2　予防の種類

	対象	目的	具体例
一次予防	病気になっていない人	発病・罹患防止	健康教育・予防接種
二次予防	病気（初期または不顕性状態の人）	早期発見・早期治療	健康診断・健診・早期治療
三次予防	病気（発症後）の人	進行防止・機能回復	リハビリテーション・介護予防

出所）吉田勉監修，栗原伸公編著：公衆衛生学（第 2 版），学文社（2015）

(1)　一次予防としての栄養教育

近年，都市化，核家族化，女性の社会進出によって，外食・中食・加工食品の利用が増加し，食物摂取行動は欧米化，多様化，簡便化し続けている。これらにより，過食や偏食となり，栄養素バランスは崩れやすく，さらに運動不足やストレスなど疾患の発症につながる環境となっている。社会環境に合わせた栄養教育が重要である。

(2)　二次予防・三次予防としての栄養教育

栄養食事治療が重要となる疾患（肥満症，高血圧症，脂質異常症，糖尿病，心疾患，腎疾患，肝疾患，骨粗鬆症，低栄養，嚥下・咀嚼困難，褥瘡（じょくそう）など）に対しては，二次予防，三次予防のための栄養教育は不可欠である。なお，予防の段階は，右記の生活習慣病予防と介護予防の 2 種類がある（**図 1.2**）。

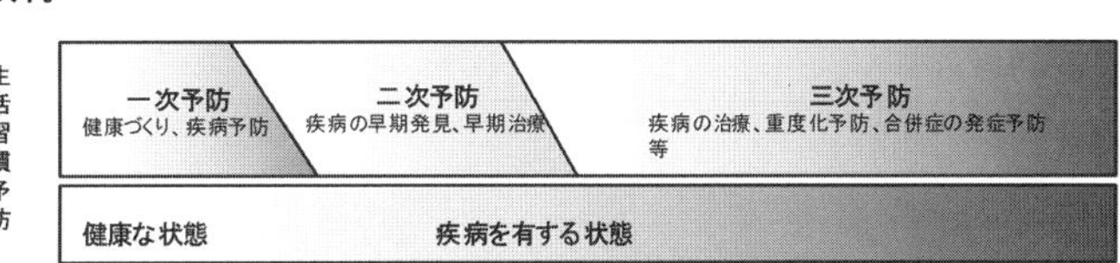

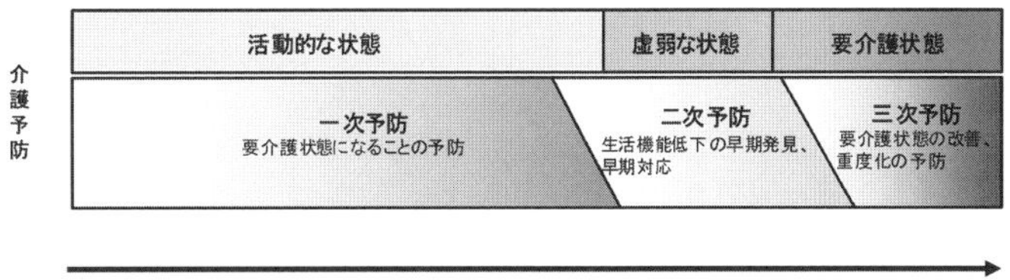

注）一般的なイメージであって，疾病の特性等に応じて上記に該当しない場合がある。
出所）厚生労働省：介護予防マニュアル改訂版（2012）

図 1.2　生活習慣病予防及び介護予防の「予防」の段階

1.2.3　個人・組織・地域社会のレベル別にみた対象と機会

食物摂取行動は，個人レベル（本人・家族・キーパーソン）の意思による行動であり，栄養教育においても，個人の健康（疾患・栄養状態）や食物摂取行動の問題点に応じた教育が基本となる。加えて，食物摂取行動は，個人レベルの意思のみではなく，帰属組織や地域社会の影響も受ける。栄養教

コラム2　栄養食事治療の進歩

各疾患の治療などについては，学会等が定期的にガイドラインを発行しているので，それらのガイドラインなどにより絶えず栄養食事治療の方針を確認しておくことが必要である（巻末資料2参照）。

育は，組織（職場など）・地域に働きかけ，その特性を活用した栄養教育体制を構築し，組織（職場）・地域全体の解決を目指す。

【参考文献】

岡崎　勲，小林廉毅，豊嶋英明：標準公衆衛生・社会医学（2009）

厚生労働省：健康日本21（第2次）　別表第二（2）身体活動・運動
https://www.mhlw.go.jp/www1/topics/kenko21_11/b2.html（2018.9.6）

厚生労働省：健康日本21（第2次）　別表第二（5）喫煙
https://www.mhlw.go.jp/www1/topics/kenko21_11/b4.html#A41（2018.9.6）

厚生労働省：介護予防マニュアル　改訂版（2012）
https://www.mhlw.go.jp/topics/2009/05/dl/tp0501-1_1.pdf（2018.9.6）

全国栄養士養成施設協会監修，池田小夜子，斎藤トシ子，川野因：栄養教育論（第5版），第一出版（2016）

日本健康教育学会　https://nkkg.eiyo.ac.jp/（2018.9.6）

日本ヘルスプロモーション学会ホームページ
https://plaza.umin.ac.jp/~jshp-gakkai/jshp.html（2018.9.6）
島内憲夫 1987／島内憲夫・鈴木美奈子 2011（改編）

春木敏編：栄養教育論（第3版），医歯薬出版（2014）

丸山千寿子，足達淑子，武見ゆかり編：栄養教育論（改訂第4版），南江堂（2016）

吉田勉監修，栗原伸公編著：公衆衛生学（第2版），学文社（2015）

2　栄養教育のための理論的基礎

現代の日本人が抱える多くの健康・栄養問題は，生活習慣に起因しているということが明らかになるにつれ，人々は，「いつ，どこで，何をどう食べるか，あるいは食べないか。どのような生活習慣を身につけて，よりよい健康・栄養状態を獲得していくか」など，生活における行動，特に食行動に関する多くの選択肢のなかから自己責任で選択し，自己管理をしていかなければならなくなった。この自己選択力は，一方的に指導を受けているだけでは身につかない。そのため，「望ましい健康・栄養状態を維持・増進したいと願い，自ら食生活の改善を求めて学び行動するような，内面から沸き上がる欲求を導き出す支援」，すなわち，「教育（教え育てること）」が求められるようになったのである（**表 2.1**）。

1990 年代以降の日本における栄養教育の展開は，**エンパワーメント**[*1]型の**健康教育**[*2]の概念を基盤とし，健康教育分野の活動において効果的に用いられてきた行動科学の理論やモデルを受け入れて，実践を試みることから始まったといえる。その後，対象者自身の**気づき**[*3]や行動変容に対する**動機付け**[*4]を導く**行動変容技法**[*5]と**栄養カウンセリング**[*6]を導入し，さらに行動へ影響を及ぼす社会環境への働きかけを実施してきている（**図 2.1**）。すなわち，個人の栄養素摂取量や食行動といった食生活の内容のみにとどまらず，健康・栄養状態に関して対象者がもっている知識・技術・**態度**[*7]，すべての生活行動や生活習慣，社会環境までをも検討の対象とし，最終的には，よりよい健康・栄養状態に支えられた高い QOL が対象者自身によって獲得されることをゴールとする栄養教育へと，発展してきた。

表 2.1　指導と教育

指導		instruction	知識や技術を一方的に伝達・指示
		leading	モデルや模範を示して先導
		guidance	目標に向け，共に歩み案内
教育		education	対象者の気づきを導き，問題点の把握や解決を主体的に行っていけるような支援

⧗：栄養教育者　☺：対象者　⚡：対象者の気づき

出所）春木敏編：栄養教育論（第 3 版），医歯薬出版（2014）を改変

そこで本章においては，対象者が自ら行動変容し

＊1 エンパワーメント（empowerment）　p.43，2.5.4参照。

＊2 **健康教育**（health education）個人と社会環境の両方に影響を与え，保健行動を改善させ，健康・栄養状態と QOL（quality of life：生活の質）を高めるための戦略のこと。

＊3 **気づき**（awareness）　不健康な行動と，その行動を続けることによって生じる結果を認識すること。さらに，自分自身による行動変容の必要性を自覚すること。

＊4 **動機付け**（motivation）　対象者自身が習慣化していた従来の行動を変容させていくために必要な，対象者側の確固たる納得のいく理由づけのこと。対象者が食に対する興味や関心をもち，気づき，行動変容の意義を自覚するように支援することにより，動機付けを強めることができる。

＊5 **行動変容技法**（behavior modification techniques）　行動変容の問題解決に効果がある方法のことで，行動療法で用いられる。1960年代に精神科領域の治療法として登場した行動療法は，その後，行動科学の新しい理論とモデルを取り入れ，健康・栄養教育分野で重要視されている（p.24，2.3参照）。

＊6 **栄養カウンセリング**（nutrition counseling）　対象者自身による食行動の変容を導き，自己管理していける能力を習得させるために，管理栄養士・栄養士が栄養教育の一環として実施する支援のこと（p.24，2.3参照）。

＊7 **態度**（attitude）　ある特定の人や物事に対する，対象者の考え方や意思（p.15，2.2.2(2)3）参照）。

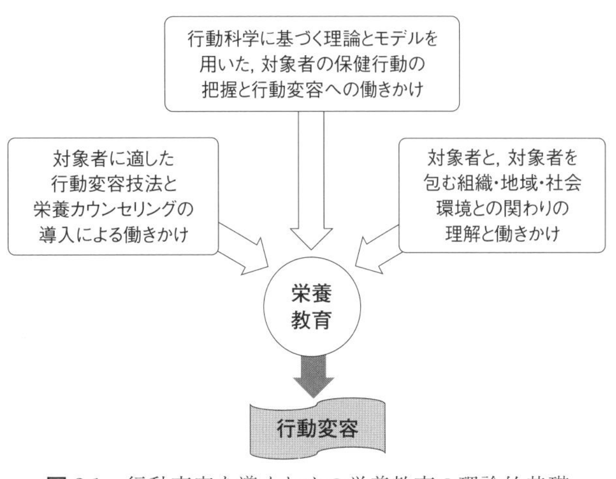

図 2.1　行動変容を導くための栄養教育の理論的基礎

習慣化していくことを効果的・効率的に支援するために，管理栄養士・栄養士が知っておくべき理論的基礎を述べる。

2.1　行動科学の理論やモデルと栄養教育

対象者自身が行動変容し，習慣化することができるように支援をしていくためには，人間の行動，特に**保健行動**[*]を科学的にとらえる行動科学の視点に基づいた，効果的な栄養教育を実施することが有効である。

2.1.1　行動科学

＊保健行動（health behavior）
健康行動（自分が健康だと思っている人が病気予防のためにとる行動），病感行動（体調不良な人が病状をはっきりさせ必要な治療を受けるためにとる行動），患者役割行動（罹患者が回復のためにとる行動）の，3つの行動からなる。

人間の行動については，古くから人類学や医学，心理学や社会学などの分野で研究されてきたが，それらを連携させて総合的にとらえる視点，すなわち，ヒトという動物としてとらえる自然科学と，社会環境における人間としてとらえる社会科学を連携させた**行動科学**という視点をはじめて提唱したのは，アメリカの心理学者ミラー，J. G. らである（1946 年）。

近年では，「人間の行動を総合的に理解し，予測・制御しようとする実証的経験に基づく科学」と定義されている。外部から観察することができる「行動」だけでなく，外部からは観察することができない「感情や思考」にいたるまでの広い範囲を対象とする。危機管理や企業戦略などの分野でも用いられるが，保健医療の分野において，健康を獲得するための健康教育，その中核をなす栄養教育においても，一次予防から三次予防にいたるすべての場面で応用されている（**図 2.2**）。

2.1.2　行動科学を用いた健康教育の変遷と栄養教育との関わり

アメリカにおいては，行動科学という視点から人間の保健行動が研究され，保健行動が身についていく過程や，行動を変容させていく過程に共通するポイントをわかりやすく説明する理論やモデルが作成された。1960 年代までは，知識を普及することによって対象者の態度や行動の変容を導くこと，1970～1980 年代には，社会心理学的に個人の健康行動を理解する理論に基づいて，個人への働きかけが主に行われてきて

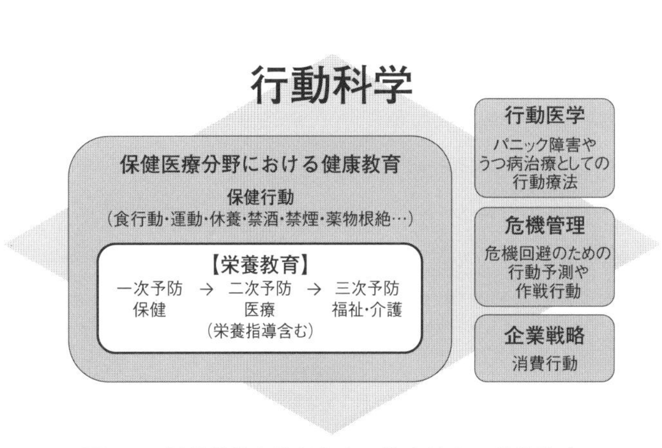

行動科学
保健医療分野における健康教育
保健行動
（食行動・運動・休養・禁酒・禁煙・薬物根絶…）
【栄養教育】
一次予防 → 二次予防 → 三次予防
保健　医療　福祉・介護
（栄養指導含む）
行動医学
パニック障害やうつ病治療としての行動療法
危機管理
危機回避のための行動予測や作戦行動
企業戦略
消費行動

図 2.2　行動科学を基盤とする健康教育・栄養教育

いる（**表 2.2**）。行動科学の進展に伴って新たに提唱される理論やモデルを用いて，地域，学校，医療現場において，時代の社会状況や健康問題に応じた健康教育が実施されてきた。

1979 年，米国保健社会福祉省は「ヘルシーピープル」という健康増進と疾病予防に関する報告書において，「1976 年におけるアメリカの 10 大死因の半分は健康的でない行動やライフスタイルが原因であり，食事や喫煙，飲酒，運動，降圧剤の正しい服用という 5 つの生活習慣の改善によって，10 大死因のうち 7 つを減少させることができる」という可能性を示し，1990 年には，健康に関する国家目標として「**ヘルシーピープル 2000**[*1]」を打ち出した。このような健康政策を受け，**ヘルスプロモーション**[*2]への意識づけや生活習慣の改善につながる行動変容を目標とした健康教育の実施が，国家をあげて急速に推進された。1990 年代以降になると，個人の健康行動だけに注目するのではなく，政策，組織，制度など社会環境が健康行動に及ぼす影響が注目され，環境整備が重視されるようになった。

これらの過程で健康教育の考え方の枠組みも，指示・指導しコントロールしようとするパワー型から，対象者のもつ自由意思を尊重し，合意した上で，行動変容していく能力を主体的に獲得することを支援する**エンパワーメント**[*3]型へと大きく変わったのである（**図 2.3**）。日本の栄養教育は，このようなアメリカでの健康教育の変遷のなかで選りすぐられてきた行動科学の理論やモデルを導入して，発展してきている。

表 2.2　栄養教育に用いられる理論やモデルの歴史と関連する出来事

年	人名	理論やモデル名
1898	パブロフ (Ivan Pavlov)	レスポンデント条件付け
1930	ワトソン (John B. Watson)	S-R 理論，行動主義心理学
1946	ミラー (James G. Miller)	行動科学の用語化
1950	スキナー (Burrhus F. Skinner)	オペラント条件づけ
1954	バーンズ (John A. Barnes)	ソーシャルネットワーク
1966	ローゼンストック (Irwin M. Rosenstock) ロター (Julian B. Rotter)	ヘルスビリーフモデル ローカス・オブ・コントロール
1967	フィッシュバイン (Martin Fishbein)	合理的行動理論
1969	バンデューラ (Albert Bandura)	社会的学習理論
1974	ベッカー (Marshall H. Becker)	ヘルスビリーフモデル
1976	カッセル (John Cassel)	ソーシャルサポート
1979	プロチャスカ (James O. Prochaska)	**【ヘルシーピープル】** 行動変容段階モデル
1981	ハウス (James. S. House) ラパポート (Julian Rappaport)	ソーシャルサポートを分類 エンパワーメント
1986	バンデューラ (Albert Bandura)	**【オタワ憲章】** 社会的認知理論
1991	グリーン (Lawrence W. Green) エイゼン（アズゼン） (Icek Ajzen)	プリシード・プロシードモデル 計画的行動理論

出所）丸山千寿子，足達淑子，武見ゆかり：栄養教育論（改訂第 4 版），南江堂（2016）を改変

【パワー型】
指導を受ける
命令される
コントロールされる

→

【エンパワーメント型】
自由意思・合意形成が基本概念
説明を受けて自己決定する
主観的な人間の価値を重視する

出所）畑栄一，土井由利子編：行動科学（改訂第 2 版）南江堂（2009）　図 1-2 を訂正加筆

図 2.3　パワー型とエンパワーメント型の健康教育

*1 **ヘルシーピープル2000（Healthy People 2000）**　アメリカの国民運動として，10年間で達成を目指すべき科学的に立証された数値目標が，世代別に設定された。その後，10年ごとの評価に伴う新たな目標設定がなされ，「ヘルシーピープル2030」が2020年に策定された。日本では，21世紀における国民健康づくり運動として「健康日本21」が2000年に策定され，10年間で到達すべき数値目標が設定された。2013年に，「健康日本21（第２次）」へ改正されている。

*2 **ヘルスプロモーション（health promotion：健康増進）**　p.2，1.1.2 参照。

*3 **エンパワーメント**　p.43，2.5.4 参照。

2.2 行動科学の理論とモデル

本節では，最初に**理論**や**モデル**[*1]を栄養教育に導入する方法とその意義について述べる。その後，行動変容の基礎となる**学習理論**について紹介し，さらに1970年代以降に開発された多くの理論とモデルのなかから，近年最も利用されている代表的なものを説明する。

2.2.1 理論とモデルを栄養教育へ導入する方法と意義

(1) 方法

理論とモデルは複数あるので，それぞれの構成内容を理解するだけでなく，相互の共通点や相違点を把握しておくことが準備段階である。

行動変容を導かせたい個人や集団の対象者から，**アセスメント**[*2]によって得られた食事の状況や知識・技術・態度・生活行動に関する情報を，当てはめてみる。改善すべき問題点や優先順位，あるいは，適した改善方法を最も明確化できる理論やモデルを選択することが大切である。

ただし，現場で実践してみると，ひとつの理論やモデルだけで人間の行動をすべて説明することは困難なことが多い。その場合は，栄養教育の段階（アセスメント，問題点の抽出，**PDCA サイクル**[*3]）や対象者の状況に合わせ，ふさわしいものを選び組み合わせて用いる。

(2) 意義

理論やモデルを共通認識し栄養教育へ導入することは，4つの大きな意義をもつ。

① 対象者に関するアセスメント情報を理論やモデルにあてはめ，簡略に整理することにより，問題点や改善方法を具体的に明確化することができる。

② 管理栄養士・栄養士だけでなく，連携して栄養教育に従事する他職種スタッフが，対象者やその問題点について共通の理解をもち，共通の言葉で表現し，改善目標に向け一貫した働きかけをすることができる。場合によっては，理論やモデルに沿って説明することで，対象者との間でも栄養教育の必要性と方向性について，明瞭な共通認識をもつことができる。

③ アセスメントや教育効果評価を実施する際に，健康・栄養状態や食行動だけでなく，認知的要因（知識や態度，意思など）も含め，どの項目について何を実施すべきか，あらかじめ理論やモデルのなかで整理し，計画のなかに入れ込むことができる。

④ 栄養教育を実施後，評価・検討した結果をフィードバックし改善していくことが重要である。理論やモデルは，その基盤として利用することができる。たとえば，同じ改善目標の栄養教育を実施して異なる効果が生じたとき，双方が，どの理論やモデル上で，どのようにして対象者の抱える問題点を把握し，どのような改善方法を選択し，どの程度効果に違いが生じたかと

＊1 **理論・モデル**　保健行動を説明する理論（theory）は，構成概念（construct）といわれる抽象的で特有なものから構成される。これは理論を象徴する重要なものであり，たとえば社会的認知理論における「自己効力感」(p.17, 2.2.2(3)1)③参照）が相当する。モデル（model）は，複数の理論に含まれる構成概念を合理的に組み合わせて構成したものである（図2.4）。

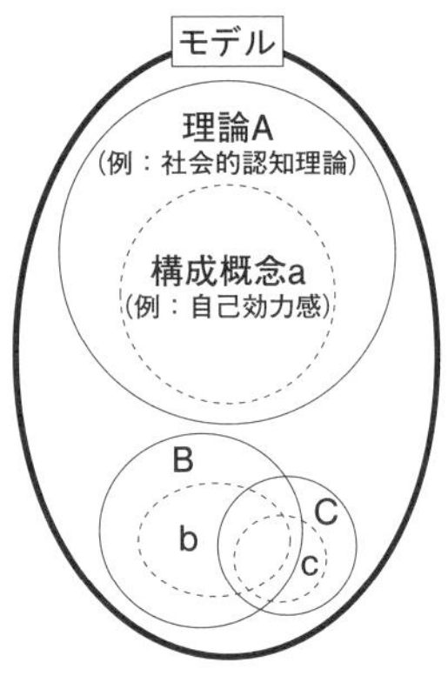

出所）図2.3に同じ，加筆訂正

図2.4　健康教育の理論とモデル

＊2 **アセスメント**（assessment）個人や集団の健康・栄養状態を総合的に評価・判定すること。A（anthropometry：身体計測），B（biochemical methods and biological methods：血液生化学検査・生理学的検査），C（clinical methods：臨床診査），D（dietary methods：食事調査），E（environment：環境），F（feeling：感情・心理的状態）がある。

＊3 **PDCA サイクル**　栄養教育をマネジメントする時の一連の流れ（栄養アセスメント：assessmentにより問題点を明らかにした後の，計画：plan→実施：do→評価：check→改善：action）を示す（p.59，図3.1参照）。

コラム 3　理論やモデルの生かし方

理論やモデルは，全体の構成や，構成概念をあらわす言葉を暗記しただけでは意味がない。理論やモデルのデザインに沿って，洗いたてのカップが並んでいるにすぎないからである。それぞれのカップに入れるべきもののルールが決まっているだけで，具体的な中身は入っていない。入れてみるのも，入れやすいデザインをさがすのも，管理栄養士・栄養士なのである。

対象者からアセスメントして得た情報を，ルールにそってうまくカップに分類し，問題点の抽出や改善していく優先順位，そして評価項目などを整理して確認する。対象者から得られる情報の違いによってカップの中身は変わるので，たとえば体重減量を目標としても，なぜ過体重になったかという原因は各々異なることがわかる。食事の摂食量を減らすか，運動量を増やすか，それ以前の意識改革が重要なのか，知識提供が不足しているのか，本人ではなく周囲や環境に問題があるのか，対象者ごとに改善すべき優先順位が明らかになり，それに応じた栄養教育が検討されていく。栄養教育の目標設定の根拠を明確にするためにも，理論やモデルを使いこなすべきである。最初は堅苦しく面倒に感じるかもしれないが，理論やモデルは，使いこなしてはじめて生きるものである。

いう比較検討を一目瞭然に行うことができる。

2.2.2　行動変容を導く理論とモデル

(1)　行動変容の基礎となる学習理論の変遷

人の行動の変化は経験や練習によって起こり，それが継続されて習慣化したとき，「学習」(learning) とよばれる。すなわち人の行動は，学習の結果といえる。**学習理論** (learning theory) とは，どのように学習が成立していくかについて説明する理論である。

1)　レスポンデント条件付け (respondent conditioning：古典的条件付け)【パブロフ，I., 1898 年】

犬の生理学的な反応の観察から，学習を，刺激 (stimulus: S) と反応 (response: R) で説明したものである。本来犬は，えさを見ると唾液の分泌が増すが，音だけでは唾液分泌量に変化はない。しかし，音の刺激を与えた後にえさを与える訓練を繰り返し行うと，えさが存在しなくても，音に反応して唾液の分泌量が増すようになる。このような，条件刺激に対して新しい反応を生じるようになる変化を，学習として説明した (**図 2.5**)。

2)　刺激－反応理論 (S-R 理論)【ワトソン，J. B., 1930 年】

パブロフのレスポンデント条件付け学習理論に基づき，「人間の行動は，すべて刺激と反応で説明できる」と唱え，20 世紀前半に主流だった意識心理学に対して，実験などの客観的な方法による行動主義心理学の主張をした。

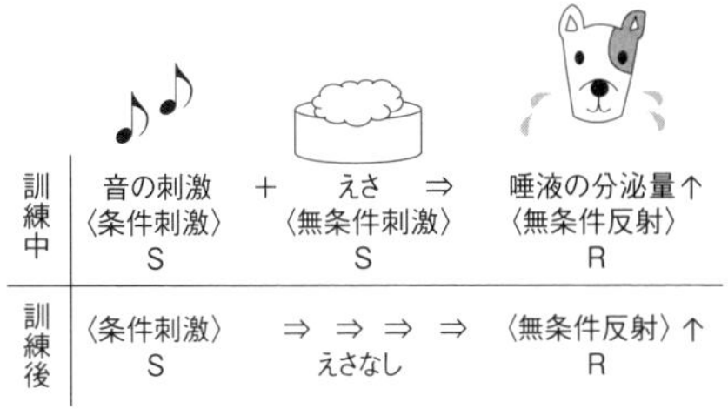

図 2.5　レスポンデント条件付け

学習者の感情などを考慮せず，人間も他の動物も学習メカニズムは同等であるという考え方は後に批判されたが，生得的な遺伝や資質より，経験や環境から学習したことの方が行動形成に強く影響するとした考え方は，学習理論の発展に貢献したといえる。

3) オペラント条件付け（operant conditioning：オペラント強化法）【スキナー，B. F., 1950 年】

レバーを押すとえさがでてくる仕組みを備えたスキナー箱にネズミを入れた実験が有名である。最初，偶然レバーに触れてえさを獲得したネズミは，やがて目的をもってレバー（きっかけ〈先行刺激〉）を押し（行動〈反応〉），えさを獲得（結果〈**強化刺激***〉(reinforcer)）するようになる（**図 2.6**）。

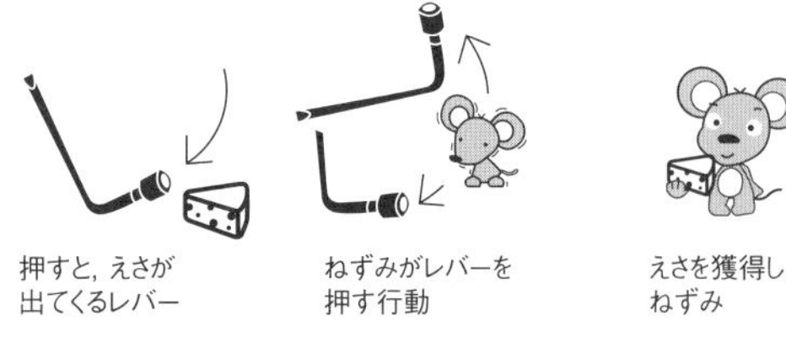

きっかけ〈先行刺激〉 ⇒ 行動〈反応〉 ⇒ 結果〈強化刺激〉

図 2.6 オペラント条件付け

＊強化刺激 ある行動によって引き起こされた結果が，強化刺激となって行動に影響を及ぼすことを，強化という。強化刺激には，正の強化子と負の強化子がある。

人にたとえれば，『「あの新しいお店のヘルシーメニューはおいしそうだ」という情報を得る（きっかけ〈先行刺激〉）と，「行って食べてみる」という行動（行動〈反応〉）をし，「おいしかったという満足感」（結果〈正の強化子〉）か「あまりおいしくなかったという不満足感」（結果〈負の強化子〉）を得る。リピーターになるかどうか（再度，行動を起こすかどうか）は，強化が正か負かで決まる。つまり人の行動は，自分が起こそうとする行動の結果に大きく影響される』というものである（**図 2.7**）。

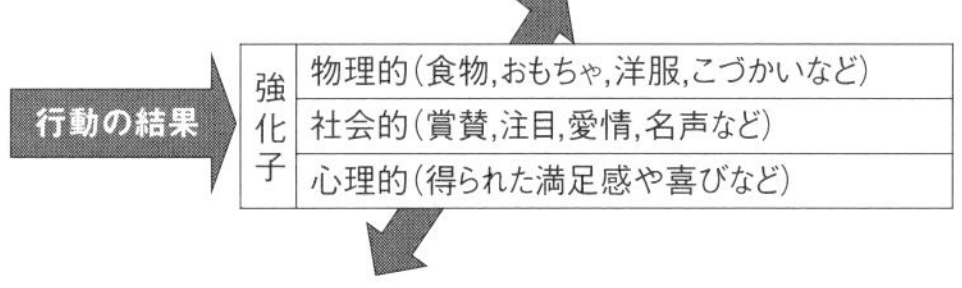

図 2.7 オペラント条件付けにおける強化子の種類と作用

(2) 個人レベルでの行動変容を導く理論やモデル

健康行動を個人レベルでとらえ，その成り立ちを説明付けた理論やモデルを紹介する。

1) ヘルスビリーフモデル（health belief model：健康信念モデル，保健信念モデル）【ローゼンストック，I. M., 1966 年，ベッカー，M. H., 1974 年】

もともとは，疾病予防と早期発見のために実施する健診事業の受診者が少ない理由を把握する目的で，公衆衛生分野で開発されたモデルである。保健行動は，「個人によって合理的に行われる主観的な判断」によって決定されるとし，①**罹患性**（疾病にかかる可能性を，主観的に自覚している大きさ）と**重大性**（疾病にかかった場合に生じる深刻さを，主観的に自覚している大きさ）の２因子から構成される「ある特定の疾病の脅威・恐ろしさ」，②行動によって生じると自覚される利益から，自覚される不利益や負担を引いた「差の大きさ」の２つの要因に対する判断が，健康になるための予防的な行動をとるか否かを決定付けると説明している（**図 2.8**）。

健康診断で糖尿病境界域に近づいている対象者を例に挙げる。『①の「糖尿病の脅威や恐ろしさに関する自覚の程度」は，「罹患性」については親の罹患歴や自分の肥満度に関する認識の有無，「重大性」については合併症の知識の有無が大きく影響すると考えられるので，対象者の状況を正確に聞き取り，必要な情報や知識を提供し，自覚を高める工夫が必要である。また，糖尿病予防のための栄養相談会のお知らせは，予防的行動にとってよいきっかけになる。しかし，②の「利益と不利益の差の大きさ」について，参加するという実際の行動は，費やす時間や費用負担などの不利益に対して，得られる情報の利益の方が小さいと判断されれば成り立たない。企画の時間帯，場所，方法，費用などの検討とともに，提供する情報の内容や有益性をPRすることも検討課題として見えてくる』。

罹患性（脆弱性）
このままだと病気や合併症になる可能性が高いと感じること

重大性
病気や合併症になると，その結果が重大であると感じること

脅　威

行動のきっかけ

有益性（利益）
行動のプラス面

障　害
行動のマイナス面

行　動

出所）城田知子ほか：イラスト　栄養教育・栄養指導論（2014）

図 2.8　ヘルスビリーフモデル

表 2.3　トランスセオレティカルモデルにおける5段階の行動変容ステージ

無関心期（前熟考期）	少なくとも，6カ月以内に行動を変える気はない
関心期（熟考期）	6カ月以内に，行動を変えようと，考えてはいる
準備期	1カ月以内には実行しようと，真剣に考えている
実行期	行動変容を実行し新しい行動を始めたが，まだ6カ月以内である
維持期	行動の変容が6カ月以上持続している

2)　トランスセオレティカルモデル*（transtheoretical model：行動変容段階モデル）**【プロチャスカ，J. O., 1979年】**

＊トランスセオレティカルモデル（transtheoretical model：基盤となる，多くの理論を超越したモデル）　300種類以上の精神療法の理論を系統立てて作り上げられたモデル。汎（広く全体に行き渡る）理論的モデルともいわれる。

このモデルは本来，禁煙実施の援助研究がきっかけで提唱されたものであるが，現在では，減量や禁酒などの健康行動や生活習慣病予防・改善教育プログラムなど，多くの栄養教育現場で活用されている。

本モデルは5つのステージ理論（学習者の姿勢・態度）と10のプロセス理論（学習者の行動・実践）から成り立っており，プロセス理論がステージ理論をサポートすることにより効果がみられ，それを左右するのは「意思決定バランス」と「自己効力感（セルフエフィカシー）」であるとされている。

① **ステージ理論**（stage theory）：時間軸をあらわすステージの変化は5段階に設定されている（**表 2.3**，**図 2.9**）。無関心期（前熟考期）・関心期（熟考期）・準備期・実行期・維持期

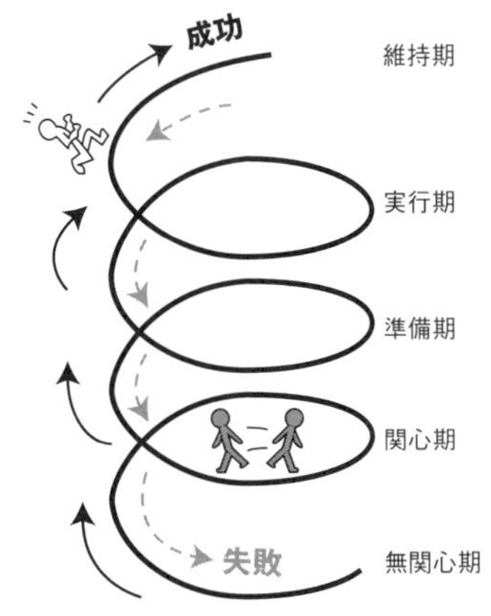

資料）図 2.3 に同じ，21（図 3-3）よりイメージ発展

図 2.9　トランスセオレティカルモデルを用いた行動変容のらせんイメージ

表 2.4　行動変容のための 10 のプロセスと支援具体例

変容のためのプロセス	対象者が行動変容のために経験すべき内容	支援の具体例
① 意識の高揚・気づき conscious raising	行動変容につながる情報収集をし，理解する努力をする	自分が肥満であることを認識させ，肥満を原因とする疾病などの知識を提供し，運動の効果を説明する
② 感情的体験 dramatic relief	不健康な行動による負の感情（恐怖や不安，心配）を経験する	太ってしまう生活を続けている自分が招く結果について，現在と将来の姿を思い描かせてみる
③ 環境への再評価 environmental reevaluation	不健康あるいは健康な自分の行動が，周囲へ及ぼす影響を考える	ダラダラとした生活は家族に心配をかけていないか，運動を始めることで家族も運動を始める可能性を考えさせてみる
④ 自己の再評価 self-reevaluation	不健康あるいは健康的な自分の行動が，自分に及ぼす影響を考え，行動変容の重要性を理解する	運動せずにいたら肥満の解消は無理だが，運動を始めることで健康な将来につながるポジティブなイメージをもたせる
⑤ 自己の解放 self-liberation	行動変容することを決心し，はっきりとした目標を宣言（**コミットメント**）*する	いつ，どこで，どんな運動を始めるかについて，家族や友人に宣言させ，実行の決断を固めさせる
⑥ 行動置換 counterconditioning	不健康な行動を健康的な行動に置き換える	エレベーター，エスカレーターをできるだけ使わず，階段を使う
⑦ 援助関係の利用 helping relationships	健康的な行動への変容に必要なソーシャルサポートを探し，利用する	会社の同僚にもできるだけ歩くよう心がけていることを理解してもらい，家族にも協力を求めるように勧める
⑧ 強化のマネジメント contingency management	行動変容を起こし維持するための正の強化（報酬）を増やし，不健康な行動への正の強化を減らす	1 ヵ月間，毎朝 1 駅分歩く，半年で 5 kg減量などの目標達成をした際の報酬（ベルトを新調するなど）を，最初に自己設定させる
⑨ 刺激の統制 stimulus control	不健康行動の刺激になるものを除いて，健康行動を起こす刺激を増やす	週末の買い物は車をやめ，自転車か徒歩を選択させる。運動と体重の記録票を家族にも見える場所に貼るように勧める
⑩ 社会的開放 social liberation	社会的環境が，健康的な行動変容を支援する方向へ変化していることに気づく	安価で自由な時間に利用できる，地域の運動施設の利用を伝える

出所）片井加奈子ほか編：栄養教育論実習（第 2 版），31，講談社サイエンティフィク（2015）を一部改変

*コミットメント（commitment）
後々証拠として残る，約束の言葉のこと。家族や友人，管理栄養士などに対して口に出して宣言し，記録に残すことに意味がある。

があり，それらはうまく進んだり，失敗して後戻りしたり，あるいは断念し再挑戦するなど，成功と失敗を繰り返しながら，らせんを描くように変化する。しかし最終的には，らせんを登りきり，目標達成することが理想である。

② **プロセス理論**（process theory）：5 段階のステージには，それぞれ適した支援方法があると考えられ，10 個の変容プロセスが示されている（**表 2.4**，**図 2.10**）。学習者の段階を確認しながら，適した支援を選択して実施することが有効である（具体的な支援の例は，**表 2.4** 参照）。

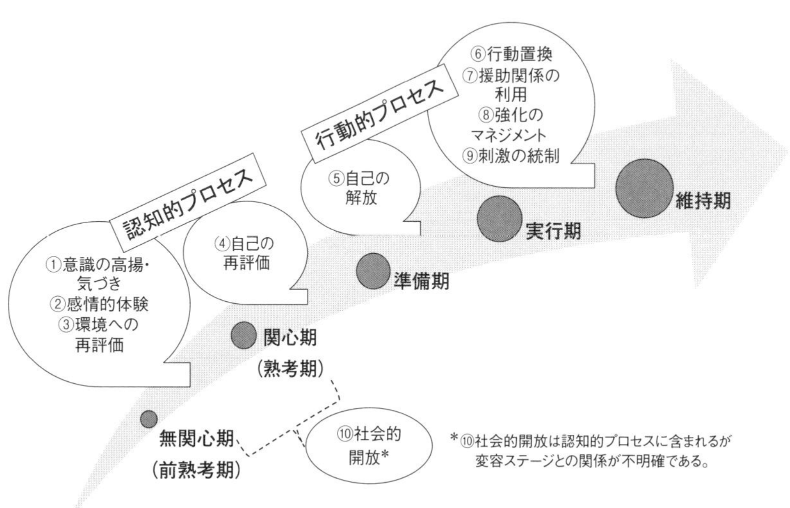

図 2.10　トランスセオレティカルモデルにおける行動変容のための 10 のプロセス

③ **意思決定バランス**：行動変容は，利益の方が不利益より大きく感じられた場合に生じる。無関心期や関心期には，利益より不利益が大きいことが多い（p.27，2.3.1(6)参照）。

『たとえば，「運動すべきだとわかっているけれど，仕事が忙しすぎてとても時間がとれない」といった場合，特別な運動時間をとらなくても，通勤時の階段の上り下りや一駅前で下車して早足で歩くなど，生活のなかで不利益（今までの生活リズムを変えて運動時間を作りだす困難さ）を克服するための方法を相談することで，準備期へすすめることができる。実行期や維持期では，「会社の最寄り駅から1駅歩くために20分ほど早く自宅を出ることになるが，朝の空気は美味しく，電車は空いていて，快適に仕事が始められるようになった。そして，なんとベルトの穴が1つ手前になった！」というように，少々の不利益があっても，利益を大きく感じるようになれば継続される。』

④ **自己効力感**（self-efficacy）：どんな条件下であっても，健康的な行動をとることができるという自分に対する自信のことである。自己効力感を強くもっていることこそ，行動変容して保健行動を身につけるために大変重要である（p.17，2.2.2(3)1)③，p.28，2.3.1(9)参照）。

対象者の行動変容の段階を認識して，より適切な支援を行うだけでなく，対象者が主観的に抱く，「利益—不利益＝大（利益＞不利益）の決定バランス」と「強い自己効力感」が，行動変容を可能にさせる。

3）**合理的行動理論**（theory of reasoned action）【フィッシュバイン，M.，1967年】，**計画的行動理論**（theory of planned behavior）【エイゼン（アズゼン），I.，1991年】

人が目的とする行動をしようとする時に働く，「行動の意思（意図）」は，実際に実行しようと思うかどうかという気持ちの強さを表す。フィッシュバインは合理的行動理論のなかで，意思（意図）は，その行動に対する本人の**態度**（attitude）と**主観的規範**（subjective norm）によって直接影響を受け決定されると提唱した（**図2.11**）。

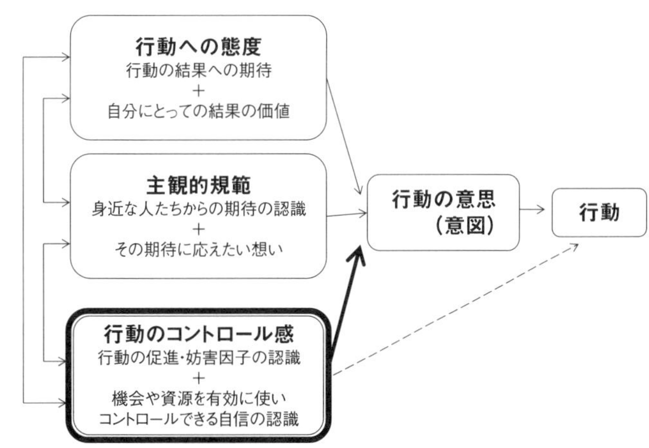

資料）図2.3に同じ，25，および春木敏編：栄養教育論（第3版），30，医歯薬出版（2014）より作図

図2.11　合理的行動理論（行動への態度＆主感的規範）と計画的行動理論（行動への態度＆主感的規範＆行動のコントロール感）

行動への態度は，「その行動をとったことで結果として生じることに対する期待」と「その結果は，自分にとって価値があると評価できること」の2要因で構成される。主観的規範は，「自分にとって大切な身近な人たちが自分に対して抱いてくれている期待に対する認識」と「その期待に応えようとする想い（動機

付け)」の2要因で構成される。

『朝20分早く家を出発して歩くという行動は，「肥満を解消するに違いない」「肥満解消は，自分の健康増進につながる」という態度と，「家族も，すてきで健康な僕を望んでいる」「ぜひ，お腹周りをスリムにして，家族の期待に応えよう！」という主観的規範を感じることで，実行され維持されていく。しかし，「誰も僕の健康のことなど考えていない」「どうせ僕が変わっても，誰も気づきもしない」と感じたら，行動は実行されない可能性が高い。』

その後，フィッシュバインと共に研究をしていたエイゼンは，さまざまな制約下で行動するためには，その行動を実行できるという**行動コントロール感**（perceived behavioral control）が意思（意図）に直接的あるいは間接的に影響を与えると考え，計画的行動理論を展開した。行動のコントロール感とは自己効力感に似た概念であるが，「行動を実行することを促進したり妨害したりする要因の認識」と「必要な資源や機会を有効に使いこなし，それらの要因を自分でコントロールできるという自信の認識」によって決定される。

『行動のコントロール感は，本人や友人の経験や間接的に得た情報などの影響も受けやすく，友人から「自分もやってみようと思ったけれど，結局挫折した」などと事前に言われると，低下してしまいがちである。友人にはなかった家族の支えを認識させ，うまく行動変容できた事例を紹介して，どうすれば行動をコントロールできるかを話し合うことも重要である。』

(3) 個人間レベルでの行動変容を導く理論やモデル

人間は，社会，すなわち家族や友人，同僚など多くの人々との関わりのなかで生活をしているため，その行動は，周囲の人々から大きな影響を受けることになる。そこで，社会という環境において，個人と個人が互いの存在を認識しながら形成していく自己の健康行動について説明づける理論やモデルを紹介する。

1) 社会的学習理論（social learning theory）と社会的認知理論（social cognitive theory）【バンデューラ，A., 1986年】

複雑な社会環境のなかで生じる人間の健康問題を解決するためには，行動主義的学習理論では取り扱われなかった**認知**[*]的要因，すなわち，人間としての知覚・記憶・思考などを重視する必要がある。

＊認知　人間が対象となるものを意識し，それが何であるかを知って理解し，感情を抱くなどの過程のこと。

1960～1970年代前半，バンデューラらは観察学習を基盤とした社会的学習理論を提唱したが，その後自ら1986年に，相互決定主義，自己効力感などの概念を導入した社会的認知理論へと改名している。社会的認知理論は，心理学の理論的な考え方を保健行動への変容に適用できるように，多くの重要な構成概念が明確に示されており，わかりやすく実用的である。代表的なものを説明する。

① **相互決定主義**（reciprocal determinism）：人間の行動は，「個人的な要因（知識や態度，特徴）」と「行動」および「行動がおこされる**環境**[*1]」の3要因の相互作用によって決定される（**図2.12**）。そのため，健康に関する考え方を改善するという個人的要因への働きかけだけでなく，具体的な技術を身につける，環境の改善を図るなど，他の2要因へのアプローチも実施することが有効であると考えられる。

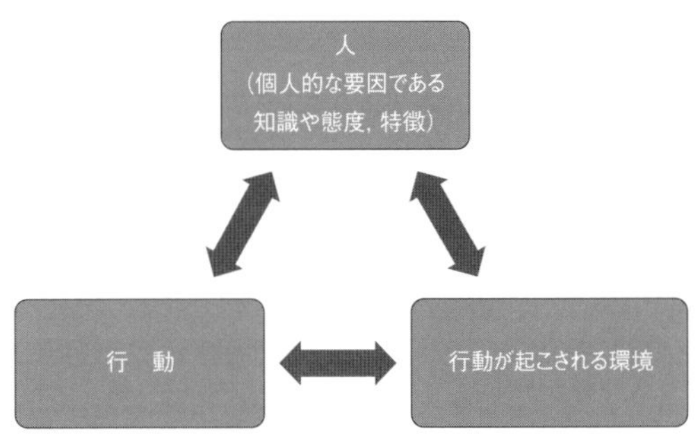

出所）春木敏編：栄養教育論（第3版），21，医歯薬出版（2014）を訂正加筆

図2.12　社会的学習理論における相互決定主義

『たとえば，朝食を欠食してくる児童が授業で朝食の大切さを学び，朝食を食べたいと願っても，朝食の整わない環境を保護者が提供している限り，行動の改善は大変に困難である。この場合は，最初に環境を改善する働きかけが必要となる。』

② **観察学習**（modeling：**モデリング**[*2]）：子どもは直接的報酬を得なくても，他の子どもの行動を観察し，観察された子どもが受ける報酬や懲罰によって学習していく（ほめられる様子やしかられる様子が代理的（擬似）強化となる）様子から，人間は行動モデルとなる人を環境のなかに見つけて，観察することで学ぶことができるというものである。

『対象者と類似したバックグラウンドをもち，同じ行動変容の目標を達成した経験者と接し，体験談を聞く機会を提供することができれば，有効な観察学習の場となる。』

③ **自己効力感**（self-efficacy：セルフ・エフィカシー，自己有効性）：行動変容に最も大事な必要条件と考えられ，多くの理論やモデルのなかに組み込まれている概念である。「人がある“結果”をもたらす“行動”ができるかどうかという確信度」であり，あるいは「その行動を実行する際に障害になっているものを克服して，やり遂げられる自信・信念」のことである。

バンデューラは，行動というものは，結果期待（outcome expectancy：その行動をするとどのような結果が得られるか）と，効力期待（efficacy expectancy：その行動を実行できるという確信）の2つの要因によって引き起こされるとし，特に認知された効力期待のことを「自己効力感」と表した（**図2.13**）。

『「朝に1駅歩くという行動は，きっと肥満解消につながる」と結果期待していても，「毎日，続けることは困難だし，できるわけがない」と低い自己効力感を抱いていると，行動にはいたらない。』このような場合には，自己効力感を高めるために次の4つの方法を試みる。①成功体験：過去に障害に打ち勝ち少しでも成功したときの経験を思い出すこと，②代理体験：学習者と同様の努

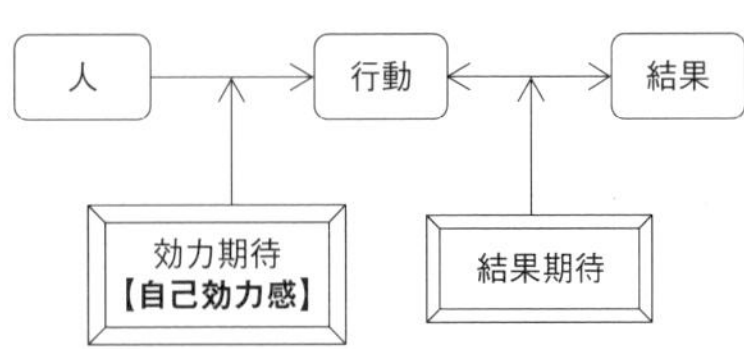

出所）中山玲子，宮崎由子編：栄養教育論（第5版），21，化学同人（2016）を訂正加筆

図2.13　行動変容を導く自己効力感と結果期待

*1 **環境**（environment）　当初，人の行動に影響を与える社会的環境として，家族，友人，職場や学校の仲間などが挙げられ，物理的環境として施設の有無や食物の入手可能性などが挙げられた。近年では，情報の与える影響が加わっている。

*2 **モデリング**　憧れている芸能人の喫煙や服薬行動，あきらかにやせすぎているモデルのダイエット行動は，代表的な負のモデリング（modeling）の対象となる。

力をして目標に到達した人（モデル）や，望ましい生活行動をみること（モデリング），③社会的説得：信頼のおける人から「大丈夫」という肯定的な評価を受けること，④生理的・情動的状態：生理的な身体の状態を快適にし，ストレスやネガティブな感情の状態をポジティブにすること。

『学生時代にはクラブ活動があったから6時には出発していたわけだし，友人も最近，朝に歩いて出勤するようになって，体重がずいぶん減ったと言っていた。その友人からも管理栄養士からも「大丈夫，できますよ！」と言われた。面倒くさかったけれど，確かに昨日歩いてみたら，とてもさわやかな空気で，頭がすっきりした感じだった。続けられるかもしれない』と考えられるようになれば，自己効力感はかなり高まった状態にあり，行動を起こし継続し習慣化できる可能性が高まる。

また，行動変容の試みを途中で挫折すると自己効力感は低下する。そこで，『1時間のウォーキング時間を新たに設けるのではなく，通勤時に，20分間1駅歩きのように，できるだけ可能な目標設定をして，一つひとつ目標達成しながらスモールステップアップを積み重ねていく』ことによって，さらに自己効力感を高めることができる。

④ **強化**（reinforcement）：**社会的認知理論**においては3つの強化が重要である。オペラント条件付けのような直接的強化（レバーを押してネズミが得たえさ），観察学習のような代理的あるいは間接的強化（毎日給食を完食する友達が先生にほめられている様子），自分で決めた自己報酬（1ヵ月間毎朝歩けたら，新しいベルトの購入）や懲罰による自己強化である。いずれにしても，正の強化（報酬）は，保健行動の起こる回数を増大させる。

また，外的強化（5回調理講習会に参加するとプレゼントがもらえる）と内的強化（5回調理講習会に参加したらもらえる調理器具を使って，手早く美味しい食事を作れるようになりたい）という視点での分類もできる。外的強化より，内的強化を目指す栄養教育を計画し実施する方が，対象者の学習意欲や記憶，興味を増大させることができる。

⑤ **セルフコントロール**（self-control：自己制御）をすすめる**セルフモニタリング**（self-monitoring：自己観察）：保健行動は，最終的には個人のセルフコントロールの元で実行，習慣化されていかなくてはならないため，次の3つのステップを用いてセルフコントロール力を高めることが必要である。

ⓐ自分自身の行動と影響を与える要因や効果を，**行動記録表***などを用いてセルフモニタリングし，問題点に気づくこと（自己観察），ⓑセルフモニタリングの結果を，自己設定した目標と比較すること（自己評価），ⓒ満足感や充実感といった自己報酬を与え，変容した行動を継続していくこと（自己強化）。

一つひとつの目標達成を，セルフモニタリングで確認することによって得

***行動記録表**　対象者自身が，食事の内容のみならず，いつ，どこで，誰と，どんな気分で食べたかという食行動，睡眠や運動（歩数など），体重や血圧などを記録する。さらに，目標にした行動の記録も添える。できるだけ負担にならず続けられる記入方式を工夫する（p.28，表2.6，2.7参照）。

られた満足感は自己効力感を高め，さらなるセルフコントロールを導くことができる。

2)　ローカス・オブ・コントロール（社会的学習理論の中で提唱）【ロター，J. B., 1966年】

人間は，正や負の強化の経験を経て学習し行動を変えていく間に，「誰のどんな行動が，自分の健康や疾病の結果を左右（コントロール）するか」ということに対する信念（locus of control：ローカス・オブ・コントロール，コントロールの所在）を育て，それによって行動を変えていくと提唱している。

『たとえば，健康を維持できるかどうかは自分の努力次第だと思う（内的なものに期待する内的統制者）のか，うまく体重管理ができないのは家族のせいだ，運のせいだと思う（外的なものに期待する外的統制者）のかによって，栄養教育への取り組み方も異なることが考えられる。そのため，前者には本人主導型，後者には栄養士や管理栄養士によるリード型など，栄養教育の方法を検討する必要がある。』

(4)　社会全体での人々の営みや変化の理解によって行動変容を導く理論やモデル

人々の健康・栄養問題は，組織や地域，社会，環境などの影響を受け，個人レベルでの努力だけでは解決できないことが多い。そこで，個人が望ましい健康行動に変容していくための支援ができる地域や社会のあり方，健康行動に影響を及ぼす組織や社会システムにおける変化の導き方に焦点をあてた理論やモデルを説明する。

1)　ソーシャルネットワーク（social network）【バーンズ，J. A., 1954年】，**ソーシャルサポート**（social support）【カッセル，J., 1976年】【ハウス，J. S., 1981年】

ソーシャルネットワークは，理論やモデルではなく概念である。家族や職場といった伝統的な社会単位だけではなく，個人を中心とした社会的つながりによるネットワークのことを意味し，家族・親戚，知人・友人，職場や学校・地域を通じた社会関係，保健・医療・福祉の専門家などが含まれる。ソーシャルネットワークのなかでは，人と人との間にさまざまな相互活動が生じている（**表2.5**）。

表2.5　ソーシャルネットワークの概念と定義

概念	定義
互助	社会的なつながりの中での資源や支援のやりとりの程度
強度	精神的な親密さを感じられる程度
複雑性	社会的なつながりがさまざまな機能に貢献できる程度
密度	ネットワークメンバーが互いに知り合って交流する程度
均一性	ネットワークメンバーの年齢や人種，経済状態などが似ている程度
地理的分散	ネットワークメンバー，特に中心メンバーの近隣に住んでいる程度

出所）図2.3に同じ，29を加筆訂正

個人が保健行動を起こし，健康的な生活をすごすためには，その相互活動のなかから，手伝う，相談にのる，情報を伝えるなど好ましい結果をもたらす支援が必要であり，カッセルはソーシャルサポートと説明した。ハウスはソーシャルサポートを，①心理的サポート：共感，愛情，信頼，配慮，②物質的サポート：援助を必要とする人への実際的な支援やサービス，③評価のサポート：個人が自己評価するために必要な情報として，フィードバックにつながる建設的なアドバイスや意見を認められる（是認）ことなど，よい自己評価につながっていく情報提供，④情報のサポート：問題を明らかに解決するための健康関連情報や助言などを提供し，行動を具体化するための情報伝達，の４つに分類した*。

*ソーシャルサポートの分類については，①と③をまとめて情緒的・心のサポート，②と④をまとめて手段的・環境のサポートと，２つに分類することもできる。

学習者が情報にアクセスできて，専門的情報だけでなく技術も知ることができ，また，精神的な支えを得ながら健康を獲得していくためには，学習者を中心とした健康・栄養・食に関わるソーシャルネットワークづくりが欠かせない。行動の変容には，ソーシャルネットワークならびにソーシャルサポートの有無が大きく影響を与えるため，それらの整備に努めるべきである。

2) コミュニティ・オーガニゼーション（community organization，1800 年代のアメリカのソーシャルワーカーらによる造語であったが，1986 年に WHO がヘルスプロモーションの概念に応用）

個人やグループ，組織的団体が，抱えている共通問題について話し合い，協力し合い，自分たちの住んでいる地域の生活状態や環境をよりよい状態に改善していこうとする組織的，継続的な活動のことで，次の５つが挙げられる。

① ある地域社会の共通問題に共同して取り組んだ成果として，連帯性，共同性，自発性をもつ地域社会が育つ，② 地域住民の意見を反映し，地域保健の政策決定から保健事業の計画・実施・評価にいたるまで地域住民が参加するとともに，専門家組織（たとえば栄養士会や医師会）の参加が必須である，③ 住民同士が民主的に協力し合うことで，個人の意思が組織を通じて反映される，④ 地域にある社会資源（施設設備や制度などの物的資源と，知識や技術などの人的資源）を知り，効率的に利用する，⑤ 地域社会のさまざまな関連する組織間の好ましい関係を調整し，基盤とする。

コミュニティ・オーガニゼーションにおいては，主体は住民や組織活動を行う人々であり，管理栄養士・栄養士は専門家として，人々の必要とする情報を的確に提供し助言しサポートすることが求められる。

3) コミュニケーション理論

コミュニケーションとは，伝達される過程に生じる障害（ノイズ）を乗り越えて，発信者が選択した情報が受信者に共有されることである。特にヘルスコミュニケーションは，健康の保持・増進に関する保健領域での，個人対個人，個人対集団，あるいは集団対集団で行われる対人コミュニケーションのことであり，個人や集団が「より良い健康・栄養状態」というアウトカムに達するため，障害を乗り越え正しく効果的に伝える戦略（ストラテジー）の研究と実践が必要になる。

たとえば特定健診・特定保健制度で用いられている階層化という手法は，ポピュレーションアプローチとハイリスクアプローチの対象者を分け，集団あるいは個人それぞれに応じた的確な情報を提供するための戦略といえる。

4）　イノベーション普及理論*（diffusion theory）【ロジャース，E.M.，1962 年】

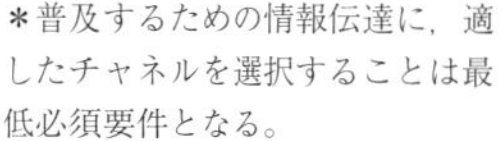
＊普及するための情報伝達に，適したチャネルを選択することは最低必須要件となる。

イノベーションといわれる新しいもの（技術やアイデア，行動，プログラムなど）は，①開発（現状にはないが必要な新しいものづくり），②普及（人々へ伝える活動），③採用（人々による受け入れ），④実行（人々が利用・実行），⑤維持（継続）の 5 つの段階を経て社会へ普及することができるととらえる，社会全体に変化を起こす戦略づくりに用いられる理論である。普及する速度は，そのイノベーションが①現状にあるものより優れているか，②人々のニーズに適合しているか，③複雑や面倒ではないか，④試すことができるか，⑤採用したことを他人に気づいてもらえるか，に依存する。**図 2.14** に示すように，普及は一気にすすむのではないため，他の人より早くイノベーションを採用する少数派の革新者と初期採用者を見定めて普及することが重要で，少数派による口伝てなどから多数派による採用につながり，社会全体に変化を導くことができる。

5）　ヘルスリテラシー

情報リテラシー（健康情報を入手，理解，評価，活用するための知識，意欲，能力）によって，日常生活におけるヘルスケア，疾病予防，ヘルスプロモーションについて判断や意思決定をし，自らの健康や QOL の維持・向上を自己決定する力のことである。

ヘルスリテラシーには，読み書きに基づいた情報の理解力，コミュニケーションをとって情報を入手・理解し行動に適用できる力，情報を批判的に分析できる力などが挙げられる。日本においてはヘルスリテラシーに関する一

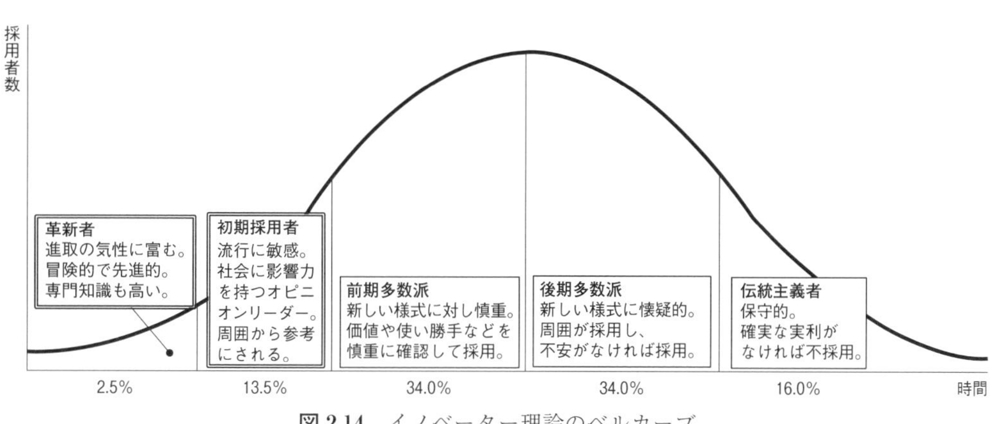

図 2.14　イノベーター理論のベルカーブ

貫した健康教育システムがないため，測定尺度などを用いて自己のリテラシーを把握できる機会の提供と，個人のスキルと能力を高めるための継続的な支援が必要である。さらに，保健医療の専門家を含む健康情報発信者が，正しくてわかりやすい情報の提供を推進していくことが求められる。

(5) 栄養教育のマネジメントにあたって応用的に用いる理論やモデル

1) プリシード・プロシードモデル[*1]（PRECEDE-PROCEED model）【グリーン，L. W., 1991 年】

行動変容を促すための理論やモデルというより，効果的な栄養教育のプログラムをデザインしていくときのガイド，枠組みを示したものである。特に公衆衛生分野において，国や州単位での健康政策を組み立てる過程で，優先順位を決定したい場合などに用いられる。

グリーンは**健康教育理念の体系化**[*2]をすすめ，「健康教育は，自由意志による，健康のためになる行動の実践を促進するために，さまざまな方法を組み合わせて計画的に使うことである」と定義し，1980 年にプリシード（PRECEDE）モデルを提唱した。これは，医療の現場で治療計画をたてる前に医学的診断をするのと同様に，教育**介入**[*3]計画をたてる前には，対象者の診断をするという前提を明確にしたものである。1991 年には，1986 年の**オタワ憲章**に提唱された環境的支援を重視し，政策・法規・組織要因などを組み込んだプリシード・プロシードモデルを提言した（**図 2.15**）。その後も，社会や環境の変化に伴い進展し，現在の第 4 版（2005 年版）では，遺伝要因が加わり，さらに健康教育が教育戦略という強い表現に変更されている。全体の流れは 8 段階で構成されており，第 1 ～第 4 段階まで（上段右から左へ）がプリシードにあたる。栄養教育の目標を明確にするために，対象集団の抱える問題点や要因をステップに分けて事前診断する。

第 1 段階（社会アセスメント）：QOL（quality of life：生活の質，生きがいや生活満足度）やニーズを知る。

第 2 段階（疫学アセスメント）：対象集団の健康・栄養状態の問題点と改善

*1 **プリシード・プロシードモデル**　PRECEDE は，Predisposing, Reinforcing, and Enabling Constructs in Educational/Environmental Diagnosis and Evaluation の頭文字，PROCEED は，Policy, Regulatory, and Organizational Constructs in Educational and Environmental Development の頭文字である。

*2 **健康教育理念の体系化**　グリーンによる健康教育の定義は，「個人や集団，地域において，健康のためになる行動について自発的に取り組み，それを実現するために計画された，あらゆる学習経験の組み合わせである」とも翻訳されている。

*3 **介入（intervention）**　栄養教育現場において，当事者である対象者の行動変容を促すという目的をもって，他者（管理栄養士・栄養士）が対象者の抱える問題解決に意図的に関わっていくこと。

コラム 4　進化するプリシード・プロシードモデル

プリシード・プロシードモデルは，事前の詳細な診断（アセスメント）が特徴で，それによって，いつ，どこで，誰が，何を，どのように介入すべきかを検討することができる。さらに，栄養教育実施後の客観的な効果評価の結果をフィードバックして，新たな健康政策づくりをより良くしていくことができる。現実的な問題を解決するために，前述してきた理論やモデルを必要なところに導入し，効果的でかつ柔軟性のある栄養教育プログラムの計画を可能にするモデルである。

グリーンらは，社会の変化に適応できるようにプリシード・プロシードモデルのバージョンアップを繰り返しており，管理栄養士・栄養士は，その意図や意義を十分に理解して利用していくことが求められている。

すべき優先順位を明確にする。それに関連する行動とライフスタイルの特徴や，影響を及ぼす環境からの要因を抽出する。遺伝要因も確認する。栄養教育での行動と環境への改善目標を決定する。

第３段階（教育／エコロジカル・アセスメント）：改善すべき行動や環境の原因となっている３要因を明らかにする。① **準備（前提）要因**として，現在，対象者がもっている知識・態度・価値観などを調べ，提供すべき知識や，望むべき態度・価値観を導く方向性を知る。② **強化要因**として，行動の改善を継続させる助けとなる家族や友人がもっている，あるいはもっていない現在の知識や態度，行動などを知る。③ **実現要因**として，行動変容を可能にする資源，設備，新しい技術（スキル）やコミュニティ・オーガニゼーションなどを調べておく。

第４段階（運営・政策アセスメントと介入調整）：教育戦略ならびに政策・法規・組織として，事前診断したアセスメント結果を反映した具体的な健康・栄養教育を計画する。その実施可能性を高めるために，予算や人材など資源，政策・法規・組織などの見直しを行う。

図 2.15 の，第５段階は，第４段階の健康・栄養教育の実施と，その後に行

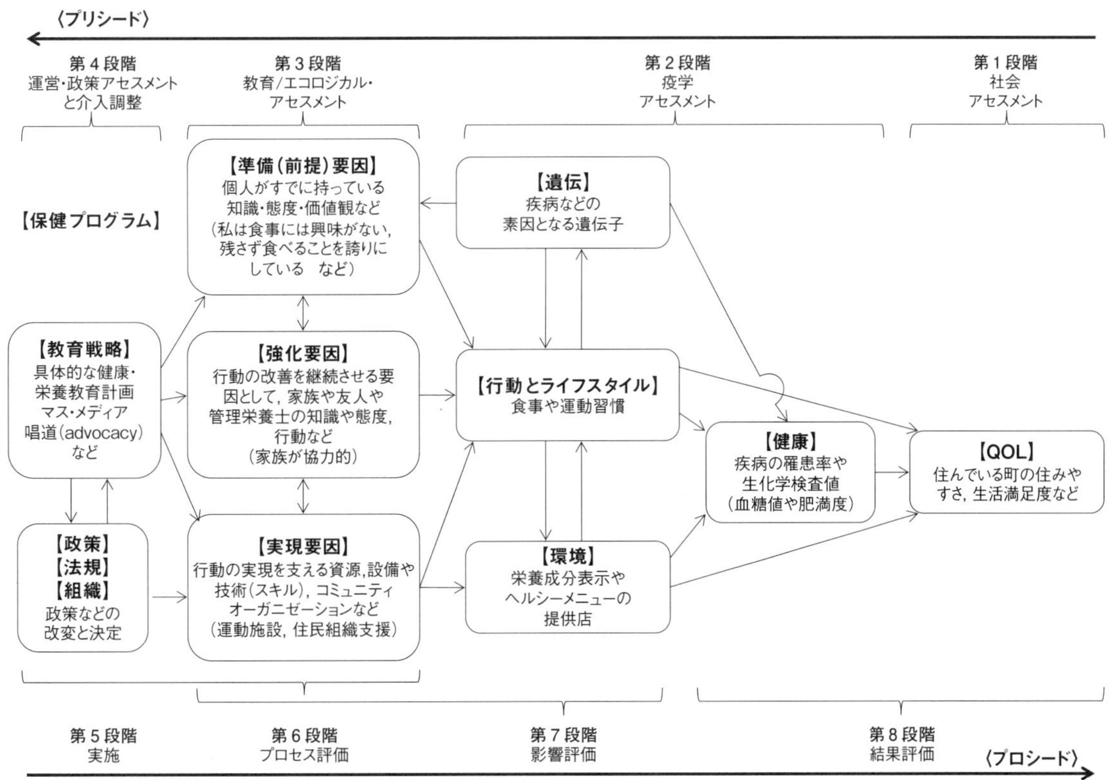

出所）2005 年版のモデル説明の翻訳は川田智恵子，村上淳編：栄養教育論（第２版），化学同人（2011）一部改変

図 2.15　プリシード・プロシードモデルの枠組み

う第6～第8段階まで下段左から右への過程をプロシードといい，各段階で事前に診断した内容を評価（プロセス評価，影響評価，結果評価）する。

このように，プリシード・プロシードモデルを用いて，問題行動と，それに関わる3要因や環境の及ぼす影響を明らかにすることは，具体的な栄養教育の計画と実施をすすめ，段階ごとの具体的な教育効果評価を可能にする。

＊ソーシャルマーケティングにおいては，対象集団の分析，市場の分析，チャネルの分析が欠かせない。

2) ソーシャルマーケティング＊（social marketing）

消費者と企業がともに満足する交換を成り立たせるための商業的なマーケティングにおける重要な概念として，四つのP（マーケティングミックス）があり，①プロダクト（製品の良し悪し），②プライス（価格設定），③プレイス（入手しやすさ・流通），④プロモーション（適切な宣伝）がある。この概念を公衆衛生分野に応用したのがソーシャルマーケティングであり，提案する健康行動が採用されるかどうかは，①健康増進への効果の度合，②行動変容やその継続のための金や時間や努力など対価（障害）となるものの大きさ，③いつ，どこで，すぐに行動できるかなど環境整備の有無，④採用してもらうための工夫やその後の支援の有無，に依存すると考えられる。

この場合，主体的・自発的な行動変容を導かれた対象者のみの満足ではなく，目標達成に携わる非営利組織にとっても満足を得られるWin-Winの関係を構築し，長期的な視点で社会全体の福祉の向上につなげていくことが大切である。

3) 健康行動の生態学的モデル（ecological model of health behavior）

人の健康行動は，個人内（生物学的要因・心理的要因），個人間（社会的要因・文化的要因），組織の要因，コミュニティの要因，環境（自然要因・情報要因），政策要因など，多層に重なった要因が相互に関連し合いながら影響を及ぼす中で決定される。そのため，各層でどのような働きかけをすべきかを明らかにすること，さらに，それらを組み合わせたシステマティックでかつ，包括的なプログラムによる介入を行うことが望まれる（**図2.16**）。

近年，「たばこコントロール」など欧米での健康教育において，生態学的モデルの有用性が確認されている。個人あるいは集団に対して行動変容の働きかけをするだけでなく，同時に多層的に，新たな行動を選択しやすくなる環境や政策の整備をすすめ，ソーシャルサポートも充実していくような包括的介入プログラムを企画・実施していくことが，行動変容を効果的に導くものと期待されている。

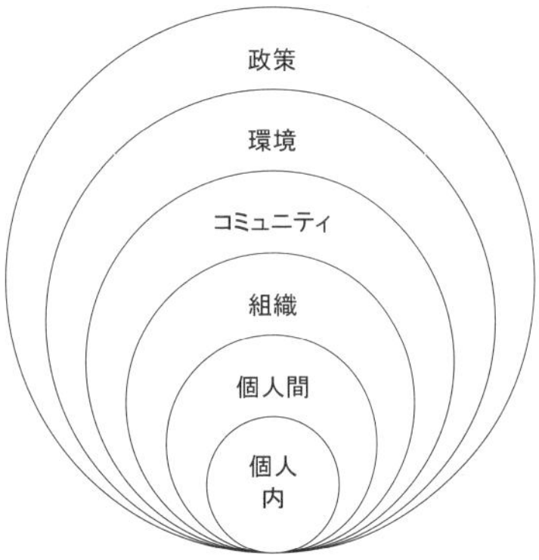

図2.16 健康行動に影響を及ぼす要因（生態学的モデル）

2.3 行動変容技法と概念

2.3.1 行動変容技法の種類と概念・活用方法

行動療法は，「健康行動科学」として，健康増進，減量，飲酒，運動，ストレスなど，健康教育や栄養教育の分野で幅広く応用されている。

不適切な生活習慣が要因となり，発症する生活習慣病の予防・治療は，生活習慣を，健康行動に変容させることである。

栄養教育における具体的な活用法としては，食物摂取行動について①不適切な行動を特定，②行動のアセスメント，③改善目標を明確にし，④さまざまな技法の選択およびそれらの組み合わせにより，望ましい食物摂取行動に変容し，⑤その行動を長期間維持できるように支援することである。

行動科学理論を踏まえた健康教育や栄養教育は，学校，医療，地域，職域などにおいて，個人や集団に対して展開されていくものであり，管理栄養士・栄養士として，行動科学理論および行動変容技法を十分に理解しておく必要がある。

以下に，行動変容技法と具体例を示す。

(1)　刺激統制

対象者の行動が特定の先行刺激や要因によって起こる場合，その行動は刺激統制下にあるものである。したがって，問題行動を起こさせている刺激を取り除き，それに代わる適正行動（目標行動）が起こりやすくなるような刺激を与えるなどの支援を行い，環境的条件を調整する技法のこと。

例１）ダイエット中にもかかわらず，ついつい衝動買いをしてしまうケース

①「空腹時に買物に行くことが多く，不必要な物品まで購入する習慣がある」→「食事終了後（満腹時）に買物に行く習慣を身につける」

②「いつも予算を決めずに買物に行ってしまう」→「購入に必要な金額だけ持っていくようにする」

③「特価品など，不必要な食品も購入してしまう」→「買物リストを作成し，それ以外の売り場には立ち入らない」

例２）アルコール制限を指示されているが，連日飲み過ぎてしまうケース

①「冷蔵庫に常時多量のアルコールをストックしている」→「毎日飲む分だけ，購入するようにする」

②「もう１本だけと思って冷蔵庫に手がいってしまう」→「冷蔵庫に１日の適量を書いて貼っておき，飲み過ぎを防止する」

(2)　反応妨害

問題行動を軽減できるようなトレーニングを行い，健康行動が継続できるような技法のこと。ただし，この方法自体がストレスになりやすいので，対象者とよく話し合い，納得した内容で試みることが大切である。

例１）ダイエット中にもかかわらず，ついついお菓子を食べてしまうケース

「本当にお菓子を食べたいのではなく，単に退屈しているだけだと自分に言い聞かせる」「お菓子を本当に食べたいのではなく，習慣化し

ているだけだと思う」

例2）毎日の飲酒習慣がやめられないケース

「仕事上のストレス解消を言い訳に，本当に飲みたいわけではないのに，習慣で毎日飲酒してしまっているだけだと思う」

「アルコールを過剰に飲むことは，家族に迷惑をかけていると自分に言い聞かせる」

(3)　習慣拮抗法（行動置換と表現されていることもある）

問題行動とは，同時に実行（両立）できない行動を実行して，問題行動を行わないようにする技法のこと。

例1）ダイエット中だが，間食習慣がやめられないケース

「いつも間食をしてしまう時間になったら，散歩に出かける」「甘い物が食べたくなったら，歯を磨く」「日頃から間食をする時間帯を，掃除の時間とする」

例2）休日は朝からでもアルコールを飲んでしまうケース

「スポーツジムに入会し，休日は午前中，ジムで汗を流す」「休日は家族と一緒に買物に出かける」「休日の午前中は，日頃できない場所の掃除をする」

(4)　オペラント強化

オペラント条件付け[*1]（随伴性の管理）ともいい，自発的行動の学習を意味するものである。適正な行動の形成と確立を目指す「正の強化」と，不適切な行動の抑制や除去を目指す「負の強化」に分類される。

「正の強化」は，行動することによって快刺激（正の強化・好子）が得られる場合で，行動は強化される。「負の強化」は，行動することによって不快な刺激（負の強化・嫌子）が除去される，または，刺激が与えられ，行動をとることで不快な刺激を受けないようにする場合で強化される。

例1）ダイエット中なので，甘いものは1週間に1回だけにするという目標を達成した場合：「よく頑張りましたね。これからもダイエット成功のために頑張りましょう」と誉められた（「正の強化」）。

例2）ダイエット中なのに，甘いものを毎日たくさん食べて注意を受けていたが，1週間に1回に減らしたら注意を受けなかった（「負の強化」）。

その他の強化法には，**物理的強化**[*2]，**社会的強化**[*3]，**心理的強化**[*4]，**自己強化**[*5]などがある。

(5)　認知再構成（認知行動再構成法）

内潜行動[*6]のひとつに位置付けられている「認知」に直接働きかけて修正していく技法で，自分の思い込みや習慣によってマイナス思考に偏りがちになってしまう考え方を修正することである。すなわち，自然に身につき，習

*1 **オペラント条件付け**　パブロフによって提唱され，刺激（えさ，ベル）を与えると反応（唾液分泌）し，これを繰り返すこと（学習）で行動の変容が起こることを示した（レスポンデント条件付け）。その後，スキナーは，行動の頻度は，結果，報酬，強化，または罰によって規定され，報酬などが得られる環境では行動が繰り返される可能性を高め，罰の場合は行動が繰り返される可能性は薄くなるというオペラント条件付けを提唱した。結果，報酬，強化，または罰は随伴刺激といわれ，このような刺激を管理することで食行動変容を成功させせることが可能となる。

*2 **物理的強化**　強化子は，金銭，洋服，アクセサリー，花束，おもちゃ，食べ物など。

*3 **社会的強化**　強化子は，愛情，賞賛，承認，注目，名声，同意など。

*4 **心理的強化**　強化子は，満足感のある活動，心地よさなど。

*5 **自己強化**　目標達成の得点化，自分に褒美を与えるなど。

*6 **内潜行動**　思考（認知）や感情などの精神活動も測定評価できる形で現して「行動」とみなすことをいう。

慣化している考え方や行動を，プラス思考に変容させる方法である。

「私にはどうせダイエットなんかできない」「家族みんなが肥満であるのだから，自分が太っているのは仕方がない」「母親が糖尿病だから，自分もいつかは罹患する」などのようなマイナス思考的な考え方を，「自分もダイエットして，素敵な洋服を着れるようにする」「努力すれば糖尿病は予防できるし，合併症などの心配もなくなる」のように，プラス思考的な考え方に思考変容をすることによって，行動変容を促すようにする行動療法である。

(6) 意思決定バランス

意思決定バランスとは，食行動の変容を実践する際に起こる，メリット（肯定的な感情，気持ち）とデメリット（否定的な感情，気持ち）の２つの感情のバランスのことで，どちらが強いかによって食行動変容に影響を与えることである。

たとえば，節酒を考えている男性にとって，「アルコール量を減らせば，肝機能の数値が改善できる」「毎月の飲み代の負担が少なくてすむ」といったメリットが考えられる一方で，「付き合いが悪くなり，仲間との関係が悪くなってしまう」「仕事に支障が出るかもしれない」といったデメリットも予想される。

行動変容に関する準備性が低い無関心期（前熟考期）や関心期（熟考期）（p.13，**表 2.3** 参照）では，通常，デメリット＞メリットの関係式が成り立っていることが多い。

そこで，行動変容に対する障害や問題点などのデメリット面を解決し，行動変容することによって起こるメリット面を考えることにより，行動変容の準備性が高まる。さらに，行動変容が進み，実行期や維持期になると，メリット＝デメリットからメリット＞デメリットの関係式に移行されるので，意思決定バランスは行動変容プロセスに重要な影響を与える。

(7) 目標宣言，行動契約

行動目標を宣言することを「目標宣言」，宣言した目標を実行することを自分や他人と約束することを「行動契約」という。

行動目標を管理するために，目標を声に出して自分自身に言い聞かせたり，普段よく目につく場所に宣言した内容を書いて貼っておくことが効果的である。たとえば，「飲み会は週に１回までと決める」「ごはんは必ず計量して盛るようにする」「来月末までに２kg の減量を実行する」「体重は毎日測り，グラフに記録する」などである。

(8) セルフモニタリング*

自己監視法ともいう。対象者自身が自分の行動を観察し，その内容を記録して，さらに評価する（自己調整機能）ことにより目標の達成度を客観的に

＊セルフモニタリングの目標設定のポイントを小さな目標にして，学習者が達成しやすい内容にする方法を，セルフモニタリングにおけるスモールステップという。

判断することが可能となり，自己強化されることである。

体重や血圧などの身体測定結果や，アルコール摂取量や甘いお菓子類の摂取頻度など，自分で観察するべき内容の記録用紙を準備し，毎日記録する。行動変容を生じるきっかけを作り，望ましい行動強化につながる技法である。

表 2.6，**2.7** は記録表の具体例である。

表 2.6 （例１）ダイエット実行中の体重変化の記録表

月日	体重(kg)	前日との比較(kg)	反省点・自己評価
3/10	65.5	＋0.3	×（昨夜，隣人からもらった果物があったので，夕食後，たくさん食べてしまった）
3/11	65.1	－0.4	◎（昨日果物の食べ過ぎで体重が増えてしまったので反省。今日は３食ともにごはん量を少しだけ控えた）
3/12	66.0	＋0.9	××（友人に誘われてランチバイキングに行き，好きな物を考えもなく食べてしまった）

表 2.7 （例２）アルコール摂取量の自己管理記録表

月日	飲酒量	飲酒場所	飲酒相手	自己評価
3/10	ビール(大) ３本＋焼酎２合	飲み会(居酒屋)	同僚４名	×（取引先とのやり取りで嫌なことがあったので，飲み過ぎた）
3/11	焼酎１合弱	自宅	１人	○（いつもの飲み仲間が都合がつかず，自宅にて夕食）
3/12	ビール５杯＋日本酒２合程度	近所の居酒屋	町内会の役員５～６名	××（相手に勧められるたびに断れなく，近所だから少し位飲み過ぎても大丈夫だと思って）

摂取量，食べた場所・相手，食べた理由なども記録し，グラフを作る。毎日の変化を視覚的に見やすくしておくと，自分がどのような状況におかれたときに，不適切な行動を起こしてしまうかを自己解析でき，セルフコントロールにつながりやすい。

(9)　自己効力感（セルフ・エフィカシー）

どんな条件下であっても，健康的な行動をとることができるという自分に対する自信のことである。自己効力感を強くもっていることが，行動変容して保健行動を身につけるために重要である。行動変容の過程において，人は非保健行動に駆り立てられる誘惑が３つあるといわれ，①否定的な感情のとき，②うれしい出来事があったとき，③強く望むときである。

無関心期のように，変容段階が初期の頃は自己効力感が低い。つまり，今すぐダイエットしようと考えていないので，好きな食べ物がたくさんあるときはダイエットが実行できない。しかしながら，実行期では，どのような状況でも食べ過ぎをコントロールできる自信をもっていて，誘惑されない。このように，行動変容の段階が進むと自己効力感が強まる。

(10)　ストレスマネジメント*

「何らかの対処が必要な状況や変化」のことを「ストレス状況」という。

対処が難しい状況において，心や身体にさまざまな反応を起こす。これを「ストレス反応」という。

＊ストレスマネジメントにおいてはコーピングが重要である。コーピングとは，「対処法」「適切に対処する」という意味である。ストレスの発散方法が健康的でない行動に偏らないように，多様なストレスコーピングの引き出しを作っておき，その場その場に応じて使い分けることが重要である。

ストレスを引き起こす物理的・精神的因子を「ストレッサー」といい，ストレッサーや，それがもたらす感情に働きかけて，ストレスを除去したり緩和したりする技法を，ストレスコーピング（ストレス対処法）という。最近，メンタルヘルス対策で利用されている。働きかけの内容により，「問題焦点型」「情動焦点型」に大別される。

- 問題焦点型：ストレッサー自体に働きかけ，問題を解決しようとする考え方である。ストレッサーに直接働きかけることで，ストレッサーを変化させて，問題課題を明らかにする方法である。本方法は，抱えている問題が解決可能なものであることが前提であるため，解決が不可能または困難な問題に直面している場合は，後述の働きかけが適している。
- 情動焦点型：ストレッサー自体ではなく，ストレッサーがもたらす不快な感情を軽減する等，自己の感情コントロールをする方法である。不快な感情を話し，それを聴いてもらうことで，感情を整理し，発散させる，ストレッサーに対する捉え方や考え方を修正し，新しい適応の方法を考えていく，運動，趣味などで気を晴らすなどの方法がある。

(11)　ソーシャルスキルトレーニング

社会技術訓練法ともいい，自分の置かれている状況を上手に他人に話し，周囲の理解を得て，協力してもらう環境をつくるように訓練することをいう。つまり，社会生活のなかのあらゆる誘惑にいかに立ち向かうか，言い換えれば，断るかの技術を身につけることである。

食行動変容を成功させるために，多量の酒などを人から勧められた場合に相手に不快感を与えずに穏やかに断る方法をロールプレイなどで練習を積み，上手な対人関係を高める訓練をする。

例1）日頃から会社帰りに飲み会に誘われることが多い場合，行きつけの店主に薄い水割りを作ってもらうように頼んでおく。

例2）友人にランチに誘われることが多く，なかなか断れない場合，自分からヘルシーなランチのお店をリサーチして予約してみる。

(12)　ナッジ

ナッジとは，他人に強制されることなく自ら意思決定して，望ましい行動に誘導するような「仕掛け」のことである。ひじをつつかれた時，人が意識せずに反応するのと同様に，ナッジを活用することによって対象者が気づかないうちに望ましい選択肢を選ぶように誘導することである。

ナッジを食環境整備などに活用することによって自然と対象者の健康維持・増進を推進することができる。

例１）スーパーの，レジ近くのお菓子の陳列をやめる。

例２）定食メニューすべてに，サラダをつける。

例３）他の人と比較して，対象者の歩数がどの程度かの情報を提供する。

2.3.2　行動変容技法の応用

個人栄養教育を実施する際，病歴や食生活の内容を聞き取ることから始めるが，まずそこに行動変容技法を応用する*。

＊行動変容技法において対象者が５つの段階（**表2.3**，**図2.9**）のどこに位置しているかによって，10の変容プログラム（**表2.4**，**図2.10**）を用いて適切な栄養教育の方法を選択・決定し，働きかけると効果的である。それには，現在のステージを確認し，ステージに応じた目標を立てて実行し，評価，目標を設定するとともに，ステージの再評価を行って行動変容につなげていく。「標準的な健診・保健指導プログラム」においても，"動機付け支援""積極的支援"の実施に当たっては，行動変容のステージを把握することとされている。

食生活の内容や食事量等を聞き取ると同時に，その背景を明らかにしながら傾聴していくことで，管理栄養士・栄養士が的確な支援ができるようになる。さらに，対象者も食行動が意識化され，気持ちが整理され，適切な方向に変容していくことが多い。共感的な立場で理解することは，信頼関係の構築にもつながり，継続教育が可能となる。

行動変容の技法を選択する際は，効果がありそうなこと，また対象者にとって実行しやすい内容から始めることがポイントである。成果が出たらそれを励まし強化することにより，その行動を続けられるよう支援することが重要となる。また，対象者が現在どのステージに位置しているかを把握し，そのステージに適したプロセスを用いて支援することが有効な手段である（**表2.3，2.4**参照）。

2.3.3　行動変容技法を用いた栄養教育の実例

(1)　社内で健診受診後，医師より栄養指導を受けるように指示された例

1)　行動変容の関心が低い場合（初回の指導例）

管理栄養士：田中さんですね。管理栄養士の○○です。
今日は，先日受けられた健康診断の結果から，改善していただきたい内容について20分程度お話しさせていただきます。

田中さん　：よろしくお願いいたします。

管理栄養士：中性脂肪と肝機能検査の値の結果については，アルコールの飲み過ぎが関係しているのではないかと思いますが。
(意識の高揚・気づき)

田中さん　：若い頃からずっとアルコールは毎日飲んでいますが，別にこれといった自覚症状もないし，あまり問題はないと思っていますが。なんか改善しなければいけないですか？

管理栄養士：肝臓は「沈黙の臓器」といわれるほど，なかなか自覚症状が出にくいものです。症状が現れると日常生活にさまざまな支障が出てきますから，今から少しずつ，食事内容の改善やアルコール制限をしておいたほうがいいですね。
(感情的体験)

田中さん　：営業の仕事上，接待や付き合いも仕事の一部なので，酒を減らすのは難しいですが。

管理栄養士：いますぐに禁酒ではなく，少しずつ酒量を減らすように努力してみませんか？

田中さん　：どのようにすればよいですか？

（中略）

管理栄養士：毎日飲んだ量を記録してみませんか。できれば，飲んだ場所や時間，相手，理由なども一緒に記入してみると，どのような時に飲み過ぎているかがわかるようになります。
（セルフモニタリング）

田中さん　：手帳か何かにメモ程度であればできると思います。

管理栄養士：それで大丈夫です。そして，週に１日だけでも休肝日を作ってみることはできますか？　その目標を自分や他人に宣言してみてはどうでしょう。
（目標宣言・行動契約）

田中さん　：会社に行った日はどうしても飲みたいので，休日の土曜日か日曜日のどちらか１日ならできるかもしれません。
（強化のマネジメント）

管理栄養士：どちらでもいいです。ご自分の健康のためですから，きっとご家族も喜ばれると思います。
酒の肴なんですが，こってり系ばかりでは，どうしてもエネルギーオーバーになってしまい，中性脂肪値も改善しにくいですね。こってり料理を頼むならば，さっぱりとしたお浸しなどの野菜料理も一緒に頼んでみてはいかがでしょう？

田中さん　：仲間がどうしてもこってり系ばかりを選ぶので。

管理栄養士：では，野菜料理は田中さんが注文するようにしたらいかがですか？「健康のために野菜を摂るようにこころがけているんだ」っておっしゃればどうでしょうか？
（ソーシャルスキルトレーニング）

田中さん　：今度からそのようにしてみます。

管理栄養士：帰宅してからの夜食は，おなかがすくので召し上がるのですか？

田中さん　：というよりも，習慣で。家内も作ってくれるので。

管理栄養士：では，帰宅したら，すぐに歯を磨いて，水分以外はとらないようにしてみてはいかがでしょう**（行動置換）**。奥様にもそのように伝えておいてくださいね**（自己の解放）**。

田中さん　：なんとなくできそうな気がします。

管理栄養士：ご自分の健康のために，無理せずにできることから始めてみてください。

田中さん　：ありがとうございました。焦らず，頑張ります。

管理栄養士：次の検査で良い結果になっていますように，期待しています。

2）決めた目標がある程度できた場合（継続指導例）

管理栄養士：あれから１ヵ月経ちましたが，お酒の目標は守られていますか？

田中さん　：自宅で飲むときは量をコントロールできます。でも，友人と外で飲むときはどうしても多くなりがちです。休肝日も週１回を目標にしていますが，たまに気がゆるんでしまいます。

管理栄養士：では，休肝日がとれた週には，シールを貼り，目標の数が集まると趣味のものを買うなど，ご自分に褒美を与えてみてはいかがでしょう。

(オペラント強化法・正の強化)

田中さん　：そうですよね。自分の健康のためだから，自分自身に厳しくしなくてはだめですね。

(意思決定バランス)

家族や同僚も心配してくれて，協力してくれていますから，焦らず，がんばります。

(環境への再評価)

管理栄養士：週末は，ご家族と近所を散歩したり，買い物に同行したりして，リフレッシュすることも大切ですね。公的機関のスポーツジムを利用されてもよいですね。

(社会的開放)

田中さん　：日頃の運動不足解消と健康作りのためにトライしてみます。

管理栄養士：前向きな気持ちが大切です。ご自分の体験を地域の人や会社の同僚にもお話ししてみてください。喜ばれると思います。

(ソーシャルネットワーク)

2.4　栄養カウンセリング

食生活は，生体（病状・食欲・嗜好・活動量）の他，環境（家族・職業・経済），社会（食品流通）など多くの条件に影響され，また，長年の生活のなかで習慣化される。そのため，食生活を改善することは容易なことではない。対象者は，栄養教育を受け，栄養食事療法や食生活に関する知識や技術を取得したからといって，それだけで食生活を改善できるわけではない。栄養教育を受けたものの，食生活が改善ができなかったり短期間改善できても継続できないというケースも多い。この点についての理解が必要である。

一般には，カウンセリングは2人の人間の一対一の相対する社会的相互作用の関係であり，実施する援助者をカウンセラー，カウンセラーに援助を受ける人をクライアントという。本節では，栄養カウンセリングを受ける人を対象者とする。

2.4.1　行動カウンセリング[*1]

行動カウンセリング（behavioral counseling）は，行動理論を導入したカウンセリング技法である[*2]。

(1)　理論と技法

「(食生活の) 不適切な学習や適切な学習の失敗を改善する」ために，(食生活の) 対象者の問題を行動次元で分析して，カウンセリングで解決すべき問題行動を特定し，改善につなげる。

クライエント中心のカウンセリングは，「非指示的方法」であるが，行動カウンセリングは，必要に応じ，「積極的に指示，助言，技術指導」を行う。

1）刺激－反応理論（S-R 理論）(p.11，2.2.2(1)) の条件反応の研究を基本

＊1 行動カウンセリング（behavioral counseling）　クルンボルツ（J. D. Krumboltz）とソアセン（C. E. Thoresen）によって考案された。理論的には『適応的・不適応的な行動の学習』を説明する学習理論と行動理論に基づいている。目的としている適応的な行動や症状の消去した状態を実現できるか否かを重視し，実際にやってみて成功するか失敗するかの『行動実験』を通してクライアントの行動を望ましい方向に変化させていく。

＊2 行動カウンセリングと心理カウンセリングの相違　行動カウンセリングは，外部から客観的に観察可能な『行動・言動』に働きかけ，主観的に推察（想像）することしかできない観察不能な『内面心理（精神内界）』には余り踏み込まない。

表 2.8　行動カウンセリング例：要点のみ

D（Dietitian）が食行動の改善の必要性を説明し，D と C（Client）の話し合いが進み，C により「現在の食事を改善していく」という目標（主要目標）が設定された。
C：今の食事は，朝食は果物です。そして，10 時頃に喫茶店に行き，トーストとコーヒーを飲みます。昼食は果物とお菓子，3 時頃にも果物とお菓子を食べます。夕食はお弁当を買ってきます。夜はテレビ見ながら，果物やお菓子を食べます。お腹がすくと，手っ取り早く食べられる身近にある物を食べるんです。それと果物が好きなんです。料理は面倒くさくってしません。この 10 年間こんな感じでなんですが。先ほどからのお話では，良くないんですよね。
D：詳しくお話いただきありがとうございます（強化）。そうですね。ここに書きました「あなたの 1 日の食事内容」（モデル学習）を見て，今の食事内容のどこをどのようにしていけば良いでしょうかね。
C：これと比べると無茶苦茶です。食事らしいのは夕食だけです。おかずや野菜は夕食だけですね。朝食も昼食もごはんとおかずを食べていません。それと，果物とお菓子が滅茶苦茶多いです（食行動の分析・問題点の自覚）。でも，果物とお菓子を減らしたらお腹が空いて無理です。
D：果物やお菓子は減りますが，朝食・昼食・夕食の 3 食に主食とおかずを食べるのでお腹持ちは大丈夫です。で，満腹感がなければ野菜・海草・茸類やこんにゃくを増やします。果物もお菓子も全く 0 ではなく，これ位の量（模型）は大丈夫です（モデル学習，指示）。
C：朝食・昼食・夕食の 3 食，お弁当となると，同じようなものばかりになって飽きてしまいそうです。
D：惣菜，レトルト，インスタント食品などの利用方法を示す（モデル学習，指示，助言，技術指導）。
C：今と滅茶苦茶変わりますね。今がそれだけ無茶苦茶ということですね（問題点の自覚）。
D：そういうことになりますが，一度に変えるのではなく，今までのお話のなかで，一番できそうなことは何ですか（下位目標の設定，スモール・ステップ）。
C：昼食の果物とお菓子の代わりに，おにぎりと惣菜を買ってきて食べることはできるかもしれません。そしたら，果物とお菓子も減るし，お腹も持ちそうに思います。
D：それは良い方法ですね（強化）。まずは，昼食をバランスの良い内容にしましょうか。
C：まあやってみます。
D：そうですね。やってみて，その食事をこの用紙に記入してみてください。そして，次回それをお持ちいただけますか（行動契約）。

とする。

2）目標に向かって動機付けを行い，行動変容に進める（動機付け）。

3）行動することによりさらに動機付けが深まることも多いので，行動を起こすことを重視する（行動による学習）。

4）最初から抽象的な大きな（困難な）目標（主要目標）を解決するのではなく，具体的な小さな目標（下位目標）を一つずつ解決していき，最終的に大きな目標の解決とする（スモール・ステップ）。学習の進歩（梯子）のなかで，できるだけ多くの階段をつくり，前進しやすく学習のつまづきを生じさせないようにする原理で，学習行動を細分化しまた組織化する考え方である。小さな問題でもそれを改善することにより，モチベーションを高め，自発的な行動変容を促すことが目的である。

5）行動の量を数字で示し，その達成度を実証・確認する（数量化）。

6）賞（快適・有益な刺激）を与え，条件反応を起こしたり，さらに強くする（強化）。

7）罰（不快・有害な刺激）を与え，その反応や行動を弱化する（消去）。

8）対象者に，目標の達成や計画の実行について約束させ，実施実践結

1　食生活改善の必要性の自覚
↓
2　その改善のための主要目標の設定
↓
3　現在の食行動の分析と問題要素の自覚
↓
4　その改善のための下位目標（スモール・ステップ）の設定
↓
5　下位目標の達成の計画（目標）
↓
6　行動変容の促進（強化・数量化・行動契約・フィードバック）

図 2.17　行動カウンセリングの進め方

果を報告させる。責任と決意を確認させる（行動契約）。

9）対象者が，実施結果について，目標と照らし合わせて，自己評価（問題点に気づき）を行い，修正する（フィードバック）。

10）以上を繰り返す（繰り返し）。

(2)　進め方（図 2.17）

1）食生活について自由に発言してもらい，内容をよく聴き取る。

2）対象者に，食生活の改善の必要性を自覚させ，改善のための目標を決定させるように，そして，その目標を達成させるように会話を進める（主要目標を設定）。行動変容の方向となる。

3）食生活改善の目標が設定されると，それについて話し合い，現在の食行動を分析させ，現在の食生活に多くの問題要素（行動）が含まれていることを自覚させる。それらの行動のなかですぐ実施・実現できる具体的な行動を発見させる（下位目標の設定）。スモール・ステップで，小さなことから少しずつ改善する。管理栄養士・栄養士は，対象者の自由な発言を促し，その言葉を対象者に返していくことにより進めていく。

4）下位目標（食行動の問題のなかで対象者が改善しやすい点）の達成（改善）計画に焦点をあて話しあい，それを実施することを当面の目標とする。行動を数量（例：りんごは1日に中1/2個に減らす）で示す。

5）行動変容（下位目標の達成）を促進するためには，対象者の発言に，「それは良い方法ですね」などの対応を行い，考え方を強化する。食行動の改善方法がわからないときには，望ましい食行動のモデル（食品模型や料理など）を明示したり，改善方法を提示する。集団教育ではメンバーの食行動によるモデル学習ができ，早く望ましい食生活行動を学習する。

2.4.2　カウンセリングの基本

(1)　カウンセリングとは

カウンセリングは，アメリカで発達した心理学を基礎とした分野で，その目標は，言語（言葉）や非言語（態度・表情・雰囲気）などによるコミュニケーションをとおして，対象者が心理的な問題や課題に向き合い自分で解決（変容）していけるように専門的に援助することである。

ここでは米国の**ロジャーズ**[*1]の提唱した非指示的（後に来談者中心）に進めるカウンセリング法について述べる。

*1 ロジャーズ（Rogers, C. R. 1902-1987）　従来のカウンセリングは，指示的なカウンセリングであるとし，人間への畏敬の気持ちをもち，人間を信頼・尊重し，クライアントの成長の力を信じ，その力と決断力を中心に**非指示的**（後に**来談者中心**）に進めるカウンセリングを主張した。

(2)　コンサルテーション（相談）・ガイダンス（伝達）との違い

コンサルテーション（相談）は，専門家が疑問や課題について情報を提供したり，問題をどのように理解すればよいかという問題分析方法を教えたりすることである。

ガイダンス（伝達）は，対象者に学習上の動機付けをし，動機付けが得られた学習目標を把握させ，その目標に向かって知識や技術を身に付け，さらに高次の目標に向かって進展するよう導き援助することである。

カウンセリングは，対象者が問題に気づき問題を自分で解決していけるように支援することであり，コンサルテーション（相談）：教える，ガイダンス（伝達）：導くという姿勢とは異なる。

(3)　カウンセリングにおける人間観

①　X 理論と Y 理論

人の援助をするカウセリングにおいては，人間をどう見るかは重要である。

アメリカの経営心理学者マグレガー（McGregor, D.）は，労働場面の人間観において，**X 理論**（人間なまけ者論）と **Y 理論**[*2]（人間信頼論）の考え方を明らかにした。カウセリングにおいては，人間がなまけ者であるという X 理論では援助はできない。

*2 X 理論と Y 理論　X 理論は，「人間は本来自己中心的でなまけ者であり，命令・指示・監視が必要：人間なまけ者論」，Y 理論は，「人間は成長・創造・労働の意欲が備わっているので，その意欲が発揮できる状況に置くことが大切：人間信頼論」である。

②　B（being）心理学の人間観

カウンセリングは，アメリカの心理学者マズロー（Maslow, A. H.）の B（being：人間存在）心理学を基本とする，「人間は生まれながらにして，より成長しよう，自分のもてるものを最大限に発揮しようという動機付けをもった存在であり，自己実現の欲求をもつ」という人間観である。

2.4.3　カウンセリングにおける基本的態度

(1)　傾聴

相手を理解するには，心からわかろうとして，良く聴き，良く看る（“聴く”と，“聞く・訊く”，“看る”と，“見る・視る・診る・観る”は異なる）。対象者

コラム 5　あなたの人間観の確認

「人間はなまけ者」とみる X 理論や人間の欠乏・欠損を研究する D（deficiency）心理学のもとでは，対象者を肯定的に受け入れられず，対象者に対して，自分の生き方を押し付けたり，異なった価値観に違和感をもったりして，受容・共感的理解・傾聴（後述）ができなくなる可能性がある。

Y 理論，B 心理学の人間観（カウンセリングマインド）をもっていることが，カウンセリングの基本となる。

人を支援する栄養カウンセリングを学ぶ前に，自分の人間観や人間理解の確認が必要である。

表 2.9 受容・共感を示す行動

1）うなずき 対象者が主体となり，話していくことに，寄り添っていく態度を示す。
2）あいづち 対象者の話を批判することなく，受容し，傾聴し，理解しようとしている態度を示す。「はい」「ええ」「うんうん」「そうなんですか」など。
3）反復 対象者の話のなかで要点となる言葉を管理栄養士・栄養士が反復し，話の重要なところを受け止めて聴いていることを示す。

表 2.10 －① 受容例

対象者の話 食事療法をはじめてもう3ヵ月になります。頑張っているのに，検査結果は一向に良くなりません。食事療法がいやになってきます。
管理栄養士・栄養士の応答 指示的：食事療法を実施されていたので，検査結果は悪くならなかったと思いますよ。 受容的：3ヵ月も頑張っているのに，一向に良い結果が出なくて，食事療法がいやに感じられてこられたのですね。

表 2.10 －② 受容例

対象者の話 私の食事療法の問題はわかっています。夕食の外食です。遅い時間まで，飲んで食べて，ほとんど毎日です。良くないとはわかっているのですが，誘われると断れなくて。断ると仕事にも影響してくるような気がして。
管理栄養士・栄養士の応答 指示的：その悩みは良く理解できますが，今のあなたの病気の治療には食事療法がとても大切です。勇気をもって断ってみてください。一度断り，仲間からはずれると，それはそれなりにやっていけると思いますよ。 受容的：誘われて遅い時間まで飲んで食べることになって。断りたいけれども，断ると今のように仕事ができるか。悩んでおられるのですね。

表 2.11 －① 共感例

対象者の話 食事療法なんてややこしいことは全くやる気になれません。
管理栄養士・栄養士の応答 指示的：理解してしまえばややこしいことはありませんよ。頑張って勉強しましょう。 共感的：そうですね。ややこしいことはやる気になれないですね。

表 2.11 －② 共感例

対象者の話 私は減量したいので頑張るつもりなのですが，家族が目の前で私の好物を美味しそうに食べるのです。それを見ると「もういいか…」という気持ちになります。
管理栄養士・栄養士の応答 指示的：ご家族は減量が必要ないので，仕方がない面もありますが，一度家族に話してみてはどうでしょうか。 共感的：頑張るつもりなのに，目の前で美味しそうに食べられると辛いですね。もういいかと思ってしまいますね。

が食生活改善の必要性を認識しなかったり実施しようとしない態度などについて，管理栄養士・栄養士は批判や否定することなく，すべてを無条件に受け止め，焦点を定め，共感的理解を進めるように傾聴する。

(2) 受容

対象者を無条件に肯定的に受け入れる。受容しているという態度は，うなずき，あいづち，反復などで表す（**表 2.9**）。対象者は受容されていることを感じると，安心感をもち，ありのままでいることができる（**表 2.10－①②**）。

(3) 共感的理解

「あたかも相手の気持ちになったように」「相手の内側から相手をとらえようと」理解する。相手の感じが，相手の枠組みにそってその人のようにわかるのが共感である（**表 2.11－①②**）。

(4) 自己一致

自己一致とは，理想と現実の自己が一致することではなく，一致していないことをありのまま認め，構えのないありのままの自分を受け入れることである。そのことにより自分の感じていることを正確に意識化できる。

2.4.4 栄養カウンセリングの基礎的技法

1) 場面の設定（表 2.12）

2) かかわり行動（表 2.13）

3) 理解したことを伝える（表 2.14）

対象者の話について，管理栄養士・栄養士が理解した内容を簡潔に伝える。 対象者は，自分の思いを整理できる。

4) 気持ちや感情を受け止める（表 2.14）

対象者の話を良く聴き，そして，非言語的な表現も良く看て，言葉では表現されない気持ちや感情（今ここで感じている気持ちなども）についても確認し，そのことに焦点をあてた言葉を伝え気持ちや感情を受け止める。対象者は，自分の気持ちや感情に気づき，自分を受け入れていくことができるようになる。

5)　カタルシス（表 2.14）

栄養食事療法において，継続して実施する，好物を制限するなどに，辛い，悔しい，惨め，腹が立つ，不安であるなどと感じている対象者は多い。その感情を解放すると問題の整理がつく場合がある。

6)　要約：患者の発言を要約する（表 2.14）

患者の発言について，適所で，言いたいことや感じていることを簡潔・正確に要約して伝える。対象者は自分の発言や問題を整理できる。また，管理栄養士・栄養士は，対象者の発言を正しく理解しているか確認できる。

7)　開かれた質問と閉ざされた質問（表 2.14）

栄養食事指導の過程で対象者への質問が必要な場合がある。対象者の話のあいまいな点を明確にしたり，感情や気持ちを表現しやすくするためには，「その後どうされましたか」「どのようなことが難しかったですか」など「開かれた質問」をする。対象者は限られた枠内に留まらず，広い範囲の話が自由にできる。自分中心に，気持ちを振り返り，受け止め，問題を整理できる。

栄養食事療法の実施状況について正確に把握が必要な場合には，「栄養指導は受けたことがありますか」「毎日朝食は食べていますか」など「はい」「いいえ」で答える「閉ざされた質問」が効率的である。しかし，誘導的であったり，機械的になった

表 2.12　場面の設定

1）場所 会話が漏れたり，人の出入りがあると，安心して心を開いて話すことはできない。病院などで，外来診察室に隣接して栄養相談室があり，医療スタッフが頻繁に出入りするような場所は，カウンセリングには適さない。外部から視界・音が遮断され，プライバシーが確保され，自分を振り返ることのできる落ち着いた場所とする。
2）座席 対象者は管理栄養士・栄養士と 90 度の位置関係が最も落ち着く。対面では遠く感じられ緊張が高まる。横並びは近く親しく友達感覚となりやすい。管理栄養士・栄養士が対象者の感情に巻き込まれてしまうこともある。
3）時間 面接開始と終了時間を決め（多くの施設では，予約制で実施している）対象者に伝えておく。時間を決めておくと，対象者はその設定された時間内に，解決策を見出そうと努力することが多い。時間を決めずにいると，愚痴を話しただけに終わってしまう，対象者が管理栄養士・栄養士に依存的になってしまう，管理栄養士・栄養士が対象者に巻き込まれてしまうことにもなりかねない。
4）継続回数・時期・所持品 初回面接では，以降の栄養食事指導回数・時期，回数毎に持参するものを伝える。「家での食事の写真や記録」や「質問したい事項」を所持してもらうとその資料を基に食生活を振り返ることができる。
5）管理栄養士・栄養士の役割 「食生活を省み，改善の必要性を知り，食生活上の問題が解決される」ことを支援することを伝える。
6）面接開始時 初回面接では，自己紹介をする（対象者に対しては名前で呼びかける）。面接（栄養食事指導）が必要となった経緯（病態など）を理解しているか確認する。「今どのようなことに気をつけておられますか」などの質問をすると，食生活について意識している現状を知ることができる。
7）守秘義務 一切について秘密が守られていることを伝える。

表 2.13　かかわり行動

1）姿勢 力を抜いてやや前傾になり，足は床につけ，手は膝に置き，ゆったりと振る舞い，心から聴く姿勢を示す。反り返ったり，足・腕・指を組んだり，揺すったりしない。
2）視線 対象者に自然な視線を向ける。凝視したり（対象者を理解しようとせず，批判的に見ている），視線をそらしたり（対象者を避け拒否している）しない。
3）声・口調 対象者の話を理解しようと聴いていることを示し，落ち着いた声・口調で話す。大声・早口や自分が中心で講義・指導をしているという感覚には注意する。
4）応答の進め方 対象者を受け入れようとしている柔らかい雰囲気で，対象者の話を中心に応答し，対象者の話を遮ったり，変えたりすることがないようにする。

コラム 6　共感的理解

共感は，同感，頭でわかることとは異なる。共感は，相手の気持ちを実感として受け取り内側から理解することであるが巻き込まれていない理解である。同感は，相手の感情に取り込まれて同じ気持ちになることであり，頭でわかることとは，自分の枠組みによって頭で考えることである。

表 2.14　栄養カウンセリング例（要点のみ）

C（Client）：お腹がすくと，手っ取り早く食べられる身近にある物やお菓子を食べるんですよ。それと果物が好きなんです。

D（Dietitian）：お腹がすくと，すぐに食べられる物を食べられるのですね（理解したことを伝える）。

C：そうです。朝食は果物です。そして，10 時頃に喫茶店に行き，トーストとコーヒーを飲みます。昼食は果物とお菓子，3 時頃にも果物とお菓子を食べます。夕食はお弁当を買ってきます。夜はテレビを見ながら，果物やお菓子を食べます。

D：うんうん。そうなんですか。1 日に，喫茶店のトーストとコーヒー，果物とお菓子，夕食のお弁当ということでしょうか（要約）。このような食事はいつ頃からですか（開かれた質問：現在の食事を摂るようになった時期に焦点をあてて）。

＊栄養素のバランスが悪いですね。何とか改善しましょう（批判的，指示的）。

C：はい。この 10 年間はこんな感じです。昔は商売をしていて，毎日料理を作っていました。商売を止めてから 10 年近く料理はしていません。すぐに食べられるものばかりです。

D：ふーん。昔は毎日お客さんに料理をしておられたんですね（理解したことを伝える，要約）。どうして料理をされなくなったのでしょうか（開かれた質問：料理をしなくなったことに焦点をあてて）。

（どんな料理をされていたのですか。○○さんのお料理美味しそうですね：なども）。

C：商売は人に食べてもらうためにやっていましたが。今は面倒くさくて。自分のためには面倒くさくて。料理はしようとは思いません。

D：うんうん。自分のためには面倒くさくて（理解したことを伝える）。

C：忙しいこともないし時間はあるし。自分の体のことを思うと料理してきっちり 3 回食べた方が良いんですがね。とにかく，面倒くさくて。（沈黙）でも，するとなればとことんするのですよ。梅干やらっきょ漬けは毎年たくさん漬けて友達にもあげます。

D：うんうん。毎日の料理は面倒くさい。でも，梅干やらっきょ漬けはたくさん漬けて。友達にあげられるんですね。もらったお友達はどう言われますか（理解したことを伝える。開かれた質問：作ったものを友達にあげることに焦点をあてて）。

C：そら，喜びますわ。塩分は控えめですし。今年はまだかって催促がきます。

（中略）

C：料理をするのは嫌いではないし，体も大事で，したら良いのはわかっているのに面倒くさく腰が上がらない。自分が情けないです。自分に腹が立ちいやになりますね。（話を繰り返す：カタルシス）。

D：腰の上がらない自分が情けなく，腹立たしく思われるのですね（気持ちや感情を受け止める）。

C：（沈黙）はあ。今の状態は良いとは思っていないので。考えないといけない。（沈黙）こんなことばかり言って。何とかしないと今のままでは。

D：何とかしないと感じられているのですね（気持ちや感情を受け止める）。

C：そのうち病気がひどくなってからでは遅いから。今やらないと。（沈黙）少し前向きに考えていかないと（沈黙）作って誰かに食べてもらうとか。

D：昔のように，料理をして誰かに食べてもらって喜んでもらうとか（理解したことを伝える）。

C：はあ。ちょうど隣にひとり暮らしの友達がいることはいるんです。でも，その人は料理が上手なんです。だから，あげても。下手な料理をもらったら困るんじゃないですか（質問）。

D：お友達はご自分の料理とまた違った味が食べられて喜ばれるのではないでしょうか（回答）。料理をすると，自分にもお友達にも良いようですが（提案）。

C：そうかな。ちょっとまあ。考えて。やれたら。

D：そうですね。考えてみて。できたら良いですね（気持ちや感情を受け止める）。

C：まあ，急にはできないかも。

D：急にはそうですね。毎日というのではなく，無理のない範囲で，ぼちぼち。やってみるのはどうでしょうか。（提案）。

＊お友達は喜ばれますよ。ぜひ，実行してください（指示的）。

＊良い方法がわかったので，すぐに始めましょう（指示的）。

＊はカウンセリング的とはいえない応答。対象者は下線の気づきを得て進んでいく。

りして，気持ちは表現しにくい。

8）沈黙の意味と対応（表 2.14）

栄養食事指導のなかで，対象者が沈黙することがある。対象者の気持ちや感情が動き，問題解決に進む大切な時間となることもあるので，見守り寄り添う。

しかし，沈黙には，どう話してよいかとまどいの沈黙，相手や話すことに対する拒否的な感情などがある場合もある。沈黙の意味を理解し，発信できるようになることも大切である。

9）ラポールの形成

管理栄養士・栄養士がカウンセリングマインドをもって対象者を受容し共感するなかで，ラポール（相互的信頼感）が構築されると，その（栄養教育）場が自由で守られたものとなり，対象者は安心して自己開示ができ，対象者から必要な情報が話される。とくに，初期の面接では，その内容が食生活の改善へとつながることが多い。また栄養教育の継続や食事療法の実施にも影響する。ラポールの形成は，栄養教育における管理栄養士・栄養士と対象者との関係の原則であり重要である。

2.4.5　認知行動療法

認知行動療法では，人の感情，行動（態度を含む），認知（思考，捉え方，考え方の癖）に焦点をあてて問題を特定する。栄養教育では，食生活における行動や認知に焦点をあてる。そして，その行動変容の妨げとなる認知を再評価し，妨げとなる要素を取り除きながら，望ましい行動を条件づけるという技法（行動療法的技法や認知的技法）である。

人々は，状況や出来事に対してそれぞれ異なった感情や行動を示す。認知行動療法では，感情や行動を引き起こすのは，出来事そのものではなく，出来事に対しその人にとっての意味を与える認知（思考，捉え方，考え方の癖）であると捉える。例えば，食生活（お菓子の食べ過ぎ）の改善が必要となった場合，強い不安，鬱陶しさ，歪んだ解釈を示す人もあれば，積極的に向き合う人もいる。

出来事（お菓子の食べ過ぎ）→認知（私は意思の弱い人間だ。もう食べ過ぎてしまっているのだから）→行動（落ち込む。やけくそになり食べる）

認知行動療法は，「認知面」に変化が生じ，その結果が行動に影響するよう支援する。

認知（私は意思の弱い人間だ。もう食べ過ぎてしまっているのだから）→（意思が弱いからではない。いつも目の前にお菓子があるからだ。食べ過ぎの失敗を今後に生かせばよい）

「考え方が変わることによって，気分や行動は変わる」ということを繰り返し経験することにより，「考え方を変えれば，情緒や行動をコントロールすることができる」ということを自覚できるように促していく。

栄養教育では，食事・体重の記録（セルフモニタリング）や面接により，食行動の問題点やパターンに目を向け客観的に気付けるように導入し，行動療法の技法を応用し進める（p.24，2.3 参照）。

摂食障害では，低体重となるような食事量の減少や，過食につながるような強固で極端な食事制限などの行動は二次的なものであり，自分の価値を判断する「体型や体重の過剰な評価」が焦点となる。治療は精神神経科の専門医が主体であり，管理栄養士・栄養士はチームのメンバーとして参画する。

近年，認知行動療法として，マインドフルネス認知療法，弁証法的行動療法がいわれている。

マインドフルネス認知療法は，自分の思考・感情・身体感覚などの内側を自身から距離を置いて客観的に観察する方法である。国立衛生研究所（NIH）での研究により，マインドフルネスに基づく食観トレーニング（Mindfulness-Based Eating Awareness Traning：MB-EAT）が開発されている。

2.4.6 動機付け面接

動機付け面接法は，米国のミラー（Miller, W. R.）と英国のロルニック（Rollnic, S.）により開発された行動変容を目的としたカウンセリング法で，米国のロジャーズ（Rogers, C. R.）の提唱した非指示的な来談者中心療法と方向志向的要素を併せ持つ準指示的な面接法である。

精神・原理を理解し，プロセスを学び，技法を身につける。

(1) 3つの精神（図 2.18）

1）自律：「対象者が自分自身で自分の方向（食生活の改善法など）を見出し，そのように行動できると対象者自ら認められる」ように援助する。

2）協働：目標に向かって対象者と協働で課題を解決する。対象者の考えを積極的に知り，それに応じた適切な発言をする。

3）喚起：変化がなぜ良いのか（減量することにより病状が改善するなど），悪いのか（食べ過ぎると体重が増加するなど）ということについての個人的な受け止め方（甘いものが大好き，食べることが楽しみなど）を知る。対象者独自の価値観を理解し，その発言がでる機会を積極的に作り出す。行動変容の動機を作り出す。

技法	プロセス
開かれた質問 是認 聞き返し 要約 チェンジトーク	かかわる フォーカスする 引き出す 計画する
原則 共感を表す　矛盾を模索する　抵抗を転用する　自己効力感を援助する	
精神 自律　協働　喚起	

図 2.18 動機付けの面接の精神・原則・技法・プロセス

(2) 4つの原理

1）共感を表す：対象者の正確な理解に努め，理解した内容を対象者に表し（共感的理解，

p.36，2.4.3(3)参照)，問題解決に向けて協働する。

2）矛盾を模索する：「対象者がありたいと望むこと（減量したいなど）と，現実（甘いものが大好きでたくさん食べる）の間にある矛盾や葛藤（減量したいが甘いものをたくさん食べたい）」を探り，正確に表現（一般に必要量以上に食べると肥満する）することで，行動変容の価値（甘いものを必要量の範囲内で食べる）に対象者自らが気づくよう援助する。

3）抵抗を転用する：「対象者は自分の矛盾に気が付いたとき，矛盾を認めず（減量したいが甘いものをたくさん食べている），行動変容に抵抗を示すことは，自然なことである」と受け入れ，それを非難するのではなく行動変容の動機（甘いものを決められた量の範囲内で食べる）に変えて話を進めていく。

4）自己効力感を援助する。「対象者の自己決定」を尊重することによって，「対象者が自信をもって，行動変容していける」ように援助する。対象者は行動を変容することができると信じる。

(3)　4つの技法とチェンジトーク*

チェンジトークは，変化に向かう来談者の言葉であり，来談者が問題行動を変えて生活を改善する行動変化のサインである。来談者のチェンジトークを増やし，維持トークを減らしていく。

1）開かれた質問（open questions：p.37，2.4.4 の 7）

2）是認 affirm：対象者の話の中ですべてに等しく注目するのではなく，行動変容につながる発言や考え方の変化のみに対して選択的に是認していく。

3）聞き返し reflective listening：対象者が述べたことに対して理解を深めて聞き返す。対象者の次の反応が明確なものになるようにする。

4）要約 summarize：話の全体の中から，対象者の言葉を集めて整理し要約し聞き返すようにする。対象者は考えを整理しやすくなり決定を促すことができ，面接が次に進むスッテプ台になる。

5）チェンジトーク change talk：人は行動変容への動機をもっていたとしても，同時に拮抗する気持や状況，両価性（アンビバレンス）の状態で在ることは特別なことではない。行動変容に向かって自己動機付け発言がなされたとき，来談者中心療法の無条件の肯定的配慮のように無条件に是認するのではなく，選択的に聞き返し，矛盾を模索し，抵抗を変容の方向へ転用する。チェンジトークに対し現状維持に指向する発言は維持トークである。

(4)　プロセス

1)「かかわる」関係性をつくる。基礎となる。

*共感的に聞くための基本スキル（OARS）としている。
O：Asking Open Questions 開かれた質問
A：Affirming 是認
R：Reflective Listening 聞き返し
S：Summarizing 要約

4つの準備段階のチェンジトーク（preparatory change talk: DARN）
D：Desire 願望
A：Ability 能力
R：Reasons 理由
N：Need 必要

3つの動かすチェンジトーク（Mobilizing change talk：CATs）
C：Commitment 宣言
A：Activation 活性化
Ts：Talking steps 段階を踏む

2)「フォーカスする」変化の方向性，目標をさだめる。

3)「引き出す」変化の方向に向かって，動機をひきだしていく。

4)「計画する」十分に動機が引き出されて後に具体的な計画をする。

2.5　組織づくり・地域づくりへの展開

人々が生涯にわたって健康の保持増進・疾病予防，さらにQOLの維持向上を目的として，望ましい食習慣を身につけ，自発的によりよくする能力を獲得することが栄養教育の目標ではあるが，個人の努力や周囲の支援だけでは限界がある。個人の行動変容のために，学校や職場などの組織や地域の仕組みがどうあるべきかに焦点を当てて働きかける必要がある。

2.5.1　自助集団（セルフヘルプグループ）

交通被害者・アルコールや薬物などの依存症の人，犯罪被害者など同じ問題をかかえる者同士が自発的に集まり，問題を分かち合い理解し，問題を乗り越えるために支え合うことが目的である集団を自助集団（セルフヘルプグループ）という。自助集団の原型は，アメリカで1930年代に設立されたアルコール依存症者による「アルコホーリクス・アノニマス（Alcoholics Anonymous, AA)」である。依存に関するグループ治療の原型でもあるこのAA方式は，以後，他の多くの障害にも応用されてきている。同じ問題をかかえている者同士が対等な立場で話ができるため，参加者は孤立感を軽減されたり，安心して感情を吐露して気持ちを整理したり，グループの人が回復していくのをみて希望をもつことができたりと，さまざまな効果が期待できる。

2.5.2　組織づくり・ネットワークづくり

集団や社会の組織作りを進めていくことを**コミュニティ・オーガニゼーション**という。また，家族や学校の友人，職場の仲間など，ある社会集団に属している個人を取り巻く社会関係網を**ソーシャルネットワーク**といい，その社会関係網のなかでの相互作用による支援を**ソーシャルサポート**という（p.19, 2.2.2(4)1)参照）。

食生活の改善，食行動の変容においても適切なコミュニティ・オーガニゼーションやソーシャルネットワークは有効である。この実現には，管理栄養士・栄養士・保健師などの専門者間の情報交流や協働，すなわち専門家のネットワーク，そのほか食生活改善推進員，民生委員，地域ボランティアなどの民間の力の活用が期待できる。親密な人間関係の結びつきによって，ストレスを緩衝することができ，健康教育・栄養教育の効果が期待できる。

2.5.3　グループ・ダイナミクス

グループ・ダイナミクスとは，ある集団のなかで個人が相互に影響を及ぼし合って集団が発展していくプロセスのことである。管理栄養士・栄養士が

表 2.15　動機付け面談の例：要点のみ

C：お腹がすくと，手っ取り早く身近にある物やお菓子を食べるんです。みかんは 10 個以上は食べますね。スナック菓子は 1 袋，すぐなくなりますわ。（維持トーク）
D：お腹がすくんですね。（是認） 1 日のうち何時ころにお腹がすいて食べますか。（開かれた質問）
C：午前中の 10 時頃と午後のおやつの 3 時頃ですかね。夕食後もテレビを見ながら何かをつまんでいます。お菓子や果物ですね。（維持トーク）
D：午前 10 時と午後 3 時と夕食後，お腹がすき，間食や夜食をされて，お菓子や果物を食べられるんですね。（要約）
C：そうですね。朝・昼・夕とちゃんと食事はしてるんですけどね。（維持トーク）
D：朝・昼・夕の大体の食事の内容をお聞かせくださいますか。（開かれた質問）
C：朝はトースト 1 枚とコーヒー。さとう・ミルクは入れませんよ。昼はいつもインスタントラーメン 1 個，夕食はコンビニの弁当くらいかな。多いとは思いませんが。そこの食事模型の朝・昼・夕食より少ないですよ。（維持トーク）
D：朝・昼・夕の食事は少ない？（聞き返し）減らしているのですか。（閉じられた質問）
C：少ないです。はい。減らしています。なのに体重が減らない。やはりお菓子と果物が多いのかな。でも，お腹がすくんですもの。
D：朝・昼・夕の食事はこの模型より少ない。減らしている。そして，お腹がすいて，間食や夜食で，お菓子や果物を多く摂るということでしょうか。（要約）
C：そうですね。朝・昼・夕の食事をもう少し増やしたら，腹持ちはよくてもお腹がすくのは違うかも。（チェンジトーク）
D：朝・昼・夕の食事をもう少し増やし，お腹がすかなければ（聞き返し）。
C：お腹がすかなければ，お菓子や果物はそんなに食べませんわ。お腹がすくから手っ取り早いお菓子や果物を食べるんですから。朝・昼・夕の食事はその食事模型くらい食べて良いんですか。
D：はい。○○さんの年齢，体格の方の 1 日量の例です。
C：今，そんなにおかずを食べていません。その半分も食べていませんわ。それだけ魚や野菜やおかずを食べたら，腹持ちが良くてお腹もすかんでしょう。おかずをそのくらい食べても良いんですね。買ってきても良いし。今は食べては良くないと減らしているんですから，それはできそうですわ（チェンジトーク）
D：朝・昼・夕の食事におかずをしっかり食べて，間食や夜食のお菓子や果物を減らす，できそうですか。（要約）
C：家の近くにスーパーがありますからおかず買ってきても良いし。簡単なものならじぶんできないことないし。食事をそれだけ食べたら菓子や果物は減らせます。
D：では，自分でおかずをつくったり，買ってきたりしながら。
C：できる範囲でやってみます。

集団に栄養教育を行うなかで，対象者間で相互作用，相乗効果が生じることにより，グループ・ダイナミクスの効果が起こりえる。個別の栄養教育では触れられなかった新たな問題点を提議できる可能性，集団のなかで相互に議論することにより自発的に率直な発言を誘発させる効果などが指摘されている。ただし，グループ・ダイナミクスがマイナスに作用すると，個人が議論へ積極的に参加せず，極めて平凡な結果となる心配がある。

2.5.4　エンパワーメント（p.9，**図 2.3** 参照）

エンパワーメントとは，個人や集団が，より力をもち，自分たちに影響を及ぼす事柄を自分自身でコントロールできるようになることを意味する。人々の QOL を向上させる栄養教育の基準においては，行政による施策・支援にとどまらず，個人・組織・地域がそれぞれの立場で主体性をもって食生活改善に取り組んでいくことが重要で，これにより広く健康教育・栄養教育の発展が期待される。

エンパワーメントは，個人，組織，地域レベルに分けて考えられるが，各レベルが相互に関連することで，各エンパワメントを高めることが可能になる。

2.5.5 ソーシャルキャピタル

ソーシャルキャピタルとは，アメリカの政治学者パットナム（Patnam, R.）が「人々の協調行動を活発化にすることによって社会の効率性を高めることができる，信頼・規範・ネットワークといった社会組織の特徴」と定義した概念である。ソーシャルキャピタルが高まると，健康づくり運動への住民参加が活性化する。

2.6 食環境づくりとの関連

私たちの毎日の生活行動は，私たちを取り巻くさまざまなことがら，すなわち環境に大きく影響される。**オタワ憲章**のなかでも，人々が健康に到達する過程として，「個人や集団が望みを確認，実現し，ニーズを満たし，環境を改善し，環境に対処すること」と，環境との関わりが取り上げられている。したがって，仮に，ある行動が本人の健康にとって非常に好ましくないものである場合，それは個人の問題としてのみ片づけられるべきではなく，そのような環境を形作る“社会全体”の問題としても捉えられるべきであると考えられる。

適切な情報とより健康的な食物が身近なところで入手できるような環境づくり（このような環境を担保するための法的・制度的基盤の整備を含む）を目指すことは，**ヘルスプロモーション***という観点からは極めて重要なことである。

＊ヘルスプロモーション p.2, 1.1.2参照。

「健康日本 21」の報告書のなかでは，栄養・食生活分野の環境要因は，周囲の人々の支援，食物へのアクセス，情報へのアクセス，社会環境の 4 つに分類されている。食環境とは，食物へのアクセスと情報へのアクセス，並びに両者の統合を意味すると定義されている。

2.6.1 食物へのアクセス

食物がどこで生産され，どのように加工され，流通され，食卓にいたるかという食物生産・提供のシステムを意味する。農業・漁業から，食品製造業・食品販売業，外食・中食産業など，そして消費者の食料消費までをつなげ，その全体をシステムとして考える。したがって，食物のアクセス面の整備とは，生産から消費までの各段階での社会経済活動，およびそれらの相互作用について調整を行い，人々がより健康的な食物を入手できる環境を整えることを意味する。

(1) 食品生産・加工・流通における食環境づくり

わが国の食料消費は，高度経済成長以降の所得の向上を背景に大きく変化し，現在では世界のあらゆる食品が豊富に出回っている。食料品の輸入は増加し，農産物輸入形態が従来の素材型産物（穀類，綿等）から生産加工型へシフトしている。それに対して食料自給率は1965（昭和40）年以降，一貫して減少し，2021（令和3）年にはエネルギーベースで38％にまで落ち込んでいる（**図2.19**）。

主要食品の自給率を重量ベースでみると，米98％，鶏卵97％，きのこ類89％，野菜79％など自給率の高い食品もあるが，油脂類14％，小麦17％，豆類8％など20％以下の食品も多い。米の消費量は減少する一方で，畜産物や油脂類の消費が増大しているため，飼料となる大豆や麦類や油糧原料の輸入が必要になったことが自給率の低下の原因となっている。

今後ますます食品流通の国際化が進み，このままでは国民の食生活は外国への依存なしでは成り立たない。また輸入食品の増加にともない，残留農薬，**ポストハーベスト**[*1]問題や，BSE（牛海綿状脳症）など食品の安全対策問題，食べ残しや食品ロスなど，多くの課題がある。行政機関による財政的，技術的，制度的な援助・支援も必須ではあるが，国民一人ひとりが食料の生産や確保，食糧問題について世界的視野から考えていく必要がある。

*1 **ポストハーベスト**　収穫した農作物（ジャガイモなど）に対して発芽防止剤として，または輸入穀物，果物等の防カビ，殺菌，殺虫の目的で，収穫後に直接作物にふりかけたり，作物を薬液の中に漬け込ませたりして農薬を使用すること。食の安全性に不安を与える農薬の使用法であるといわれている。

(2)　販売における食環境づくり

現代では，家庭で調理をすることが減り，加工食品・惣菜・弁当などを利用する中食や外食の機会が増えている。食品が人の口に入る経路・経緯が多様化しており，食品の安全性を確保することは複雑で難しい問題となってきている。

販売の場での食環境づくりには，消費者への食の安全・安心が確保されなければならない。食品販売業者は，消費者への信頼を増すために，徹底した商品管理を行い，消費者への情報をわかりやすく提供する必要がある。行政としては，2003（平成15）年に**食品安全基本法**が制定され，内閣府に**食品安全委員会**が発足し，**トレーサビリティ**[*2]の導入や，原料原産地表示の推進など

*2 **トレーサビリティ**　物品の流通経路を，生産段階から最終消費段階あるいは廃棄段階まで追跡できる状態をいう。対象とする物品に対して消費者がその物品の履歴をさかのぼって，物品の生産履歴を見ることはトレーサビリティによってもたらされる。

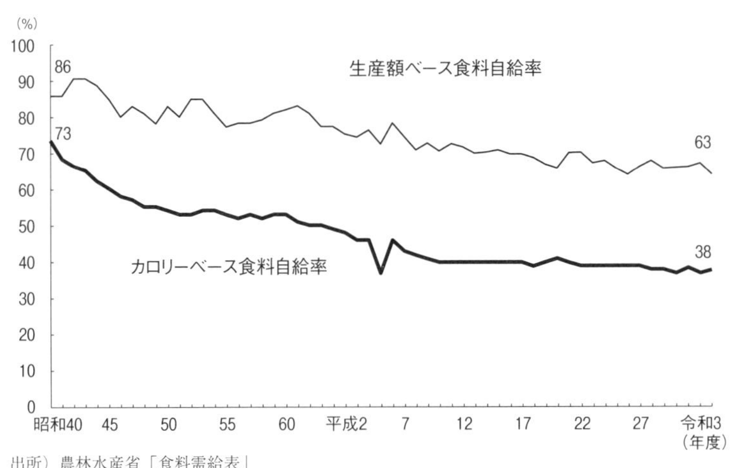

出所）農林水産省「食料需給表」

図2.19　昭和40年以降の食料自給率の推移

を行っているが，今後の食環境づくりには専門家の意見を反映しながら，関係各省が連携し政策決定を行っていく必要がある。

(3) 外食産業と食環境づくり

食の外部化の傾向が進むなか，健康維持，疾病予防，さらに食材などに対する安全性，快適な食事環境に対するニーズも高まっている。そのため，外食・中食事業者の育成と支援を通じ，健康づくりを支援する食環境づくりについて理解と協力を得て，健康な人をはじめ，生活習慣病の予備群，家庭での食事づくりが困難な高齢者や障害をもつ人たちが健康的でかつ満足度の高い食生活を送れるよう，食環境づくりが必要である。

外食・中食の場での食環境づくりには，食事の**栄養成分表示**の推進と，健康づくりの視点からの食事（ヘルシーメニュー）の提供，または禁煙・分煙を取り入れるといったことが進められている。

国民の外食の機会が増大したことに伴い，外食料理に含まれる栄養成分についての情報の重要性が高まっている。外食栄養成分表示ガイドライン（1990（平成2）年厚生省）に沿って，1991（平成3）年度から，飲食店等で栄養成分表示が行われている。

外食についての表示に関しては，2005（平成17）年に，農林水産省の検討会が「外食における原産地表示に関するガイドライン」を定め，各外食事業者の業種の実情に応じた原材料の原産地等の表示の自主的な取組みを促進している。中食の表示に関しては，2011（平成23）年に，㈳日本惣菜協会が「惣菜・弁当（持帰り）の情報提供ガイドライン」*を定め，業種や事業規模に関係なく広範な事業者を対象に，原材料名，原料原産地名およびアレルギー物質の情報提供を促進している。2015（平成27）年に，食品表示法が施行され，食品衛生法や農林物資の規格化及び品質表示の適正化に関する法律（JAS法）など食品表示に関する法令に基づく表示基準の策定事務を消費者庁が一元的に所管することとなった。経過措置期間（食品表示法施行前の旧基準による表示が認められる期間）が終了した2020年4月以降は，加工食品に使用する原材料について，アレルゲンを含む旨の表示，栄養成分表示が義務付けられた（巻末p.162）。このような動きのなか，外食・中食の栄養成分表示においても，特にアレルギー物質に関わる情報を食品表示として充実させることについて議論が深まっている。

*http://www.nsouzai-kyoukai.or.jp/wp-content/uploads/hpb-media/guideline_honbun.pdf（2018.9.6）

生活習慣病予防対策として，栄養バランスのとれた「ヘルシーメニューがある店」の普及に力を入れている地方自治体は多い。ヘルシーメニューには明確な定義はなく，消費者がヘルシーメニューを選択する基準は多様である。「主食・主菜・副菜がそろったバランスメニュー」「野菜たっぷりメニュー」「エネルギーひかえめメニュー」「塩分ひかえめメニュー」「カルシウムたっぷりメニュー」等，各自治体が基準を策定している。

(4) 給食と食環境づくり

特定給食施設は，特定かつ多数のものに対して継続的に食事を供給する施設（1回100食以上または1日250食以上）のうち，栄養管理が必要なものとして厚生労働省で定められた施設である。対象者の身体状況や栄養状態，食生活の実態などをもとに目標設定・計画を行い，栄養管理や栄養教育を実施する。

特定給食施設での栄養教育は，健康への関心が低い人における健康づくりにも有効である。

2.6.2 情報へのアクセス

地域における栄養や食生活関連の情報，健康に関する情報の受信・発信といったシステムを意味する。栄養に関する正確な知識や技術がないと認識している人は多いが，学習の意欲が低かったり，学習の場がないことも多い。こうした関心の低い人々にも届くような情報提供の場やツール（学習教材・媒体）が必要である。管理栄養士・栄養士には，対象者の知識や関心の程度，生活習慣に合わせて，これらのツール（学習教材・媒体）を適切に作成，選択し活用できる能力が要求される。

また，外食料理等に栄養成分表示などの健康的な食物選択に役立つ情報が表示されていても，情報の受け手がその情報を理解できないと使えないので，住民や対象者への栄養教育の機会の提供は必要である。

(1) 情報リテラシー

これからのデジタル社会を生きていくためには，インターネット，スマートフォンを始めとするデジタル機器，ソーシャルネットワーキングサービス（SNS）などのコミュニケーションツールは必須となってきている。これらのツールを使えば必要な情報は簡単に検索して得ることが可能である。しかし，集めた情報がすべて正しいとは限らず，その情報の真偽を一目で判断することも難しい。真偽があいまいな情報については，内容に応じて，専門機関や関連企業のサイトで確認する，情報元に問い合わせる等を行い，信頼できる情報を整理して活用する能力である情報リテラシーが必要である。

マス・メディアが人々の考え方や行動に与える影響は大きく，情報を迅速にかつ正確に多数の人々に提供する手段として，マス・コミュニケーションを利用した栄養教育は有効である。

しかし，マス・メディアからの情報は不特定多数の人々を対象としている。したがって，一方的な論旨や誇張のある表現，時には誤った内容の情報もあるので，メディアごとに内容を比較し，情報を見極めるスキル（メディアリテラシー）も必要である。トピックス，世論や流行などを捉えるには便利かもしれないが，**フードファディズム**（コラム7参照）的な情報が混在していな

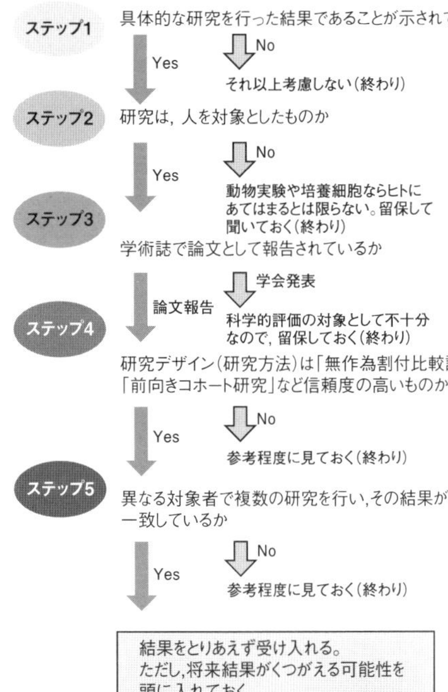

出所）坪野吉孝：健康食品を安易に使うことは勧められない，がんサポート情報センター（2007）を改変

図 2.20　栄養情報の信頼性を評価するためのステップ

いか留意しなければならない。

(2)　栄養情報の信頼性

インターネットなどを利用して検索した栄養情報が信頼できる情報か見極めるためには，**エビデンス**（**科学的根拠**に基づいた栄養学と栄養疫学に関する考え方（EBN））への理解が必要である。情報の信頼性にエビデンスがあるかどうかを判断するためには次のステップを参考にできる（**図 2.20**）。

ステップ１：具体的な研究を行った結果であることが示されているか。

ステップ２：研究は，人を対象としたものか。

ステップ３：学術誌で論文として報告されているか。

ステップ４：**研究デザイン**（研究方法）は「**無作為割付比較試験**[*1]」「**前向きコホート研究**[*2]」など信頼度の高いものか。

ステップ５：異なる対象者で複数の研究を行い，その結果が一致しているか。

しかし，これらの科学的根拠は現時点のものであり，今後研究が進むことにより評価が変わる可能性もある。したがって，管理栄養士・栄養士は常に最新のエビデンスのある健康情報を収集できるようにしておく必要がある。

*1 **無作為割付比較試験**　p.87，3.5.3(2)1)参照。

*2 **前向きコホート研究**　特定の因子に曝露した集団と曝露していない集団を「前向き」に追跡調査して，研究対象となる疾患への罹患率を調査し比較することで，因子と疾患の関連を検討する研究手法。

(3)　パーソナル・コミュニケーション

家族，友人，知人などとのコミュニケーションも，人々の栄養や食・健康に関する情報の入手経路のひとつである。人々は毎日繰り返される食生活のなかで，各人の食習慣や食事に対する価値観などを形成し，それを他人に対して発信することができる。

しかし，日常交わされるパーソナル・コミュニケーションのなかには，勘違い，思い込み，誤った情報なども少なくない。管理栄養士・栄養士は，栄養学的に正しい情報を的確にわかりやすく人々に提供する役割を担わなければならない。人々がもつ**パーソナル・コミュニケーション**を活用し，少しでも多くの人々に適切で正確な食情報を共有してもらう方法として，コミュニティ・オーガニゼーションがある。管理栄養士・栄養士は，そのなかで組織作りやコーディネーターとしての役割を担っていくことになる（p.20，2.2.2(4)2)参照）。

2.6.3　食物および情報へのアクセスの統合

より健康的な食物が，わかりやすく正しい情報を伴って提供されるような

コラム7　フードファディズム

フードファディズム（food faddism）は，食物や食品成分の健康への影響について，科学的検証を加えずに，過大（誇大）評価または過小評価することである。「体に良い」「体に悪い」という情報は溢れるほどある一方で，健康を考えながら適度に食べるとはどのようなことなのか，という情報は目立たない。面白おかしく取り上げられる表面的な「体に良い」「体に悪い」論に，栄養教育の指導的立場に立たなければならない管理栄養士・栄養士などが影響されてはいけない。マスメディアが競うように発する健康関連食情報は，ともすれば真実性よりも話題性や意外性に重きをおいた無責任な情報になりがちなことを知る必要がある。エビデンス（科学的根拠）に基づいた健康関連食情報を選択するためには，ときには批判的な目をもってマスメディアの情報に接することも必要である。

仕組みづくり，すなわち，食物へのアクセスと情報へのアクセスの両面を統合した取組みの一層の推進が必要である。たとえば，給食施設や外食産業，食品加工業等においては，健康に配慮した食事や食品を提供し，同時に選択する人，食べる人が，健康づくりにそれがどう役立つのか理解でき，選択の意志決定に生かせるような情報（必ずしも栄養成分表示とは限らない）を提供していくための具体的な方策づくり，などが考えられる。そのために，対象者（利用者）と関連する業者との意見交換の実施や，モデル事業の実施など具体的な取組みを行うことも必要である。

2.6.4　食環境に関わる組織・集団への栄養教育（図2.21）

食環境（食品の生産・加工・流通・外食産業など）に関わっている人々の多くは，栄養や健康の専門家ではない。多くの企業，販売店では，競争激化のなか，原材料費削減へ向けて輸入食材への依存が進み，遺伝子組換え食材の使用や，BSE 問題など食の安全を脅かす問題が発生している。

外食産業が成長するためには，食材に対する安心感と消費者をひきつける魅力的な新たなメニューやサービスの開発が必要であるが，そのことにのみ重点をおくのではなく，食と健康の重要性を認識し，健康づくりの視点で食物生産，食品・商品開発を行うことが望まれる。食環境に関わる組織・集団への食・栄養教育はきわめて重要といえる。

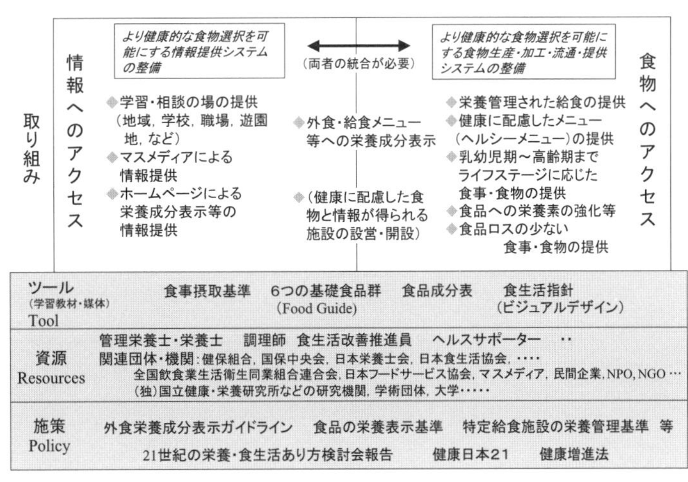

出所）厚生労働省：健康づくりのための食環境整備に関する検討会報告書（2004）

図 2.21　食環境整備に関する施策，資源，ツール，取り組みの現状

【演習問題】

問 1 新入社員研修において，急性アルコール中毒に関する教育を担当することになった。ヘルスビリーフモデルの「罹患性の認知」に基づいた支援である。最も適当なのはどれか。1つ選べ。 (2021 年度国家試験)

(1) 急性アルコール中毒で辛い経験をした社員の例を話す。
(2) アルコール・ハラスメントについて話し合いをさせる。
(3) 急性アルコール中毒で，救急搬送された際の医療費について教える。
(4) アルコールパッチテストの結果を，個別に返却し説明する。
(5) 飲酒は適量までとすることのメリットについて考えさせる。

解答 (4)

問 2 「牛乳は苦手だけど，明日からは残さず飲もうと思います」と話す，小学生Aさんへの給食指導である。トランスセオレティカルモデルに基づいた指導として，最も適当なのはどれか。1つ選べ。 (2020 年度国家試験)

(1) 牛乳に含まれる主な栄養素について説明する。
(2) 牛乳を残さず飲めるようになったら，家族がどう思うかを考えさせる。
(3) 牛乳を飲むと，体にどのような影響が出るかを考えさせる。
(4) 牛乳を残した日は，好きなゲームを我慢すると決めるように勧める。
(5) 牛乳を残さず飲むことを，担任の先生と約束するように勧める。

解答 (5)

問 3 妊娠 8 週の妊婦。妊娠前から BMI 18.5 kg/㎡未満であるが，妊娠中の適正な体重増加にほとんど関心がない。トランスセオレティカルモデルに基づいた支援として，最も適当なのはどれか。1つ選べ。

(2022 年度国家試験)

(1) 少しずつ食べる量を増やす工夫について説明する。
(2) 母体のやせが胎児に及ぼす影響を考えてもらう。
(3) 体重を増やすと目標宣言をして，夫に協力を求めるように勧める。
(4) 毎日体重を測ってグラフ化することを勧める。
(5) 自分にとってのストレスと，その対処方法を考えてもらう。

解答 (2)

問 4 K保育園で，4歳児に対する野菜摂取量の増加を目的とした食育を行った。計画的行動理論における行動のコントロール感を高める働きかけである。最も適当なのはどれか。1つ選べ。 (2022 年度国家試験)

(1) 野菜をたくさん食べると，風邪をひきにくくなると説明する。
(2) 給食の時間に野菜を残さず食べるよう，声掛けをしてまわる。
(3) 野菜を食べることの大切さについて，家庭に食育だよりを配布する。
(4) 5歳児クラスの野菜嫌いだった子が，野菜を食べられるようになった例を話す。
(5) 給食の野菜を全部食べたら，シールをもらえるというルールを作る。

解答 (4)

問 5　1 人で外出が困難な高齢者への，ソーシャルサポートの内容とその種類の組合せである。正しいのはどれか。1 つ選べ。　　　(2019 年度国家試験)

(1) バランスのよい弁当の配食を依頼する。―――――― 情動的サポート
(2) 家族が心配して毎日電話をかける。―――――――― 評価的サポート
(3) NPO が地域の食事会に車で送迎をする。―――――― 道具的サポート
(4) 車椅子で買物がしやすい食料品店の場所を伝える。― 情動的サポート
(5) 現在の食事内容の具体的な課題を伝える。――――― 情報的サポート

解答　(3)

問 6　子どもが野菜を食べないことを心配して，市の保健センターに相談に来た保護者へのソーシャルサポートのうち，評価的サポートに該当するものである。最も適当なのはどれか。1 つ選べ。　　　(2021 年度国家試験)

(1) 保健センターで開催されている食育講習会の参加手続きを手伝う。
(2) 新鮮な野菜を使った料理を提供している親子食事会の案内を手渡す。
(3) 地域の農家が新鮮な野菜を家庭に届けてくれる取組を紹介する。
(4)「お子さんの食生活について，一生懸命考えておられる証拠ですよ」と声がけをする。
(5)「毎日の食事づくりは，ストレスになりますね」と共感する。

解答　(4)

問 7　食品会社に勤める管理栄養士が，新しい減塩調味料の販売促進方法を企画した。その企画内容と，イノベーション普及理論に基づく普及に必要な条件の組合せである。最も適当なのはどれか。1 つ選べ。
(2021 年度国家試験)

(1) 既存の商品よりナトリウムの低減割合が高いことをラベルに記載する。
――――― 適合性
(2) 新商品を使った減塩教室を開催する。　――――― 試用可能性
(3) 減塩商品利用者のニーズから生まれた商品であることを宣伝する。
――――― 可観測性
(4) 1 回使用量の調整ができる新容器を採用する。　――――― 比較優位性
(5) モニターを募集し，新商品の感想を SNS で発信してもらう。
――――― 複雑性

解答　(2)

問 8　地域の生産者や関係機関と連携した小学生への食育を計画している。プリシード・プロシードモデルに基づくアセスメント内容とその項目の組合せである。最も適当なのはどれか。1 つ選べ。　　　(2021 年度国家試験)

(1) 地域の食文化の学習が必要だと考えている保護者の割合
――― 行動と生活習慣
(2) 地域の産物を給食で提供することに関心がある流通業者の有無
――― 準備要因
(3) 地域の生産者の協力を得た授業の実践状況　――― 強化要因
(4) 児童の体験活動が可能な地域の農地の有無　――― 実現要因

(5) 農業体験学習をしたことがある児童の割合 ——— 教育戦略

解答 (4)

問 9 ソーシャルマーケティングの考え方を活用して，カフェテリア方式の社員食堂を通じた社員の健康づくりに取り組むことになった。マーケティング・ミックスの 4 P において，プロダクト（Product）を「ヘルシーメニューを選択」とした場合，プライス（Price）に該当する取組である。最も適当なのはどれか。1つ選べ。 (2021 年度国家試験)

(1) ヘルシーメニューの試食イベントを開催する。
(2) ヘルシーメニューのお勧めの点を食堂内に掲示する。
(3) ヘルシーメニューを選ぶと，ドリンクがつくサービスを導入する。
(4) ヘルシーメニューの栄養成分を，社内ネットに掲示する。
(5) ヘルシーメニューを予約すると，待たずに受け取れるようにする。

解答 (5)

問 10 妊婦を対象とした栄養・食生活の取組と，生態学的モデルのレベルの組合せである。最も適当なのはどれか。1つ選べ。 (2020 年度国家試験)

(1) 経済的に困窮している妊婦に，妊婦の友人がフードバンクへの登録を勧めた。 ——— 個人内レベル
(2) 病院のスタッフ間で，体重増加不良の妊婦には栄養相談を勧めることを意思統一した。 ——— 個人間レベル
(3) 母子健康手帳交付時に，市ではメールで栄養相談を受け付けていることを伝えた。 ——— 組織レベル
(4) 病院の管理栄養士が，産科外来で配布するための妊娠中の食事ガイドを作成した。 ——— 地域レベル
(5) 自治体の食育推進計画に，妊婦の栄養対策の実施と目標値を含めた。 ——— 政策レベル

解答 (5)

問 11 地域在住高齢者を対象とした，ロコモティブシンドローム予防のための支援内容と行動変容技法の組合せである。最も適当なのはどれか。1つ選べ。 (2021 年度国家試験)

(1) 毎日 30 分散歩すると目標を決めて，周囲の人に言うように勧める。 ——— セルフモニタリング
(2) 朝食後に，お茶の代わりに牛乳を飲むように勧める。 ——— 行動契約
(3) 冷蔵庫に，豆腐や乳製品など，たんぱく質源の食品の常備を勧める。 ——— 行動置換
(4) カレンダーに食事摂取と運動のチェック欄を作るよう提案する。 ——— 刺激統制
(5) 運動を始めると，自分にどのような影響があるかを考えてもらう。 ——— 意思決定バランス

解答 (5)

問 12 肥満を改善するための支援内容と行動変容技法の組合せである。最も適当なのはどれか。1つ選べ。（2020 年度国家試験）

(1) 家の冷蔵庫に減量目標を貼るように勧める。 ――― ソーシャルスキルトレーニング
(2) 食べる量を決めて，盛りつけるように勧める。 ――― オペラント強化
(3) くじけそうになったら，まだやれると自分を励ますように勧める。 ――― 認知再構成
(4) 食後にお菓子を食べたくなったら，歯を磨くように勧める。 ――― ストレスマネジメント
(5) 目標体重まで減量できた時の褒美を考えるように勧める。 ――― 行動置換

解答 (3)

問 13 食事療法に消極的だった糖尿病患者の男性が，糖尿病を患っていた父親の死をきっかけに，食事療法に真剣に取り組むようになった。半年後に HbA1c の改善みられたときの本人の発言である。オペラント強化の社会的強化を示す発言として，最も適当なのはどれか。1つ選べ。（2022 年度国家試験）

(1) この半年頑張れたので，これからもやれると自信がつきました。
(2) ご褒美に，欲しかったゴルフ用品を買おうと思っています。
(3) これからは時々，適量の範囲で晩酌もしようと思います。
(4) 子どもたちにも，「よく頑張っているね。」と言われます。
(5) 昼食は，糖尿病の食事療法を行っている同僚と一緒に食べるようにします。

解答 (4)

問 14 高血圧で減塩が必要だが，気にせず醤油をかけて食べる習慣がある中年男性に対する支援である。意思決定バランスの考え方を用いた支援として，最も適当なのはどれか。1つ選べ。（2022 年度国家試験）

(1) 家で使っている醤油を，減塩醤油に替えるように勧める。
(2) 食卓に，醤油を置かないように提案する。
(3)「かけすぎ注意」と書いた紙を，醤油さしに貼ってもらう。
(4) これまでどおり醤油をかけて食べ続けると，家族がどのように思うかを考えてもらう。
(5) 1日何回，料理に醤油をかけたかを記録してもらう。

解答 (4)

問 15 配偶者の在宅勤務がストレスとなり，食べ過ぎてしまうと話す女性に対するストレスマネジメントである。情動焦点コーピングを用いた支援として，最も適当なのはどれか。1つ選べ。（2022 年度国家試験）

(1) どのようなときに，ストレスを感じるかを考えてもらう。
(2) 同じような状況の人の対処方法を調べるように勧める。
(3) 趣味を楽しむ時間を作るように勧める。
(4) レンタルオフィスの利用を，配偶者に促してみるように勧める。

(5) 間食を買い過ぎないように勧める。

解答 (3)

問 16 減量中の中年女性への栄養教育である。間食を減らすことへの自己効力感を高める支援である。最も適切なのはどれか。1つ選べ。

(2019 年度国家試験)

(1) 間食でよく食べる食品の，エネルギー量について説明する。
(2) 間食の頻度と量を記録してもらい，間食を減らせた日を確認し合う。
(3) 間食を食べ過ぎてしまった状況を思い起こしてもらい，対処方法を一緒に考える。
(4) 間食で食べたくなる食品は，買い置きしないよう提案する。

解答 (2)

問 17 K大学の学生食堂では，全メニューに小鉢1個がついている。小鉢の種類には，肉料理，卵料理，野菜料理，果物・デザートがあり，販売ラインの最後にある小鉢コーナーから選択することになっている。ナッジを活用した，学生の野菜摂取量を増やす取組として，最も適切なのはどれか。1つ選べ。(2021 年度国家試験)

(1) 食堂の入り口に「野菜は1日 350g」と掲示する。
(2) 小鉢コーナーの一番手前に，野菜の小鉢を並べる。
(3) 小鉢は全て野菜料理とする。
(4) 小鉢の種類別に選択数をモニタリングする。

解答 (2)

問 18 2型糖尿病の女性である。「菓子をもらったり，食事に誘われたりすることが多く，つい食べ過ぎてしまう」と話す。ソーシャルスキルトレーニングとして，正しいのはどれか。1つ選べ。(2019 年度国家試験)

(1) お腹が空いたら。菓子の代わりに何を食べれば良いかを一緒に考える。
(2) 職場で配られた菓子を，その場で食べずに済む方法を一緒に考える。
(3) メールで食事に誘われた時の，断りの文章を一緒に考える。
(4) 菓子を減らした時の，メリットとデメリットを一緒に考える。
(5) イライラした時に，菓子を食べる以外の対処方法を一緒に考える。

解答 (3)

問 19 栄養カウンセリング中の肥満症患者の発言である。行動変容への動機づけの高まりを示す発言として，最も適切なのはどれか。1つ選べ。

(2019 年度国家試験)

(1) 最近，また体重が増えてしまったんですよね。
(2) 水を飲んでも太る体質なんですよね。
(3) 太る原因は，ストレスが多いからでしょうかね。
(4) やはり，甘いものを控えた方が体重は減りますよね。

解答 (4)

問 20　栄養カウンセリングを行う上で，管理栄養士に求められる態度と倫理に関する記述である。最も適当なのはどれか。1つ選べ。

（2020 年度国家試験）

(1) クライアントの外見で，行動への準備性を判断する。
(2) クライアントの課題を解決するための答えを，最初に提出する。
(3) クライアントの情報を匿名化すれば，SNS に投稿できる。
(4) 管理栄養士が，主導権を持つ。
(5) 管理栄養士が，自らの心身の健康管理に努める。

解答　(5)

問 21　経済的な困窮のために，「子どもに十分な食事を食べさせてあげられない」と悲嘆している親への栄養カウンセリングにおける，共感的理解を示す記述である。正しいのはどれか。2つ選べ。　（2019 年度国家試験）

(1)「子どもに十分に食べさせてあげられないことが辛いのですね」と返す。
(2) 経済的に困窮している理由を尋ね，「それはお気の毒ですね」と伝える。
(3) 子どもの食事記録から，不足の可能性のある栄養素について説明する。
(4) 地域で開催されている，子ども食堂の場所と参加方法を紹介する。
(5) 親が言葉を詰まらせた時に，うなずきながら「ゆっくりで良いですよ」と言う。

解答　(1) (5)

問 22　肥満児童の母親が，仕事からの帰宅時間が遅く，子どもが母親を待っている間にお菓子を食べ過ぎてしまうと悩んでいる。栄養カウンセリングにおいて，ラポールを形成するための発言である。最も適切なのはどれか。1つ選べ。　（2022 年度国家試験）

(1) 不在時に，お子さんがお菓子を食べ過ぎてしまうのは仕方のないことですよ。
(2) 不在時に，お子さんがお菓子を食べ過ぎてしまうのは心配ですね。
(3) 職場の上司に，帰宅時間を早めたいと相談してみてはいかがですか。
(4) お菓子の買い置きをやめることはできませんか。

解答　(2)

問 23　妊娠をきっかけに，食生活を改善しようと考えているが，飲酒だけはやめられない妊婦に対する，動機づけ面接におけるチェンジトークを促すための質問である。誤っているのはどれか。1つ選べ。（2022 年度国家試験）

(1) どうしてお酒をやめられないのですか。
(2) このままお酒を続けたら，どのようになると考えていますか。
(3) お酒を飲まずにいられた日もありますね。それはどのような日でしたか。
(4) お酒を飲まない生活には，どのようなメリットがあると思いますか。
(5) もしお酒をやめたら，ご家族はどのように思われるでしょうか。

解答　(1)

問 24　産院の「プレママ教室」において，適正な体重増加に向けて，参加者のグループダイナミクス効果が期待できる取組である。最も適切なのはどれか。1つ選べ。　(2022 年度国家試験)

(1) 産院に通う出産経験者の体験談を聞いてもらう。

(2) 教室の修了生に参加してもらい，個別に参加者の相談に乗ってもらう。

(3) 参加者同士で，行動目標の実践に向けた話し合いをしてもらう。

(4) 各参加者に行動目標を自己決定させ，取り組んでもらう。

解答　(3)

問 25　特定健康診査の結果，動機付け支援の対象となった勤労男性に対する初回面接である。面接を始めたところ，「会社に言われたから来た」と言い，口数は少ない。面接の進め方として，最も適切なのはどれか。1つ選べ。

(2021 年度国家試験)

(1) 検査結果に基づいて，生活習慣改善の必要性を強く訴える。

(2) 開かれた質問を繰り返し，何とか話をしてもらう。

(3) 閉ざされた質問を取り入れて，発言を促す。

(4) 相手が話してくれるまで，笑顔で待ち続ける。

解答　(3)

問 26　認知症高齢者を支えるためのソーシャルキャピタルの醸成につながる取組である。最も適切なのはどれか。1つ選べ。　(2020 年度国家試験)

(1) 地域の保健センターが，認知症に関する情報発信を活発に行った。

(2) 地域のコンビニエンスストアが，管理栄養士監修の弁当の宅配を始めた。

(3) 地域の栄養教室を修了したボランティアが，高齢者の食事会を開催した。

(4) 地域の病院が，在宅患者訪問栄養食事指導のためのスタッフを増やした。

解答　(3)

【参考文献】

Karen Glanz, Barbara K. Rimer, Frances Marcus Lewis: *Health Behavior and Health Education: Theory, Research and Practice*, 3rd ed.／曽根智史ほか訳：健康行動と健康教育，医学書院（2008）

Lee David 著，竹本毅訳：10 分でできる認知行動療法入門，日経 BP 社（2016）

National Cancer Institute ed.：*Making Health Communication Programs Work*／中山健夫ほか訳：ヘルスコミュニケーション実践ガイド，日本評論社（2008）

Peter G. Northouse, Laurel L. Northouse：*Health Communication- Strategies for Health Professionals*／萩原明人訳：ヘルス・コミュニケーション 改訂版，九州大学出版会（2010）

今中美栄，為房恭子，西彰子，坂本裕子：栄養教育論　健康と食を支えるために，化学同人（2012）

大野知子，辻とみ子編：ヘルス 21　栄養教育・栄養指導論（第 6 版），医歯薬出版（2011）

科学辞典　https://kagaku-jiten.com/（2018.9.3）

笠原賀子，川野因編：栄養教育論（第 3 版），講談社サイエンティフィク（2012）

片井加奈子，川上貴代，久保田恵編：栄養教育論実習（第 2 版），講談社サイエンティフィク（2015）

川田智恵子，村上淳編：栄養教育論（第2版），化学同人（2011）
北田雅子，磯村　毅：医療スタッフのための動機づけ面接法　逆引きMI学習帳，医歯薬出版（2016）（2019）
健康を決める力：https://www.healthliteracy.jp/（2019.11.03）
厚生労働省，健康づくりのための食環境整備に関する検討会報告書について，http://www.mhlw.go.jp/shingi/2004/12/s1202-4.html（2004.1.5）
厚生労働省，健康日本21（第2次）の推進に関する参考資料，http://www.mhlw.go.jp/bunya/kenkou/dl/kenkounippon21_02.pdf（2018.9.6）
行動カウンセリング：www.pat.hi-ho.ne.jp/nobu-nisi/soudan/kiso3.pdf（2016.1.7）
行動カウンセリング（behavioral counseling）・行動集団カウンセリング（behavioral group counseling）：digitalworld.seesaa.net/article/63834951.html（2016.1.7）
小松啓子，大谷紀貴美子編：栄養カウンセリング論（第2版），講談社サイエンティフィク（2009）
佐治守夫，飯長喜一郎編：ロジャーズ　クライエント中心療法，有斐閣（2001）
城田知子ほか：イラスト　栄養教育・栄養指導論，東京教学社（2014）
ジーン・クリステラーほか著，小牧元・大森美香監訳：マインドフル・イーティング，日本評論社（2020）
全国栄養士養成施設協会監修，池田小夜子，斎藤トシ子，川野因：栄養教育論（第5版），第一出版（2016）
坪野吉孝：健康食品を安易に使うことは勧められない，がんサポート情報センター（2007）
中山健夫：健康・医療の情報を読み解く―健康情報学への招待（第2版），丸善（2014）
中山玲子，宮崎由子編：栄養教育論（第5版），化学同人（2016）
日本栄養改善学会監修，武見ゆかり，赤松利恵編：栄養教育論　理論と実践，医歯薬出版（2013）（2018）
日本惣菜協会，惣菜・弁当（持帰り）の情報提供ガイドライン，http://www.nsouzai-kyoukai.or.jp/wp-content/uploads/hpb-media/guideline_honbun.pdf（2018.9.6）
（一社）日本認知・行動療法学会編：認知行動療法事典，丸善出版（2019）
農林水産省，外食における原産地表示に関するガイドライン http://www.maff.go.jp/j/shokusan/gaisyoku/gensanti_guide/pdf/qanda.pdf（2018.9.6）
農林水産省：食料需給表（2019）
畑栄一，土井由利子編：行動科学―健康づくりのための理論と応用（改訂第2版），南江堂（2009）
原井宏明：方法としての動機づけ面接　面接によって人と関わるすべての人のために，岩崎学術出版社（2012）（2019）
春木敏編：栄養教育論（第3版），医歯薬出版（2014）
平木典子：新・カウンセリングの話，朝日新聞社（2020）
米国立がん研究所：Making Health Communication Programs Work／中山健夫監修：ヘルスコミュニケーション実践ガイド，日本評論社（2008）
丸山千寿子，足達淑子，武見ゆかり編：栄養教育論（改訂第4版），南江堂（2016）
水島恵一，岡堂哲雄，田畑治編：カウンセリングを学ぶ，有斐閣選書（1987）
リッカルド・ダッレ・グラーヴェほか著，吉内一浩・山内敏正監訳：CBT-OB 肥満に対する認知行動療法マニュアル，金子書房

3　栄養教育マネジメント

個人や社会のニーズに合わせた栄養教育を，限られた資源（人材・物資・資金・情報）のなかで有効かつ標準的に実践するためには，栄養教育の概念（第１章）にマネジメントの考え方や方法論を取り入れた「栄養教育マネジメント」の実践が必須である。

栄養教育の目的は，生活の質（**QOL**）の向上を念頭において，健康の維持増進を図り，疾病の予防や治療を促進し，重症化や再発を防ぐことである。栄養教育の目標は，健康（疾病）・食物摂取に関する知識・技術の提供や動機付けを行い，対象者が，望ましい食物摂取行動（食物の選択や食べ方など）を理解して意欲的に実践し（行動変容を含む），その行動を維持できる自己管理能力，さらに，食物摂取行動について他者を支援する能力を育成することである。

一方，「**マネジメント**」とは，「何らかの組織が，ある目的に向けて，より具体的な目標を達成するために，人々を動かしていくための活動のこと」である。その組織は，各構成要素が有機的に関係し合い，ムダ・ムラ・ムリなく機能できるよう体系化されていなければならない。また，その活動の手順は，**マネジメントサイクル**とよばれる**PDCA サイクル**（plan：計画，do：実施，check：評価，act：改善），あるいは**PDS サイクル**（plan：計画，do：実施，see：評価）をくりかえしながら実施する。

栄養教育マネジメントも PDCA サイクルを繰り返しながら，系統的・計画的に実施する（**図 3.1，3.2**）。管理栄養士・栄養士には，栄養教育プログラムのシステム構築と個別の栄養教育をマネジメントする能力が必要である。

3.1　健康・食物摂取に影響を及ぼす要因のアセスメント

栄養教育を計画する際，まず栄養アセスメント*を実施する。健康・食物摂取に関する諸問題は，人間の嗜好や本能など，生物学的・心理学的な特性などの個人要因の他，個人を取り巻く家庭，組織，地域，社会，経済，文化などの環境要因とも密接にかかわっており，諸要因を総合的・包括的に捉えることが必要である。詳細な栄養アセスメントによって個人を的確に捉えることがニーズに合った適切な栄養教育につながる。

*栄養アセスメント　対象者の健康・栄養状態と環境の情報を集め評価・分析すること。

従って栄養アセスメントは，問題・課題の抽出と目標設定および対象者に合った栄養教育の計画立案と実施に必要となる。

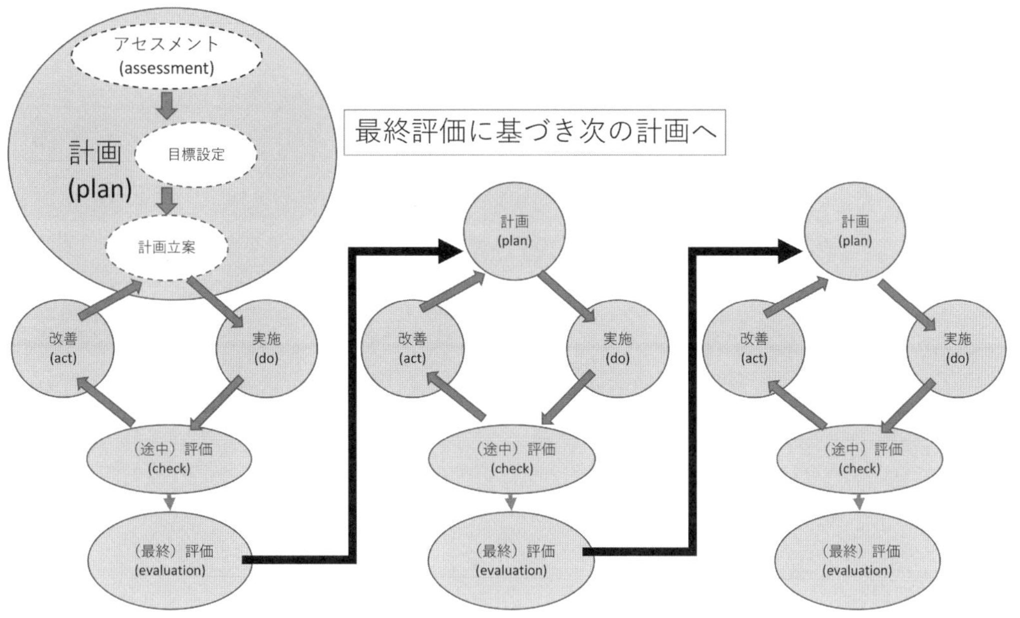

図 3.1　栄養教育マネジメントにおける PDCA サイクルの循環

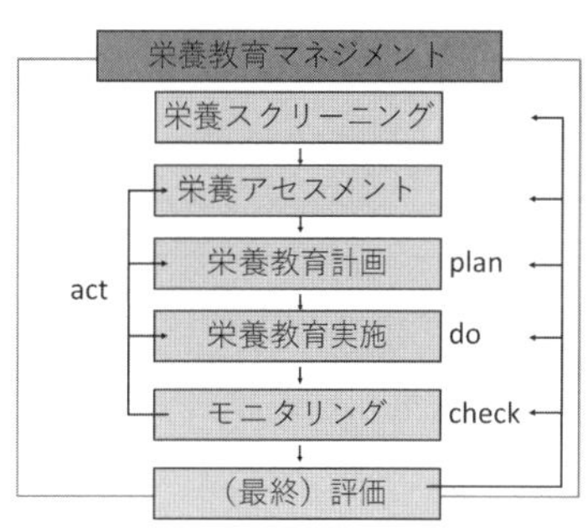

図 3.2　栄養教育マネジメントのフローチャート

またアセスメントの項目は，評価指標*でもある。

栄養アセスメントの目的は，以下の 6 点である。

① 対象者の健康（疾病）・食物摂取状況を把握し，その問題点を明らかにすること：健康（疾病）・食物摂取上の問題と課題の明確化

② 健康（疾病）・食物摂取状況に影響する個人要因や環境要因を把握し，問題点との関連性を見出すこと：問題点の背景要因と，行動変容の促進および阻害要因の特定

③ ①②を統合して評価判定し，問題の解決と改善のための目標を設定すること：目標設定

④ 栄養教育プログラムや個別の教育計画を立案すること：計画立案

⑤ 栄養教育の実施に際し，対象者に適した行動科学の理論とモデルおよびカウンセリング手法を選択すること

⑥ 栄養教育の途中および最終時に再評価を行い，計画修正や新たな栄養教育プログラム作成への情報とすること：計画修正と新プログラム作成

*評価指標とは，目標の到達の程度を把握するための基準や尺度である。

例：「血圧」はアセスメントの項目であり，評価指標でもある。「血圧」をアセスメントすることによって，「収縮期血圧の高い者が多い」という問題点が抽出され，それに対して「収縮期血圧を下げなくてはならない」という課題が明確になり，「収縮期血圧の平均値を○○ mmHg 下げる」という目標が設定できる。そして栄養教育後，血圧を測定すると，どの位「収縮期血圧」が下がったかを評価できる。すなわち「血圧」は評価指標でもある。

3.1.1　アセスメントの種類と方法

アセスメントの項目は，プリシード・プロシードモデルを参考に，個人要因と環境要因に大別して設定する（3.1.2，3.1.3 参照）。対象者の QOL，健康（疾病）状態，食物摂取状況（食行動を含む）と食物摂取に影響を及ぼす要因および環境を把握し総合的に評価・判定する。

また，栄養教育の対象（個人または集団，特定の小集団または不特定多数，健康・疾病状態，ライフステージの段階）や栄養教育の場（組織の体制や資本の規模）の特性や現状に合わせて項目を選択する。

3.1.2 個人要因のアセスメント（表3.3参照）

個人要因のアセスメントには，(1) QOL，健康（疾病）状態，食物摂取状況（食行動を含む），他の生活習慣，(2) 健康（疾病）や食物摂取に関する認知，(3) 属性などがある。

(1) QOL，健康（疾病）状態，食物摂取状況（食行動を含む），他の生活習慣のアセスメント

1) QOL

QOLとしては，主観的健康観や幸福度などがあり，栄養教育後に獲得したい状態を把握しておく。

2) 健康（疾病）状態

臨床診査，身体計測，臨床検査の結果を把握する（**表3.1**）。

a. 臨床診査

自覚症状・他覚症状：食欲不振・アレルギー・倦怠感・悪心・嘔吐・便秘・

表3.1 健康（疾病）状態のアセスメントの種類

種類			項目や方法
臨床診査			自覚症状・他覚症状：食欲不振・アレルギー・倦怠感・悪心・嘔吐・便秘・下痢・嚥下・咀嚼・咳・痰・身体所見（毛髪・口唇・舌・皮膚・爪・全身）
身体計測			身長・体重 皮下脂肪厚（上腕三頭筋皮脂厚，肩甲骨下部皮脂厚）・腹囲・上腕周囲長（上腕筋囲・上腕筋面積）
臨床検査	検体検査	尿・便などの一般検査	成分を調べて腎臓や肝臓の異常を検出したり，消化器の異常をチェックする
		血液学的検査	赤血球や血色素から貧血の程度を，白血球数から炎症の程度などを把握する
		生化学的検査	血液中の糖質，たんぱく質，ビタミン，ホルモンなどを調べ，臓器の異常を把握する
		免疫血清学的検査	免疫機能の状態を調べることで，膠原病（自己免疫疾患）の診断を行い，身体に侵入した細菌やウイルスを特定する
		微生物学的	採取した検体を培養し，病気を引き起こす細菌などの微生物を検出する
		輸血・臓器移植関連検査	輸血のための血液型検査や交叉適合検査，臓器移植のための臓器適合検査などを行う
		遺伝子検査	遺伝子を調べてDNAの異常（先天性疾患）を検出する
		病理学的検査	身体の臓器や，その組織の一部あるいは細胞を顕微鏡によって観察し，悪性細胞などを診断する
	生理機能検査（画像検査も含む）	循環器系検査	心電図，心音図，脈波などを調べ，心筋梗塞や心不全などの診断に利用する（血圧・脈拍）
		脳波検査	頭皮に電極を装着し，α波やβ波などの電気的信号を脳波計で記録して脳神経などをチェックする
		眼底写真検査	眼底カメラで網膜を撮影し，動脈硬化や糖尿病などで血管系での変化を調べる
		呼吸機能検査	肺活量など呼吸器の機能測定を行い，レントゲンではわからない肺や気管，気管支の状態を調べる
		超音波検査	身体に超音波を当て，その反射波によって臓器や胎児の状態を調べる
		核磁気共鳴画像検査（MRI）	身体に磁気を当て，共鳴エネルギーを画像にして異常の有無を調べる
		熱画像検査	身体の表面温度をカラー画像化し，熱分布を調べて患部などを把握する

出所）本田佳子・土江節子・曽根博仁編：臨床栄養学　基礎編，羊土社（2022）を改変

下痢・嚥下・咀嚼・咳・痰・身体所見（毛髪・口唇・舌・皮膚・爪・全身），問診・身体観察，質問票により，**主訴**[*1]，**現病歴**[*2]・現症，**既往歴**[*3]，**家族歴**[*4]，服薬・治療内容などの情報を得る。

b. 身体計測

身体計測には，身長，体重，皮下脂肪厚，腹囲，上腕周囲長などがあり，その値から体脂肪率，上腕筋囲，上腕筋面積および体格指数（BMIなど）を算出する。判定には「日本人の新身体計測基準値（Japanese Anthropometric Reference Data：JARD）」などを参考にする。

身体計測は，非侵襲的[*5]かつ簡便で安価であり，結果が迅速に出るといった利点をもつ基本的栄養アセスメントであるが，測定誤差を最小にする正確な測定が必要である。

c. 臨床検査

生化学的検査や生理学的検査などがある。電子カルテにより，必要な臨床検査項目について，経時的な変化を数値やグラフで把握できる。

3)　食物摂取状況（食行動を含む）

健康（疾病）に影響する，食物摂取状況について把握する。

食物摂取状況調査（p.132，**表 4.44** 参照）により，食事摂取方法（経静脈・経腸・経口），栄養摂取量，食習慣（食事時間・間食・夜食・外食・食事にかける時間・飲酒，喫煙）などを把握する。この調査により，健康（疾病）や食物摂取に関する認知レベル（知識・技術，姿勢・態度，価値観・考え方など）についても推測が可能である。

食事調査には，**表 3.2** に示す方法がある。各調査の長所・短所を理解し，目的に合う，対象者の負担が少ない方法を選択する。食欲，味付け，嗜好，アレルギー食品，サプリメントについても把握する。また，必要栄養量の設定に関係する身体活動量（通勤方法・仕事内容，運動・安静度）についても，同時に調査すると良い。

4)　他の生活習慣

運動習慣，起床・就寝時刻，喫煙習慣など。

(2) 健康（疾病）や食物摂取に関する認知のアセスメント

対象者の健康（疾病）や食物摂取に関する認知レベル（知識・技術，姿勢・態度，価値観・考え方など）をアセスメントする。

1)　知識・技術

① 健康・疾病（病態，臨床検査値，治療：食事療法・運動療法・服薬など）について

② 食物摂取に直接関連する栄養，食品，調理について

③ 食物摂取の背景となる社会・経済（食品の流通など）・文化などにつ

*1 **主訴**　患者が訴える主な主観的自覚症状。

*2 **現病歴**　現在の病気がいつどのような症状で始まって，現在どのような症状であるかをまとめた記録。

*3 **既往歴**　これまでに罹患した疾病に関する記録。

*4 **家族歴**　対象者の家族の疾病の有無。特に遺伝的な素因を推測するために必要である。

*5 皮膚の内部または体の開口部（口，鼻など）への器具等の挿入がともなわない手段。

表 3.2　食事調査方法（生体指標も含む）

方　法	長所・短所
食事記録法 ＊対象者に，朝食・昼食・夕食・間食・夜食について，食事時間・献立名・食品名・量を記録してもらう。 ＊調理前の食品の重量・容積，または，摂取前の料理を計量して記録する秤量記録法と，食品や料理のおおよそのポーションサイズ（個・杯・枚・切れ）を記録する目安量記録法がある。 ＊平日と休日により，食事内容が異なることがあるので，習慣的な摂取量を推定するには，連続した３～７日間の調査を行う。 ＊食事記録後，面接により，目安量・記録漏れなどの確認を行うと精度が高くなる。 ＊短期間の摂取状況であり，その期間の特殊性（行事）も考慮してアセスメントする。	（長所） ＊秤量し漏れなく記録されると実際の摂取量に近い。 ＊食事時間・食生活への関心・栄養に対する知識などの情報も得られる。 ＊記録することが食生活の見直しとなり，食事療法の実施につながる。 （短所） ＊患者の負担が大きい。 ＊負担のため記録が不十分になると，実際の摂取量にはならない。 ＊記録することが食生活への関心となり，通常と異なった食生活となることがある。食生活への介入の影響がある。 ＊日頃摂取することの少ない極端な栄養素組成の食品を摂取した場合，摂取栄養量の平均値はその影響を受ける。
食歴法 食習慣の経時的変化を，面接により聞き取る。たとえば，出産前と後，体重減少前と後，疾病発症前と後などの食生活を調査する。	（長所） ＊体重増加・減少，疾患発症への食事の影響などを推定できる。 ＊食事の影響を自覚でき，栄養食事療法の動機付けとなる。 （短所） ＊調査に時間がかかる。 ＊調査に技術が必要となる。
24時間思い出し法 ＊前日の１日（24時間）の食事内容（時間・献立・食品・量）を思い出し記録してもらい，その後管理栄養士・栄養士が確認する。または，管理栄養士・栄養士が聞き取り記録する。 ＊フードモデル，実物の食品・料理，食器，計量器，写真などを用い確認すると，精度が高くなる。	（長所） ＊患者の負担が少ない。 ＊短時間で調査ができる。 ＊食事時間・食生活への関心・栄養に対する知識などの情報も聞き取ることができる。 （短所） ＊面接者の技術が必要である。 ＊１日間の調査であり，平均的な摂取量とは限らない。
食物摂取頻度調査法 食品をリスト化し，摂取頻度（定性的食物摂取頻度）と量（半定量食物摂取頻度）を自己記入，または，面接により調査する。食品の種類は，調査する栄養素に影響（寄与率）の高い食品とし，量はポーションサイズでリストする。	（長所） ＊質問されているので，回答しやすく患者の負担は少ない。 ＊通常の平均的摂取量となる。 ＊自己記入であれば多人数の調査ができ，集団の調査が可能である。 （短所） ＊正確な摂取量にはならない。 ＊リスト以外の食品や食生活の情報は得られない。
写真撮影法 摂取する料理をデジタルカメラ・携帯電話などにより撮影する。実際の大きさを示すため物差しや計量カップなどを料理の横に置き撮影する。	（長所） ＊簡便で患者の負担が少ない。 （短所） ＊量や味付けが推測であり，正確な摂取量にはならない。
陰膳法 余分に調理し，摂取した食事と同じ食事量を食品成分分析する。	（長所） ＊実際の摂取量となる。 （短所） ＊人手と経費がかかる。
生体指標：１日（24時間）尿を蓄尿する。 ＊ナトリウム排泄量を測定し，摂取ナトリウムを推定する。 ＊尿中尿素窒素排泄量を測定し，摂取たんぱく質を推定する。	（長所） ＊実際の摂取量に近い。 （短所） ＊排泄機能に異常がある患者では対応しない。

いて

④ その他運動や休養・ストレス解消法について

2)　姿勢・態度，価値観・考え方

① 健康・疾病（病態，臨床検査値，治療；食事療法・運動療法・服薬など）について

② 食物摂取や運動やストレス解消法について

③ 行動変容の準備性，自己効力感の程度，ヘルスリテラシーのレベル

(3)　属性

性，年齢，人種，学齢，職業，学歴，収入など。

3.1.3　環境要因のアセスメント（表3.3参照）

食物摂取行動の改善には，個人要因（知識・技術・態度・行動）の問題解決のみでなく，対象者を取り巻く環境の整備も重要であり，栄養教育では，家庭・帰属組織・地域や社会・経済・文化などの環境状況の把握が必要である。

家庭：家族構成，調理・介護担当者，キーパーソン，家族の協力・理解，調理設備，経済性

組織：昼食（社員食堂・給食の有無・外食），職場の協力・理解

地域：環境（都市・地方，食物の入手の難易），食物の入手方法（自家栽培・スーパー・コンビニ・飲食店，惣菜の利用），食生活の情報入手方法（家族・学校・職場・病院・保健所・マスメディア，IT），地域の支援・協力

3.1.4　情報収集の方法

栄養アセスメントの情報収集の方法には，個別教育のための個人に関する情報を収集する方法と，栄養教育プログラム作成のための集団の特性に関する二次データ（各種統計等）を利用する方法がある。個人に関する情報収集の方法には，管理栄養士・栄養士が対象者から直接収集する方法と，他職種が集めた情報を収集する方法がある。他職種の情報は，電子カルテ・カンファレンスやミーティング（医師・管理栄養士・保健師・看護師・薬剤師・臨床検査技師・言語聴覚士・介護福祉士・学級担任・養護教諭など）により収集する。収集した情報については，厳重に取り扱うとともに，守秘義務を遵守することが重要である。

①　**実測法**　計器および機器などを使用して実際に測定する方法で数値として得られる。

管理栄養士・栄養士が実践するものには身体計測などがあり，対象者自身が実践するものには食事記録，体重や運動内容のモニタリングなどがある。

②　**質問紙法**　質問紙や調査票を用いて調査する方法である。対象者が直接記入する**自記式記入法**，調査者が聞き取り調査する面接聞き取り法（面接

表 3.3　症例A　栄養アセスメント：情報収集・問題点の抽出・課題の明確化（評価判定）

対象者：50 歳男性　　家族構成：妻，子ども 2 人　　仕事：会社員（管理職）

（1）情報収集

<table>
<tr><td rowspan="10">個人要因</td><td colspan="2">QOL</td><td colspan="2">体調がすぐれず，健診結果が悪かったので，生活の満足度が下がっている。</td></tr>
<tr><td colspan="2">臨床診査</td><td colspan="2">主訴：疲れやすい，息切れがする
既往歴：なし
家族歴：高血圧症（母）
服薬歴：なし
減量歴：2 回（30 歳 60kg，40 歳 63kg）</td></tr>
<tr><td colspan="2">身体計測</td><td colspan="2">身長 170cm，体重 75kg（20 歳代 65kg），BMI 26kg/m^2，腹囲 91cm</td></tr>
<tr><td colspan="2">臨床検査</td><td colspan="2">血圧 140/90mmHg
HDL-Cho 35 mg/dL，LDL-Cho 130mg/dL，中性脂肪 250mg/dL
空腹時血糖値 90mg/dL
AST 34 IU/L, ALT 55 IU/L, γ-GTP 70 IU/L
尿潜血（−），尿糖定性（−），尿たんぱく定性（−）</td></tr>
<tr><td colspan="2">食物摂取（食事）調査</td><td>朝食： 6:30　ごはんとみそ汁
昼食：11:30　コンビニ弁当（主菜は肉類）か麺類が多い
夕食：不規則　平日は外食が多い（4 ～ 5 回/週）
ビール中瓶 1 本，日本酒 2 合/日。つまみは揚げ物中心。野菜は少ない。最後にラーメンをよく食べる。
（1 週間の食事記録）</td><td>摂取エネルギー 3,200kcal
たんぱく質 140g，脂質 100g
炭水化物 440g，食塩 15～20g
摂取過剰食品：アルコール飲料，油脂類，食塩
摂取不足食品：野菜，海藻，きのこ類，果物，乳製品</td></tr>
<tr><td>他の生活習慣</td><td>行動</td><td colspan="2">・ストレスが多く，飲酒で解消している
・平日の一日平均歩数：およそ 4,000 歩，電車通勤，仕事はデスクワーク，運動なし
・喫煙：なし</td></tr>
<tr><td rowspan="4">健康（疾病）や食物摂取などに関する認知</td><td>知識</td><td colspan="2">病識不足（過去 2 回の減量時に“肥満と食事・運動”の本を読んだが，覚えていない）
栄養表示の知識不足（見たこともない）</td></tr>
<tr><td>スキル</td><td colspan="2">学生の頃から運動はあまり好きではなく，不得意である</td></tr>
<tr><td>考え方</td><td colspan="2">行動変容段階は，無関心期である。健康に対する意識が低い</td></tr>
<tr><td>その他</td><td colspan="2">理解力は普通</td></tr>
<tr><td>環境要因</td><td colspan="2">家庭，組織，地域</td><td colspan="2">調理担当者は妻であるが，自宅での食事は，平日の朝食と休日のみ
会社には社員食堂はなく，近くにコンビニやラーメン屋がある。
家の近くに運動施設がない。</td></tr>
</table>

（2）問題点の抽出

QOL	生活の満足度が低い
臨床上の問題点は何か（臨床診査，臨床検査や身体計測の値）	#1　メタボリックシンドローム（肥満症・高血圧症・脂質異常症） #2　脂肪肝
内臓脂肪肥満に影響していると推測される食物摂取や生活習慣の問題点は何か（食事調査，食行動要因）	外食が多い，食事時間が不規則，夕食過食，飲酒多量 油脂類・食塩類の過剰摂取 乳製品・果物・野菜・海藻・きのこ類摂取不足 身体活動量が少ない（運動習慣なし）……消費エネルギー不足
健康（疾病）や食物摂取に関する認知（知識・スキル，態度）	健康・栄養・食に関する知識・スキルや病識の不足，揚げ物を好む嗜好，ストレス解消法が飲酒 仕事はデスクワーク，運動嫌い 行動変容の重要性に対する認識・意欲の低さ 仕事上でのストレスが多い
環境要因	会社には社員食堂はなく，近くにコンビニやラーメン屋がある

（3）課題の明確化

QOL	生活の満足度の向上
健康上の課題は何か	#1　内臓脂肪減少（最優先課題），血圧低下，脂質正常化 #2　脂肪肝改善
内臓脂肪肥満に影響していると推測される食物摂取や生活習慣の課題（矢印の方向への改善）は何か（食事調査，行動要因）	外食↓，夕食過食↓，節酒，油脂類・食塩↓＝摂取エネルギー量↓ 乳製品↑ 果物・野菜・海藻・きのこ類↑＝食物繊維↑ 身体活動量↑＝消費エネルギー↑
食物摂取や生活習慣に関連する課題は何か（知識・スキル，態度や環境要因）	健康・栄養・食に関する知識・スキル↑ 病識↑ 揚げ物を好む嗜好の改善 行動変容の重要性に対する認識・意欲↑ コンビニやラーメン屋の利用法の知識↑ ストレスマネジメント↑

法でもある），**留置き法**[*1]，**郵送法**[*2]，**電話調査法**[*3]，インターネットを用いた**ウェブ調査**などがある。

質問紙法では，対象者自身が質問票（**表3.4**）に記入したり話したりする過程で自らの生活習慣上の問題点に気づき，行動変容の動機付けにつながることもある。

郵送法，電話調査法，ウェブ調査は場所や時間の節約になる一方，誤差や正確性に欠けるなどの一面もあるので注意する。

③　**面接法―個人・集団（フォーカスグループ）面接**　特定の個人と面接する**個人面接法**と集団で面接する**集団面接法**がある。個人面接法では，対象者から直接聞き出す問診や食事摂取調査などがある。個人面接では詳細な情報が得られるが，調査者は自分の主観が入らないように訓練する必要がある。集団面接法のひとつの**フォーカスグループインタビュー法**は，少人数（1グループ当たり6～8名程度）の対象者に対して，司会者が座談会形式でインタビューを行い，その発言や表情から意識や行動などを調査する方法である。グループ対話形式で自由に発言してもらうと，集団力学（**グループ・ダイナミクス**[*4]）により集団のなかから浮かび上がる情報を収集できるが，対象者の言動から情報を読み取り拾い上げる技術が必要である。

④　**観察法**　身体状況や行動などを観察する方法で，食物摂取状況調査，**ADL**[*5]調査などがある。ベッドサイドでの視診，触診などにより，顔貌，浮腫，皮膚，爪の状態が，ADL調査により，日常生活動作（食事・整容・更衣・トイレ・入浴・起居・移動など）が観察される。食物摂取状況調査では，摂食時の姿勢や咀嚼・嚥下状態，食べ方，食欲，食事摂取量などを調査する。

⑤　**行動記録**　対象者が自分の食事や運動，睡眠など日々の行動を記録する**行動記録**（**セルフモニタリング**に用いる）は，面接や質問票では得られない行動についての情報となる。行動記録の方法として，**ウェアラブルデバイス**[*6]の活用が注目されている。

行動記録をもとに，行動するに至った刺激（きっかけ）と行動の関係や，行動の結果と行動の関係を明らかにする**行動分析**[*7]を行い，問題となる行動のきっかけを特定したり，行動変容の阻害要因や促進要因を把握する。行動変容技法の選択に用いる（p.24，2.3参照）。

⑥　**二次データ（既存資料）の利用**　対象集団の背景や実態を把握する場合，既存資料を利用すると効率的な場合がある。健康（疾病）や食物摂取に直接関連する栄養・食品・調理のほか，食物摂取の背景となる社会・経済・文化などについて，社会全体をとらえたマクロ的視点をもつ資料から情報収集を行う。公の機関（信頼度の高い学会・世界的機構や政府関係等の機関）が発信する情報は，多くがウェブ上に掲載されている。

*1 **留置き法**　調査票を配布して対象者に記入してもらい，後日回収する。

*2 **郵送法**　調査票を配布して対象者に記入してもらい，後日郵送してもらう。

*3 **電話調査法**　電話で調査員が聞き取りをして記入する。

*4 **グループ・ダイナミクス**　集団を重力や電磁力のような力の働く場と考え，集団構成員の相互作用から派生する力学的特性のこと。人間は，集団においては集団内特有の動力に従って行動する。社会学や心理学の分野で研究され，カートライト（Cartwright, D. P. 1915-2008）らが展開（p.42，2.5.3参照）。

*5 **ADL（activities of daily living：日常生活動作）**　毎日の生活を送るための基本動作のこと。

*6 **ウェアラブルデバイス**　手首や腕，頭などに装着するコンピューターデバイス。腕時計のように手首に装着するスマートウォッチやスマートグラスなどがある。心拍や脈拍，睡眠時間，歩数や運動状況を記録することができる。

*7 **行動分析**　行動分析の基礎は，刺激―反応―結果の連鎖を明らかにすることである。レスポンデント条件付け，オペラント条件付けの原理を知っておく（p.11，2.2.2参照）。行動分析とは，対象に応じた有効なはたらきかけを行うために，対象者の問題となる食行動を観察して，その前後の刺激との関係を明らかにすることであり，食行動をアセスメントするための重要な要素である。

表 3.4　標準的な質問票

	質問項目	回　答
1-3	現在，ａからｃの薬の使用の有無*	
1	ａ．血圧を下げる薬	①はい　②いいえ
2	ｂ．血糖を下げる薬又はインスリン注射	①はい　②いいえ
3	ｃ．コレステロールや中性脂肪を下げる薬	①はい　②いいえ
4	医師から，脳卒中（脳出血，脳梗塞等）にかかっているといわれたり，治療を受けたことがありますか。	①はい　②いいえ
5	医師から，心臓病（狭心症，心筋梗塞等）にかかっているといわれたり，治療を受けたことがありますか。	①はい　②いいえ
6	医師から，慢性腎臓病や腎不全にかかっているといわれたり，治療（人工透析など）を受けていますか。	①はい　②いいえ
7	医師から，貧血といわれたことがある。	①はい　②いいえ
8	現在，たばこを習慣的に吸っている。 （※「現在，習慣的に喫煙している者」とは，「合計 100 本以上，又は６ヶ月以上吸っている者」であり，最近１ヶ月間も吸っている者）	①はい　②いいえ
9	20 歳の時の体重から 10kg 以上増加している。	①はい　②いいえ
10	１回 30 分以上の軽く汗をかく運動を週２日以上，１年以上実施	①はい　②いいえ
11	日常生活において歩行又は同等の身体活動を１日１時間以上実施	①はい　②いいえ
12	ほぼ同じ年齢の同性と比較して歩く速度が速い。	①はい　②いいえ
13	食事をかんで食べる時の状態はどれにあてはまりますか。	①何でもかんで食べることができる ②歯や歯ぐき，かみあわせなど気になる部分があり，かみにくいことがある ③ほとんどかめない
14	人と比較して食べる速度が速い。	①速い　②ふつう　③遅い
15	就寝前の２時間以内に夕食をとることが週に３回以上ある。	①はい　②いいえ
16	朝昼夕の３食以外に間食や甘い飲み物を摂取していますか。	①毎日　②時々 ③ほとんど摂取しない
17	朝食を抜くことが週に３回以上ある。	①はい　②いいえ
18	お酒（日本酒，焼酎，ビール，洋酒など）を飲む頻度	①毎日　②時々　③ほとんど飲まない（飲めない）
19	飲酒日の１日当たりの飲酒量 日本酒１合（180ml）の目安：ビール 500ml，焼酎（25 度（110ml），ウイスキーダブル１杯（60ml），ワイン２杯（240ml）	①１合未満　②１～２合未満 ③２～３合未満　④３合以上
20	睡眠で休養が十分とれている。	①はい　②いいえ
21	運動や食生活等の生活習慣を改善してみようと思いますか。	①改善するつもりはない ②改善するつもりである（概ね６か月以内） ③近いうちに（概ね１か月以内）改善するつもりであり，少しずつ始めている ④既に改善に取り組んでいる（６か月未満） ⑤既に改善に取り組んでいる（６か月以上）
22	生活習慣の改善について保健指導を受ける機会があれば，利用しますか。	①はい　②いいえ

＊医師の診断・治療のもとで服薬中の者を指す。
出所）厚生労働省：標準的な健診・保健指導プログラム（平成 30 年度版）

3.1.5　優先課題の特定

栄養アセスメントの評価判定を行うためには，収集した情報から健康（疾病）や食物摂取行動の問題点を抽出して明確化し，優先**課題***を決定する必要がある。問題点はアセスメントの各指標の基準値と比較し抽出する。しかし浮腫や脱水などにより低下や上昇する指標もあるので，数値のみでなく，病態を理解し総合的に判断する。

***課題**　問題を解決・改善するために行うべきことで，問題があって，取り組む課題が出てくる。
例：問題―血圧が高い
　　課題―血圧を下げること

アセスメントの結果，複数の問題・課題が上がる。健康（疾病）状態の最も重要な問題を緊急性および危険度から特定する（健康・栄養問題の優先課題の特定）。集団においては，多数の対象者に共通する関心が高い問題点を優先することも考慮する。

その後，健康・栄養問題に影響する食行動を選定し優先課題を決める（食行動の課題を抽出）。優先順位の決定には，重要性と実行可能性の２軸で考える（**図 3.3**）。

重要性の判断は，死因や健康状態に対する影響力の大きさで決める。集団を対象とする場合の実行可能性は，対象者の実施のしやすさに加え，プログラムの実施にかかる費用など，栄養教育の実施者の実施しやすさも含まれる。個人を対象とする場合の実行可能性は，行動変容の有益性や自己効力感によって左右される。

さらに，食行動等の行動変容に必要な**健康（疾病）や食物摂取に関する認知**（知識や態度等）と環境要因の課題を整理する。

情報収集から問題点の抽出と課題の明確化，優先課題の特定，評価判定の手順を示す（**表 3.3** 参照）。

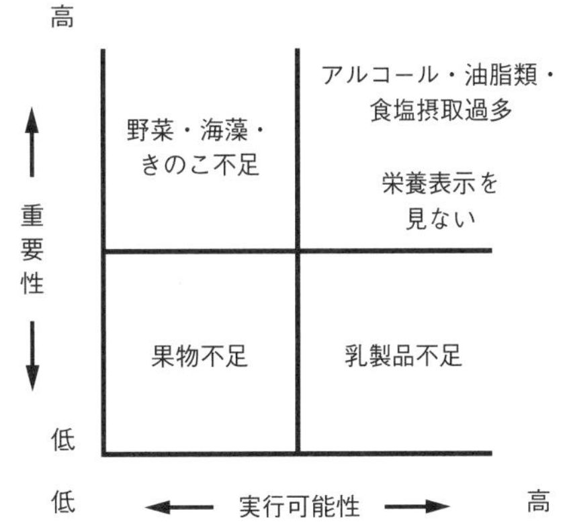

図 3.3　症例Ａ（p.64）の食行動の課題の優先順位の決定（例）

3.2　栄養教育の目標設定

3.2.1　目標設定の意義と方法

栄養教育の目標設定には，栄養教育プログラム目標設定と個人の目標設定がある。栄養アセスメントにより，取り組むべき健康・栄養上の課題と学習すべき知識・技術や変容すべき態度・行動が明確となるので，栄養教育の目標設定が可能となり，教育戦略を立て，プログラムを作成する段階に進むことができる。プリシード・プロシードモデルでいうと，プリシードの方向（右から左）に課題抽出と目標設定を行う手順となる。

栄養教育プログラムの目標として，最終的に達成したい**プログラム目標**（**長期目標**）と，これを達成するために向かうべき方向性を示す一般目標（**中期目標**）を設定する。さらに，中・長期目標を達成するために，①**実施目標**，②

学習目標，③**行動目標**，④**環境目標**，⑤**結果目標**を設定する。

3.2.2　実施目標

プログラムの実施状況・実施率に関する目標である。プログラムへの参加者数や参加率および実施件数や継続者の割合，対象の満足感等がある。

3.2.3　学習目標

健康（疾病）・食物摂取に関連する知識・技術・態度を修得することが目標となる。以下の内容がある。

知識：健康（疾病）と栄養・食事・運動との関係を知る。1日の必要エネルギー・栄養量を知る。1日に摂取する食品構成を知る。現在の食事の問題点（アルコール，揚げ物が多く，野菜が不足しているなど）に気付く。

技術：必要エネルギー・栄養量を考えて，献立・調理・食物の購入・外食ができる。現在の食事の問題点を改善する方法を身に付ける。

態度：食品を購入する，献立を作り，調理を行う，現在の食事の問題点を改善しようという意欲をもち，実践できる。

3.2.4　行動目標

学習をした事柄のなかから，優先順位が高く，かつ努力すればできそうなことについて，具体的な行動内容（アルコールはビール中瓶1本か日本酒1合にする，つまみは揚げ物を減らし，野菜料理を中心にするなど）を目標にする。

3.2.5　環境目標

健康（疾病）・食物摂取に影響を及ぼす環境要因（家庭・職場・地域）に関する問題点を解決するための目標である。家庭や職場など対象者の周辺に働きかけることによって，対象者は行動変容を起こしやすくなる。

家庭：妻に漬物を用意しないように協力してもらう。

職場：減量を行っていることを公言し，飲み会には誘わないよう依頼する。

地域：食物の入手について配達システムを整備する。地域ボランティアの給食サービスを拡充する。

3.2.6　結果目標

栄養教育の結果（成果）を測るための目標である。身体計測値・臨床検査値やQOLの指標など測定可能な数値目標を設定する。「血圧を130/85mmHg未満にする」「BMI 25kg/m^{2}未満にする」などである。

症例Aの目標設定の例を示す。栄養アセスメントの結果を踏まえて（**表3.3**参照），目標を設定する（**表3.5**）。目標はスモールステップの視点を重視し，目標の内容や個数は，対象のニーズに合わせて設定する。目標の設定後，次の段階の計画立案につなげていく。

3.2.7　目標設定時の留意点

栄養教育の目標には，「～を増やす」「～減らす」「～上げる」「下げる」と

表 3.5　症例Ａ　個人目標設定の例（期間：６ヵ月間）

実施目標	学習目標	行動目標	環境目標	（最終目標） 結果目標
・個人栄養カウンセリングを月１回受ける ・健康教室に参加する（肥満とメタボリックシンドロームについて・減量の食事について・ストレスマネジメントについて）	・健康（病態）と食事・運動との関係を知る ・１日の必要エネルギー量，栄養量を知る ・１日に摂取する食品構成を知る ・食事の問題点（アルコール，揚げ物が多く，野菜が不足している等）に気づく ・必要量を考えて，献立・調理・食物の購入ができる ・栄養表示を理解する ・外食のエネルギーや栄養素について学習する ・簡単な運動の方法を知る	・朝食には納豆など大豆製品と野菜の副菜を食べる ・栄養表示を見て弁当を購入し，肉類に偏らないようにする ・野菜・海藻・きのこ類を食べるようにする（１日 350g 程度） ・アルコールの量を減らす（ビール中瓶１本か日本酒１合） ・つまみは揚げ物を減らし，野菜料理中心にする ・夜食のラーメンをやめる ・通勤では階段を利用する ・平日の一日平均歩数を約 6,000 歩にする ・土日は速歩を 30 分実行する ・セルフモニタリングとして，アルコール・運動量・体重について目標と摂取量を記録する	・栄養教育の教材を持ち帰ってもらい，家族に食事作りに協力してもらう（漬物を用意しないなど。昼食は弁当を作ってもらう等） ・職場で内臓脂肪減少のための行動変容プログラムに参加中であることを宣言する（飲み会には誘わないよう依頼する）	・BMI 25kg/m^2 未満，腹囲 85cm 未満 ・血圧 130/85mmHg 未満 ・HDL-Cho 40mg/dL 以上，中性脂肪 150mg/dL 未満 ・ALT 40 IU/L 未満，γ-GTP 60 IU/L 未満 ＊QOL の向上（体調が良く，気分が晴れやかで，生活の満足度が上がる。）

いった変化の方向性を示す言葉が入るほか，対象によっては，「～を維持する」が入る場合がある。

適切な目標設定のための基本的留意点は，以下のとおりである。

① 方向性：栄養教育の目的と同じ方向に向かう目標を設定する。
② 優先順位：優先順位の高い項目を重視する。
③ 時間軸：到達の期間と期限を決めておく。
④ 具体性：評価しやすい数値目標を設定する。
⑤ 実現性：低い目標から高い目標へと段階的に設定する。
⑥ 対象者主体：目標設定に関しても教育者主導ではなく，対象者が主体となり決定する。
⑦ 文章化：対象者と教育者および関係者間における情報を共有するために目標は必ず文章化し，明確にしておく。栄養教育プログラムの円滑な運営と栄養教育のレベルの標準化にも必要である。また，文章化により目標が対象者の記憶に留まることになり，行動変容とその維持の実行性を高めることができる。

3.3　栄養教育計画立案

栄養教育は，栄養スクリーニングや栄養アセスメントにより，改善が必要な人（個人もしくは集団）を対象に，地域保健，産業保健，医療機関，学校教育，福祉，介護などにおいて，健康維持，疾病予防，疾病治療などのさまざまな目的のもとで実施される。その際に基礎となる部分が栄養教育プログラムであり，作成の際には流れを確認し（**図 3.4**）把握する。また，具体的な

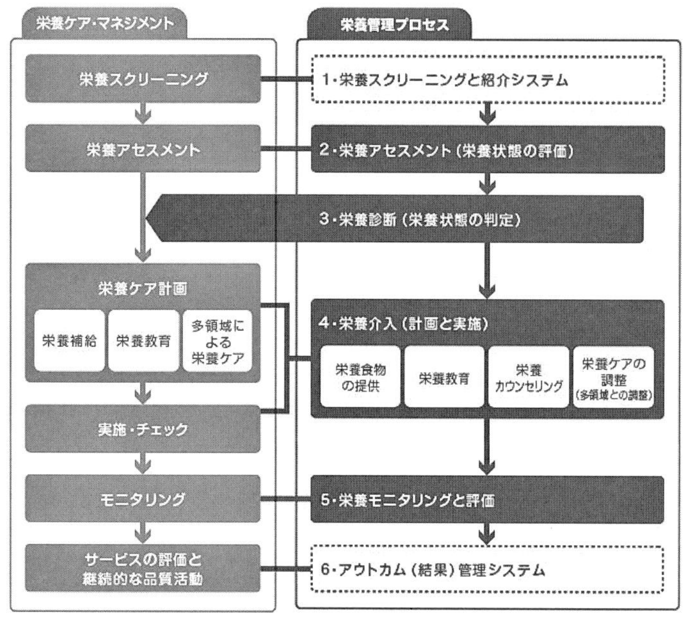

図 3.4　栄養ケア・マネジメントと栄養管理プロセスの流れ

出所）日本栄養士会ホームページ　https://www.dietitian.or.jp/

栄養教育プログラム案の作成の際に検討すべき項目は，6W1Hに予算のBudgetを加えた8項目（6W1H1B）であり，実施の前には必ず明確にしておく（**表 3.6**）。

栄養教育マネジメントは抱えている食生活上の問題を解決するため，対象者に望ましい行動変容が起こるよう，計画(P)→実施(D)→評価(C)→改善(A）というPDCAサイクルに沿ったマネジメントサイクルを繰り返す。近年，この栄養教育マネジメントに国際標準化された栄養管理プロセス（**図 3.4**）という考え方が導入された。これは，個々の対象者の栄養ケアの標準化だけではなく，栄養ケアを提供するための過程を標準化することを目的としている。栄養管理プロセスを活用することで，管理栄養士は①栄養管理を行うプロセスが標準化され，論理的展開が可能となる，②用語をコード化（**表 3.7**）しているため，世界の栄養士との共有が可能となる，③栄養問題に対する理解が容易となる，などのメリットがある。

従来との相違は，栄養アセスメントの部分を栄養評価と栄養診断に分け，計画作成となる栄養ケア計画と実施の部分はまとめている点である。しかし，基本的な考え方は変わらない（**図 3.4**）。

3.3.1　対象者の決定

栄養教育は，直接対象者本人に対して栄養教育を行う場合のほか，家族や家庭内での調理担当者に行う場

表 3.6　栄養教育プログラムの作成に必要な検討項目

要素		内容
Who	誰が行うのか	教育者：管理栄養士，医師，看護師，保健師，栄養教諭など
Whom	誰に行うのか	対象者（どのような個人や集団か）
What	何を教育するのか	教育内容
When	いつ(いつまでに)行うのか	教育期間，回数，日時，所要時間
Where	どこで行うのか	場所，会場，教育環境・設備
Why	なぜ行うのか	目的，最終目標
How	どのように教育するのか	指導方法，学習形態，教材・媒体
Budget	予算はどの程度か	費用，対象者の負担

表 3.7　栄養評価の項目

項目	指標
食物／栄養関連の履歴（FH）	食物・栄養素摂取，食物・栄養素管理，薬剤・栄養補助食品の使用，知識・信念，補助品の入手のしやすさ，身体活動，栄養に関連した生活の質
身体計測（AD）	身長，体重，体格指数，成長パターン指標・パーセンタイル順位，体重の履歴
生化学データ，医学検査と手順（BD）	生化学検査値，検査（例：胃内容排泄時間，安静時代謝率）
栄養に焦点をあてた身体所見（PD）	身体的外見，筋肉や脂肪の消耗，嚥下機能，食欲，感情
既往歴（CH）	個人的履歴，医学的・健康・家族履歴，治療，補完・代替薬剤の使用，社会的履歴

出所）木戸康博ほか編：応用栄養学（栄養科学シリーズ NEXT），講談社（2020）

合もある。対象者の募集については，集まりやすい条件（実施期間・場所）を設定する必要がある。募集においては，栄養教育の主体となる保健所長や地区の長，学校長，病院長などの責任者に許可と理解を得て，広報・自治体掲示板・回覧板・実施施設や関連施設のホームページや掲示板，その他に放送・新聞・ラジオ・雑誌などを利用して対象者を募集する。また，募集の際には，わかりやすく伝えることが重要であり，伝えるべき情報は担当者やスタッフの間で意見を出し合って整理しておくとよい。周知に必要な情報としては，テーマ，目的，対象となる事項（年齢，親子参加など），対象の人数（組），実施日時，実施期間，場所，費用，申し込み方法，連絡先（問合せ先や申し込み先も含む），実施主体（開催主体），教育者（講師）などが考えられる。

3.3.2　期間・時期・頻度・時間の設定

(1)　教育期間・時期・頻度

教育の内容や最終目標により実施期間は異なるが，イベントなどであれば単発の指導となり，複数回の継続指導であれば，短期（1～3ヵ月間程度），中期（6ヵ月間程度），長期（1年程度）の計画になる場合が多い。期間や頻度が決まったら，期間に応じた目標を設定し（p.67，3.2参照），全体計画のタイムスケジュールを充分に検討する。また，多くの人が集まりやすい時期（季節）かどうかや，対象者が仕事をしている場合は，生活スタイルに合わせた休日の対応や指導も考慮する。

(2)　教育時間

教育時間については，個人指導では20～30分程度，集団指導（教室）では60～90分程度がよい。

学校給食における給食指導では5～15分程度，食に関する指導では，チームティーチング（TT）方式の場合は40～45分程度を目安にするとよい。診療報酬（管理栄養士による指導）では，p.131，**表4.41**診療報酬における栄養指導料を参照のこと。また，診療報酬の改定は2年ごとに実施されるので，常に新しい情報を取るようにする。

3.3.3　場所の選択と設定

教育を実施する場所は，対象となる個人や集団の属性や特徴を考慮して決めなければならない（**表3.8**）。

また，地域集団や一般の人たちを対象とする栄養教育を実施する際の場所の選択には，次のような点にも配慮が必要である。

① 電車や車などの交通の便や最寄り駅からの行き方がわかりやすいか

表3.8　栄養教育の場所

地域集団	保健所，保健センター	会議室，ホール，地域の集会所，栄養指導室など
	暮らしのなか	駅のコンコース，商業ビルの催し物会場，地域の催し物広場，スーパーマーケットなど
特定給食施設	学　校	教室，ランチルーム，体育館など
	事業所，福祉施設	食堂，医務室，会議室，ホールなど
医療機関	病　院	栄養指導室，会議室，デイルーム，待合所など

② 人が集まりやすく，人の流れがよいか
③ 会場までの道順には，スロープ・エレベーターなどの配慮がされているか
④ 勤労者にとって，出向きやすい場所か

3.3.4　実施者の決定とトレーニング

栄養教育の実施においては，地域保健，学校教育，医療機関などの栄養教育に関連する組織機関内で，さまざまな職種のスタッフがそれぞれ協力しながら教育にあたるため，他職種との連携は重要である。そのため，栄養教育のスムーズな実施に向けて，管理栄養士・栄養士はよりよいコーディネーターになる必要がある。

また，栄養教育に携わる管理栄養士・栄養士には円滑な連携が必要となるため，豊かなコミュニケーション能力が求められる。ほかにも，医学の進歩に伴う新しい情報や法改正に関連する国内事情などの理解をこころがけ，技術を高めていく向上心を備えておかなくてはならない。栄養教育に携わる管理栄養士・栄養士は，以下のような項目（栄養教育に携わる管理栄養士・栄養士の条件）の修得を目指してトレーニングを積むと良い。

① 豊かな人間性で，他者とのコミュニケーションがうまく図れること
② 栄養教育関連組織や従事者，対象者の連携を深め，コーディネーターとしての能力に優れていること
③ 栄養教育を効果的に実施するための教育技術が高いこと
④ 栄養に関する専門的知識や技術が豊かであること
⑤ 栄養教育の計画・実施・評価にかかわるマネジメントができること*1

また，地域保健，学校教育，医療機関においては，管理栄養士・栄養士に加えて以下のようなスタッフが携わっている。カリキュラムのなかの教育内容に見合った専門性をもつスタッフを的確に選択し，連携を取りながら教育にあたる。

(1)　地域保健の場*2

地域保健活動は，都道府県・政令指定都市・中核市・その他地域保健法の政令で定める都市または特別区（東京 23 区）の保健所と市町村の保健所センターが担当している。栄養教育は，保健所・保健センターの他職種と連携し，人的・物的・社会的資源を活用し，地域全体の栄養改善の向上を目指す。

保健所の管理栄養士の栄養教育（指導）の対象と内容（法律・通知では，栄養指導という名称が使用されている）は，多岐にわたる。

1)　住民

保健所・保健センターの管理栄養士は，すべてのライフステージ・ライフスタイルの住民を対象に栄養教育を行うが，特に，妊娠期・授乳期や乳幼児

*1 笠原賀子，川野因編：栄養教育論（第３版），47，講談社サイエンティフィク（2012）

*2〈関係する法律・通知〉地域保健法，健康増進法（健康日本21（第２次）），母子保健法，食育基本法，学校保健安全法，老人保健法，食品衛生法，地域における行政栄養士の業務について（2003（平成15）年10月厚生労働省健康局長通知），地域における行政栄養士による健康づくり及び栄養・食生活の改善について（2013（平成25）年３月厚生労働省健康局長通知），地域における行政栄養士による健康づくり及び栄養・食生活の改善の基本指針について（2013年３月生活習慣病対策室長通知）

期（離乳食）の相談が多い。難病・合併症患者や身体・知的障害者，要介護者など専門的な知識および技術を必要とする栄養教育では，受診施設と連携する。

2）　特定給食施設

健康増進法に基づき，特定給食施設は管理栄養士または栄養士を置き，衛生管理を行い，さらに利用者の身体状況，栄養状態，生活習慣などを定期的に把握し，エネルギー量や栄養素量を満たす献立を作成して食事を提供するとともに，献立表およびエネルギーや栄養素量の情報提供を行うように努力することが定められている。保健所の管理栄養士は特定給食施設に対して「適切なエネルギー及び栄養素量の食事提供や品質管理」や「喫食者への栄養情報の提供」について指導および助言を行う。

3）　食品業者・関係機関・関係団体

保健所の管理栄養士は，食品の栄養面，安全面等に関する適切な情報を把握し，また，栄養成分の表示や健康に配慮した献立を提供する食品業者，関係機関，関係団体および住民の間での連携を構築する。

4）　人材育成

地域において健康づくりおよび食生活改善を推進する指導的人材を育成するため，食生活改善推進員（ヘルスメイト），健康づくり支援者（ヘルスサポーター）等のボランティアリーダー等の人材育成に努める。

（2）　産業保健の場＊

労働者は，1日の3分の1を職場で過ごし，職場環境の健康への影響は大きい。職場の健康管理担当者と連携して健康教育の体制を整備し，そのなかで栄養教育を実施していく。栄養教育は，職場内IT，掲示板，回覧・配布物などを利用し，健康・栄養・望ましい食物摂取行動についての情報を提供する。

＊〈関係する法律・通知〉労働基準法（労働時間や休暇，休業補償など労働者の勤務条件を定めている），労働安全衛生法（安全管理，産業医の選任，健康診断など労働環境について定めている）。事業所における労働者の健康保持増進のための指針（2007（平成19）年11月厚生労働省）

健康管理は，労働安全衛生対策の一つである（健康管理，作業環境管理，作業管理）。中小企業においては，全国労働基準監督署ごとに地域産業保健センターが設置され，これらが実施されている。

1）　特定健康診査・特定保健指導

2008（平成20）年4月から「高齢者の医療の確保に関する法律（高齢者医療法）」が施行され，特定健康診査の結果に応じ，情報提供・動機付け指導・積極的支援などの特定保健指導を行う。産業における管理栄養士・栄養士の重要な業務である。

コラム8　食生活改善推進員（ヘルスメイト）

ヘルスメイトの愛称で知られる食生活改善推進員は，市町村が開催する「食生活改善推進員養成教室」に参加し，食生活改善や健康づくりに関する講習を受けて修了証を得て，自らの意志でボランティア活動を行っている。その活動は，料理の大切さを伝えることから健康づくりの支援と多岐にわたるものである。

地域保健では，保健所・保健センターでの料理教室で「高齢者料理教室」などを開催して，高齢者の食生活支援を行っている。他にも近年では，中・高校に社会人講師として招かれ，「自分の食事くらいは自分でつくれるようになりたい」という生徒たちに，調理実習を通して地域の郷土料理や1人でも作れる簡単料理などについて教える活動もしている。

2) THP (total health promotion)

厚生労働省は，労働安全衛生法改正（1988（昭和63）年）に伴い，働く人の「心と体の健康づくり」をスローガンに健康保持増進措置を進めている。「事業所における労働者の健康保持増進のための指針」には，実施方法として，計画の策定，推進体制：スタッフ（産業医，運動指導・運動実践・心理相談・産業栄養指導・産業保健指導担当者）の養成，内容（健康測定，運動指導，メンタルヘルスケア，栄養指導，保健指導）が示されている。栄養教育は，所見のある対象者に対して行い，家族全員の食生活改善につなげることが望ましい。

(3) 医療の場：病院・介護老人保健施設・診療所・助産所*

医療における栄養教育の目的は，二次予防・三次予防が中心であり，栄養教育は疾病治療の一環として，「栄養食事指導」とよばれる。決められた疾患について，医師の指示のもと管理栄養士が栄養食事指導を行うと，診療報酬による栄養食事指導料が算定できる（p.131，**表 4.41** 参照）。栄養食事指導の対象は，患者・家族（キーパーソン）である。

1) 入院・外来・在宅患者訪問栄養食事指導

患者のおかれている状況に応じて，入院・外来・在宅患者訪問栄養食事指導とよぶ。入院中の病院食は，病態（栄養状態）の改善はもちろん，栄養食事指導における教材となる。入院中の栄養食事指導では，病院食の喫食率があがり，そのことにより治療効果があがり，入院期間が短縮する，また，退院後の自己管理能力が養えるなどの効果が期待できる。外来での栄養食事指導では，患者自身が栄養食事治療を実践することが必要であり，「実践ができない，実践していたが中断してしまう」場合も多く，継続した指導・支援が重要である。在宅患者訪問栄養食事指導では，これまで調理を介した実技指導が算定要件であったが，指導後の実践が困難な患者が多かったことを受けて，食事の用意や摂取等に関する具体的な指導に改定されている。

2) 個人指導・集団指導（**表 3.9** 参照）

個人指導では，指導中の患者の反応に応じた対応がとりやすい，集団指導

*〈関係する法律・通知〉医療法（1948（昭和23）年7月法律第205号）
- 医療法施行規則（1948（昭和23）年11月厚生省令第50号）
- 入院時食事療養及び入院時生活療養の食事の提供たる療養の基準等（1994（平成6）年8月）
- 入院時食事療養費に係る食事療養及び入院時生活療養費に係る生活療養の費用の額の算定に関する基準等（2008（平成20）年9月）
- 入院時食事療養費に係る食事療養及び入院時生活療養費に係る生活療養の実施上の留意事項について（2013（平成25）年3月）
- 入院時食事療養及び入院時生活療養の食事の提供たる療養の基準等に係る届出に関する手続きの取扱いについて（2010（平成22）年3月）
- 診療報酬の算定方法（抄）（2008（平成20）年3月）
- 特掲診療料の施設基準等（抄）（2010（平成22）年3月）
- 診療報酬の算定方法の制定等に伴う実施上の留意事項一部改正について（通知）（抄）（2008（平成20）年3月）
- 病院，診療所等の業務委託について（抄）（2007（平成19）年3月）
- 医療法の一部を改正する法律の一部の施行の一部改正について（2010（平成22）年9月）
- 院外調理における衛生管理ガイドラインについて（1996（平成8）年4月）
- 大量調理施設衛生管理マニュアル（1997（平成9）年3月）
- 診療報酬は2年ごと，介護報酬は3年ごとに改正される。

表 3.9 個人教育と集団教育のメリット（長所）とデメリット（短所）

学習形態	メリット	デメリット
個人教育	・指導者と対象者の間に，よりよい信頼関係が得られやすい ・対象者個人の理解度，関心度，社会的背景，身体状況，病態などに合わせた，きめ細やかで具体的な教育が展開できる	・時間や労力を要し，効率的ではない ・経費が高くなる ・教育者の態度，言動，人格などの影響が大きい ・対象者に，緊張感や孤独感が生じやすい
集団教育	・一度に多数の対象者に教育が実施できる ・時間や労力，経費の面で効率的である ・対象者が同じ目的をもつ集団の場合は，対象者同士の考え方などを知ることができ，連帯感が生まれ，グループ・ダイナミクス（p.61 *1 参照）による効果が期待できる	・対象者の理解度，関心度，社会的背景，身体状況，病態などに差があるため，個々人のレベルに対応する指導が難しい ・一方的な指導になることがある

では，患者同士の意見交換，話し合いの場がもて，患者間での相互作用が生まれる場になるなどそれぞれ特徴がある。患者の知識・性格・心理・指導内容などに応じたより良い方法を選択する。

3) チームによる患者教育

栄養食事指導は患者教育の一端であり，患者教育は，医師や管理栄養士・看護師・薬剤師・作業療法士・理学療法士・臨床検査技師などコメディカルにより医療チームを構成し実施する。カンファレンスや電子カルテにより，チームメンバーが，患者の情報を共有化して，教育態度を統一し，それぞれが専門的分野の教育を担当する。

4) 診療所

厚生労働省は，2012年度，「糖尿病の診療連携」について，専門病院と診療所との連携体制の構築を支援し，糖尿病の進展や合併症を予防する「糖尿病疾病管理強化対策事業」を発足した。「医療機関・医師同士の信頼関係に基づいた連携体制の構築」「かかりつけ診療所における療養指導の充実」の２本柱を掲げ，診療所での**糖尿病療養指導士**[*1]や管理栄養士等の活用促進を重視している。

(4) 学校教育の場[*2]

学校における栄養教育により，望ましい食物摂取行動を身に付けることは，生涯の健康の維持・増進につながる。

1) 栄養教諭（p.110，4.3.1(2)3)参照）

子どもが将来にわたって健康に生活していけるよう，栄養や食事のとり方などについて正しい知識に基づいて自ら判断し，食をコントロールしていく「食の自己管理能力」や「望ましい食習慣」を子どもたちに身につけさせることが必要であり，食に関する指導（学校における食育）の推進に中核的な役割を担う「栄養教諭」制度が創設された（「学校教育法等の一部を改正する法律」2004（平成16）年５月公布・2005（平成17）年４月施行）。

2) 学校給食栄養管理者

① 学校給食

小・中学校および高等学校の夜間課程で，特別活動の学級活動として実施されており，学校給食栄養管理者は，栄養教諭の免許状または栄養士の免許を有する者である（１種免許は管理栄養士養成課程修了）。

② チームティーチング

チームティーチング（team teaching：TT）とは，複数の教師が役割を分担し協力して指導計画を立て授業を行う指導方法で，単なる複数の教員の配置ではなく，各教員の特性を生かせるような教育体制である。1997（平成９）年，**学校栄養職員**[*3]を「特別非常勤講師」に任命し，学級担任，養護教諭，学校

*1 **糖尿病療養指導士**　コラム９参照。

*2〈関係する法律・通知〉学校保健安全法，学校給食法，食育基本法，小学校指導要領。
「偏った栄養摂取，朝食欠食など食生活の乱れや肥満・痩身傾向など，子どもたちの健康を取り巻く問題が深刻化している。また，食を通じて地域等を理解すること，食文化の継承を図ること，自然の恵みや勤労の大切さなどを理解することが重要」として，2005（平成17）年に食育基本法，2006（平成18）年に食育推進基本計画が制定された。

*3 **学校栄養職員**　学校栄養職員は学校又は共同調理場に配置されている管理栄養士または栄養士で，学校給食の栄養に関する専門的事項をつかさどる（学校給食法）。

コラム9　日本糖尿病療養指導士（CDE：certified diabetes educator of japan）

糖尿病とその療養指導全般に関する正しい知識を有し，医師の指示の下で患者の熟練した療養指導を行うことのできる医療従事者に対し日本糖尿病療養指導士認定機構から与えられる資格。①看護師・管理栄養士・薬剤師・臨床検査技師・理学療法士のいずれかの資格があること，②条件を満たす医療施設で，一定の糖尿病患者の療養指導の経験があること，③糖尿病療養指導の実験例が10例以上あること，④一定の講習会を受講していることなどの条件を満たし，日本糖尿病療養指導士認定試験を受験する。各専門職が連携を保ち，それぞれの分野について糖尿病療養指導を分担し，専門性を生かしたチームアプローチを行う。

栄養職員がチームを組んで，栄養教育を行うことが認められた。多くの学校栄養職員は担任の依頼によってチームを組み，学級での栄養教育を実施してきた。栄養教諭制度が創設されてからは，栄養教諭としてチームティーチングに参画している。

(5)　福祉の場[*1]

＊1〈関係する法律・通知〉福祉六法（生活保護法・児童福祉法・母子及び寡婦福祉法・老人福祉法・身体障害者福祉法・知的障害者福祉法）・保育所保育指針・児童福祉施設における食事の提供ガイド

社会福祉とは，国家扶養の適応を受けている者，身体障害者，児童，その他援護育成を要する者が，自立しその能力を発揮できるよう必要な生活指導，厚生補導，その他援護育成を行うことである。

1)　社会福祉施設の種類

保護施設，老人福祉施設，障害者支援施設，身体障害者更生援護施設，知的障害者援護施設，婦人保護施設，児童福祉施設，母子福祉施設，その他の社会福祉施設などがある。

2)　栄養教育における注意点

これらの対象者は，食物を摂取できる身体などの状況が個人により異なる。施設における給食の提供においても栄養教育においても，個人の状況を配慮する。対象者にとって食物摂取が重労働や大きな負担になる場合も多く，誤嚥による肺炎や摂取拒否などを発症することもあり，細心の注意が必要である。本人のみでなく，保護者・家族・キーパーソンなど関わる人を対象とし，学校，地域，医療とも連携する。

近年，働く女性の増加により，保育所が急増しているが，管理栄養士・栄養士を採用せず，食品名や数量の記載が明確でない献立の施設もあるといわれている。管理栄養士・栄養士の法的な必置が望まれる。

(6)　介護の場[*2]

＊2〈関係する法律・通知〉老人福祉法，医療法，介護保険法

高齢化が進み，寝たきりや認知症など要支援・要介護高齢者が急増している。要支援・要介護となる原因は，脳血管疾患・認知症・衰弱・関節疾患・転倒・骨折などである。

1)　介護施設の種類

介護老人福祉施設：特別養護老人ホーム，介護老人保健施設（看護・機能

訓練・必要な医療・日常生活の世話を行う），介護療養型医療施設（療養型病床群，老人性認知症疾患療養病棟）などがある。

2)　栄養教育における注意点

高齢者は，老化の状況や原疾患が個人により異なる。脳血管疾患では，後遺症により，嚥下困難や咀嚼機能低下など食物摂取への影響が大きい。嚥下食や胃瘻（いろう）食による栄養管理が必要となる。食べることは，低栄養の予防・改善のみならず，楽しみ，生きがいであり，QOL の維持・向上の原点である。栄養管理・教育では，食品の種類・味付け・形態・濃度などを工夫し，可能な限り，経口で美味しく食べられることを目指す。施設における栄養教育は，看護師や介護士と連携をとり対象者の状況を詳細に把握して行う。

(7)　給食経営管理の場

工場・病院・大学などでは，職員・学生等を対象として，食堂が設置されている。これらのうち，「特定かつ多数の人に対して継続的に食事を供給する施設のうち栄養管理が必要で，１回 100 食以上または１日 250 食以上の食事を供給する施設」を特定給食施設とよぶ（健康増進法）。これらの給食施設では同じ喫食者が継続して利用するため，健康への影響は大きい。しかし，管理栄養士の必置義務はなく*，管理栄養士・栄養士が配置されていない施設も多い。管理栄養士・栄養士を配置し，専門家による給食経営管理・栄養管理・栄養教育の実施が望まれる。栄養教育では，給食の対象者は，性別，年齢，体格・活動量が異なる。選択メニューの定食や１品料理を増やし栄養成分表示を行い，対象者自らが適した給食を選択できるようにすることや，朝食・夕食の献立例を記入した献立表の提供など，家庭での食生活や家族の食生活の改善をも含めることが望ましい。近年は，給食業務は委託されている場合が多い。受託・委託の担当者が連携・協議する体制を進めることが重要である。

*特定給食施設への管理栄養士・栄養士の配置は努力規定であるが，健康増進法第21条第１項に掲げる以下の管理栄養士必置義務がある。
① 医学的な管理が必要な病院・老健　１回300食以上又は１日750食以上
② 社会及び児童福祉施設・事業所等　１回500食以上又は１日1500食以上　他

3.3.5　教材の選択と作成
（栄養表示，食品群，フードガイド，食生活指針，実物など）

栄養教育のなかでは，教育のための教材や媒体の選択を正しく行うことが，その後の対象者の理解度に大きな影響を及ぼすことがあるため，正しい選択が重要である。

(1)　教材利用の目的・意義

「**教材**」とは，教育内容を補助する手段として用いる教科書や参考書，配布資料などの教育のための資材を指している。「**媒体**」とは，一方から他方へ情報を伝達する際に仲介をするような映像媒体や音声媒体（聴覚教材・聴覚媒体）などを指している。

使用教材の選択の際に注意すべき点としては，教育の目的を明確にし，対象者の人数や年齢・性別，課題への理解度や積極性をよく把握したうえで，教材や媒体，機材（プロジェクター・ポインターなど），設備（スクリーン・マイクなど），講師やスタッフの人数などを計画し，活用していく必要がある。

栄養教育に教材を活用することで，以下のような教育効果が得られる。

① 教育内容への関心や意欲を高める，② 教育内容への集中力を高める，③ 教育内容をわかりやすくして，理解を助ける，④ ポイントの印象を深くして，覚えやすくできる，⑤ それぞれの問題を深めるヒントになる。

(2) 教材の種類と特徴

栄養教育で用いる教材や媒体については，乳幼児期では触る・見るなどの五感を刺激するもの，小学校低学年では映像を取り入れたもの，小学校高学年より年齢層が上がってくると理解度に見合った文字媒体などの内容で対応する。教材の種類と特徴については，**表 3.10** に示す。

＊1 ペープサート ペーパー・パペット・シアター（paper puppet theater）に由来する。人物や食べ物などのイラストを棒の先に張り付けて，人形劇を行う。

＊2 エプロンシアター 胸当て式エプロンに物語の内容に適した背景を縫い付け，このエプロンを小さな劇場に見立てて，人形などをエプロンのポケットから登場させて，物語を展開させる方法。

表 3.10 教材の種類と特徴

媒体の種類	教材の種類	特　徴
印刷教材	リーフレット	1枚で折りたためる程度のもので，まとまった内容なので対象者は繰り返し使うことができる
	パンフレット	簡単に綴じた小冊子のもので，図表・写真などを利用して内容を簡潔にまとめることができる
	テキスト資料	テキストや食品成分表などの書籍のほか，厚生労働省などから出されている食生活指針などの各種指針，食事バランスガイドなど
	記録表	対象者が学習内容や効果を記録・記入でき，セルフモニタリングや評価などにも活用できる
掲示教材 展示教材	実物（食品・料理）	実際の料理や食品は，調理実習・試食などに用いられる 味，温度，テクスチュアなどは五感を通して理解しやすい 学校給食や病院食は，直接的な教育媒体にもなりうる
	食品模型	食品重量や食事量がイメージしやすい
	ポスター パネル	大きな会場でもよく見えるような情報提示ができる わかりやすく見やすい内容を心がける
	写真	実物（料理や食品パッケージ）の代わりに展示することで，身近なものを通して実感がわき，深く印象に残る
	図表	可視的な科学的根拠として説得力がある
映像教材 映像媒体	動画：映画，テレビ，DVD，ビデオなど	音声を組み合わせたり物語性をもたせることで，感情移入しやすく実感を伴い，深く考えるきっかけになる 繰り返し観賞することができる
	静止画：スライド，OHP など	近年はデジタルカメラから取り入れた画像やパワーポイントソフトなどを活用して手早く作成でき，提示できるようになった
演示媒体	紙芝居，指人形，**ペープサート**＊1，**エプロンシアター**＊2 など	乳幼児期～学童期にかけての対象者には効果的 ひとつの物語にひとつの情報提供にとどめるなどの工夫が必要で，多くの情報提供は難しいが，和やかな環境のなかで学習できる
	実演，調理実習	言語だけではなく過程を実際に見て確認できるので，課題に対する深い理解につながる
音声媒体 （聴覚教材 聴覚媒体）	放送，ラジオ	多人数の対象者に情報提供ができる 学校給食では校内放送を活用できる
	CD，MD など	対象者の都合に合わせて繰り返し聞くことができる
情報処理媒体	文書作成・表計算・栄養計算ソフト	さまざまなソフトを活用して文書・図表作成，統計処理，音声・動画を組み合わせて利用できる
	インターネット，ウェブサイトなど	ホームページや E-mail などを活用して，多くの情報が得られ，双方向の情報交換も可能 SNS の利用
情報展示媒体	黒板，ホワイトボード	文字を色分けして表示したり，マグネットでポスターや食品模型などを掲示したりできる

(3)　教材作成方法

表 3.11　教材作成の注意点

教材の選択について ① 対象を明確にする（どのようなライフステージに当たるかを把握する） ② 使用目的を明確にする
教材の表現について ① タイトルや内容がわかりやすく興味をひくものにする ② 情報量に注意する ③ 文字の表わし方を考慮する（言葉の使い方，文字の大きさや量，文字の濃淡や色，ふり仮名などを対象者に合わせる） ④ 仕上がりの美しさを心がける
教材の生産性について ① 教材費用が全体予算内でおさまるようにする ② 時間的制限も考慮して全体の効率も考える ③ 繰り返し活用できるように保存する

教材を作成する際には，対象者の特徴を明確に把握したうえで，教育目的を決めてどのような教育課程でどのように活用するのか，検討する。具体的には，**表 3.11** のような教材作成の注意点に沿って，**教材**の選択・表現・生産性などについて方向性を検討しておくと，対象者の特徴や教育方法に応じた教材に近づいていく。既存のものを活用して有効に組み合わせながら作成するのもよい。

3.3.6　学習形態の選択（How）

栄養教育を効果的に展開するためには，教育形態・教材・媒体などの栄養教育の方法について，対象者にとって最も適切なものを選択して活用することが大切である。

栄養教育の形態には，**個人教育**と**集団教育**がある。まずは，対象者の生活環境，食習慣，職業，年齢，性別，疾病罹患の状況などの特徴を把握した上で，**表 3.9** のような個人教育と集団教育のそれぞれの特徴が生かせるような学習形態を考える。

集団教育にはさまざまな教育方法があるため，対象者が参加しやすい具体的な方法を検討しなければならない。

図 3.5 のように，まずは対象者の人数（規模）を把握し，さらに個人教育か集団教育かを踏まえて具体的な方法を選択したり（**表 3.12，3.13，3.15**），必要に応じて組み合わせていく（**表 3.14**）とよい。特に，集団教育では小集団のグループを対象とした**グループ学習**と大集団を対象とした**一斉学習**がある。

ここでは，集団教育における集団の規模の目安として，大集団では 50 名以上，中集団では 20～30 名程度，小集団では 10～20 名程度，グループ学習では 1 グループ当たり 5 ～ 6 名としているが，実際に栄養教育を実施する会場の規模や対象者のニーズに合わせて学習方法を検討するとよい。

現在，LINE，Facebook，Instagram に代表される SNS（Social Networking Service）が普及し，利用者は情報の発信，収集，共有，拡散などができる。また，2020 年初頭から世界をパンデミックに陥れた新型コロナウイルス感染症（COVID-19）により，これまでにない急激なスピードで情報通信技術（ICT）が広がった。日常生活での変化として，インターネット注文での買

＊1 **ピア・エデュケーション**　仲間教育ともいわれ，ある課題に対して，正しい知識や技術などを共有し合って対処法を学び，問題解決に必要な情報提供を行う。対象者にとって身近で信頼できる仲間を教育者（ピア・エデュケーター）とする。

＊2 **プログラム学習**　computer-assisted instruction（CAI）が主で，系統的な流れで教材を提示するなどのプログラム化された教科書や，コンピュータソフトの活用による学習方法である。コンピュータ支援教育ともいう。

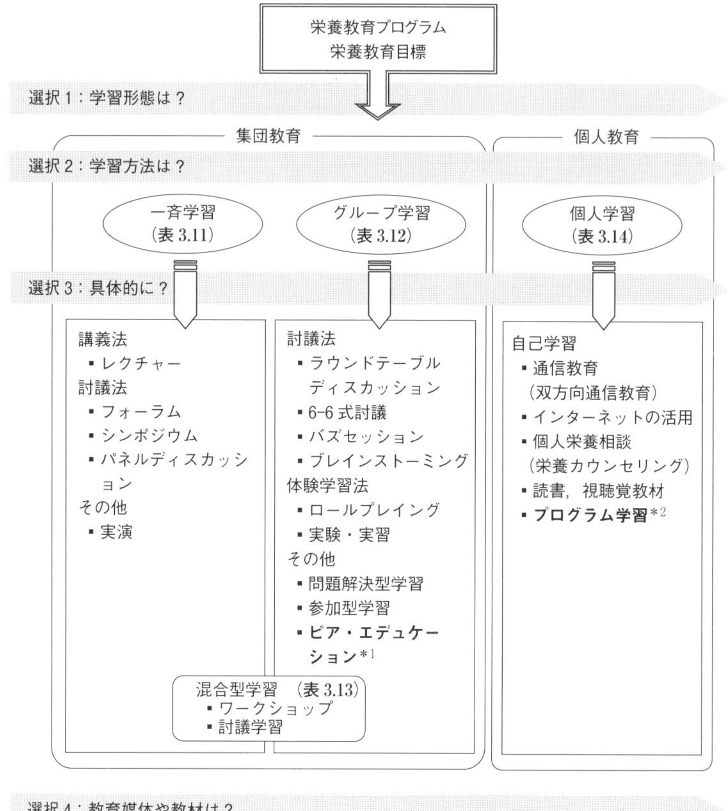

出所）丸山千寿子ほか編：栄養教育論，南江堂（2016）を改編

図3.5　学習形態と方法の選択の手順

い物やZoom，Teamsなどのオンラインによる授業，会議（**表3.16**）が拡大していった。今後はこれらの活用を念頭に置くことが必要となる。

3.4　栄養教育プログラムの実施

栄養教育プログラムの実施において，計画されたプログラムよって，対象者（学習者）の食生活改善につながる行動変容を導き出すためには，教育者（支援者）による的確な支援が必要になる。したがって，対象者の求める栄養教育が実施できるよう，良好なコミュニケーションを図り，信頼関係を築くことが重要である。**コミュニケーション技術**には，言葉や文字による言語的コミュニケーションと身ぶりや声，表情などの非言語的コミュニケーションがある。これらはすぐに身につくものではないため，日ごろの人間関係の中で，会話力を高め，人を深く観察し，理解する姿勢をもつことが大切である。また，集団で行う講義形式の栄養教育では，知識や技術を正確に伝えられるように**プレゼンテーション技術**が求められる。プレゼンテーションによって，対象者の意欲を引き出し，主体的に行動変容に結び付けられるように

表 3.12 一斉学習とその特徴

	学習方法		集団規模	進行役	講師数	方法と特徴
講義法	レクチャー（講義） 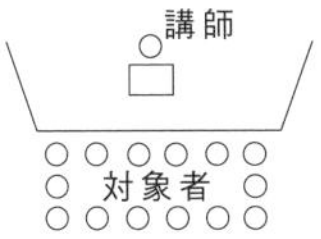 講師 / 対象者		大～小集団	（講師）	1名	講義形式の指導は，集団に対して最もよく行われる学習方法のひとつである。1人の講師がテーマについて講演を行う。対象者に必要な専門的な情報を，多数の対象者に提供できるが，講師からの一方的なはたらきかけになりがちである。
討議法	フォーラム	レクチャーフォーラム  司会者 / 講師 / 対象者	大～中集団	（講師）	1名	フォーラムとは，テーマ解説の後に対象者と討議を行うものである。レクチャーフォーラムは，講師によるレクチャー（講義）の後，対象者との質疑応答を行い，司会者がまとめる。
		ディベートフォーラム	中集団	司会者（座長）	2～4名	ひとつのテーマについて異なる意見をもつ講師2～4名が講演を行い，その後に対象者と質疑応答や討論を行い，司会者がまとめる。
	シンポジウム 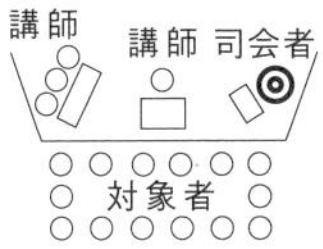 講師 / 講師 / 司会者 / 対象者		大集団	司会者（座長）	3～5名	テーマについて専門領域の異なる講師（シンポジスト）3～5名が，それぞれの立場から意見を発表する。その後，司会者を通して対象者が質問や意見を出し，最後に司会者がまとめる。通常は各講師間の討議はなく，対象者は多面的な理解を深めることができるという特徴がある。
	パネルディスカッション 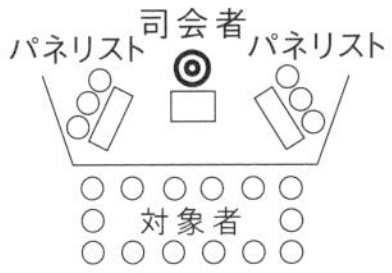 パネリスト / 司会者 / パネリスト / 対象者		中集団	司会者（座長）	5～8名	司会者の進行により，対象者のなかから立場や知識，経験，意見などが異なる人をパネリストとして選出する。司会者によるテーマ説明の後，パネリスト間の意見交換，対象者との質疑応答を行い，最後に司会者がまとめる。パネリストを務めた対象者は問題点を明確化でき，聴衆となった対象者は自分と似たパネラーによりモデリングが行える特徴がある。

表 3.13 グループ学習とその特徴

	学習方法	グループ規模	進行役	方法と特徴
討議法	ラウンドテーブルディスカッション（円卓式討議） 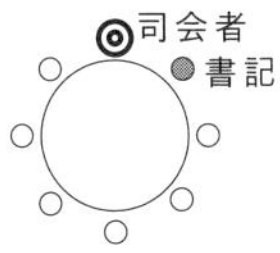 司会者 / 書記	小集団	司会者（座長）	司会者と書記を設け，司会者を中心に対象者全員の顔を見ながら自由に討議する。司会者は，全員が等しく発言できるように配慮して進行し，最後にまとめる。対象者全員の自由な発言により，教育者は各対象者個人の状況を把握でき，学習についての評価ができる。
	6－6式討議 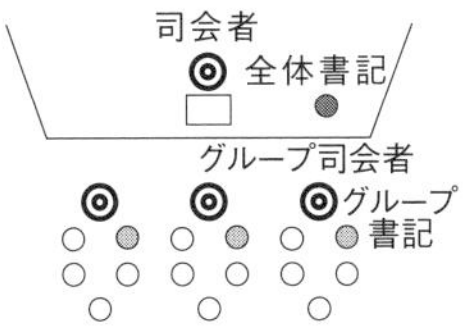 司会者 / 全体書記 / グループ司会者 / グループ書記	中・大集団（1グループ6名）	全体司会者・グループ司会者	対象者を6人のグループに分け，テーマに従って1人1分発言し，計6分間の討議をする。その後，グループの代表がまとめた意見を発表し，最後に全体の司会者がまとめる。短時間で全体の意見が把握できる。

討議法	**バズセッション**	中・大集団（1グループ6～7名）	司会者	「バズ」とは蜂がブンブンと羽を鳴らす音のことで，討議の様子に例えている。対象者を少人数のグループに分け，グループごとにテーマについての討論を行い，各グループの代表が意見を発表し，最後に全体の司会者がまとめる。対象者全員が小集団のなかで討議に参加でき，対象者はお互いの疑問や理解の確認ができる。6－6式討議とは，人数や討議時間の制限がない点が異なる。
	ブレインストーミング	小集団	司会者	司会者を置き，ひとつのテーマについて10人程度の小集団で，自由な発想で多方面からの意見を出し合い，他人の発言は批判しない。結論を得ることが目標ではなく，問題の明確化，独創的なアイデア・解決法の発見に適している。
体験学習法	**ロールプレイング**	小集団	教育者	あるテーマについて場面設定をして，対象者のなかの数名が具体的に役割を演じる。その後，演技者や対象者の間で討議を行い，演技者は対象とする役割を具体的に想像しやすく，観察する対象者は演技の観察を通してモデリングがしやすい。
	実験・実習	小・中集団	教育者	最初に教育者が課題の説明をして実演した後，対象者も実験・実演する。調理実習など，対象者が実際に体験を通して学習できる。
その他	**問題解決型学習**	小・中集団	教育者	設定されたテーマについて，対象者は問題解決のための討議や自己学習などを行い，最後に討議を行う。対象者の自主的な問題解決への取組み，社会性や協調性が期待できる。
	参加型学習	小・中集団	教育者	対象者は計画・実施・評価の段階から関わり，教育者は対象者とともに問題解決に進展できるように企画を進める。

表 3.14　一斉学習とグループ学習の混合型学習とその特徴

学習方法	集団／グループ	進行役	方法と特徴
ワークショップ（研究集会）	集団でもグループでもよい	司会者	全体会議においてテーマの説明を行い，小集団の分科会に分かれて自由討論や体験学習を行い，結果をまとめる。全体会議で分科会の結果についての討論を重ね，意見をまとめる。

表 3.15　個別学習とその特徴

学習方法	方法と特徴
通信教育（双方向通信教育）	電話，E-mail，ファクシミリ，郵送などの双方向の通信手段を用いて質疑応答などを行う学習方法である。時間や場所を特定しないため，遠隔地の対象者や時間に制約がある対象者に用いられる。
インターネット（ウェブサイト等）の活用	近年，急速に普及したインターネットは，栄養教育では教育媒体としても活用されている。インターネットは情報収集のための手段だけでなく，不特定多数へのさまざまな情報を発信することができる。そのため，対象者は多くの情報に惑わされない的確な判断が求められる。通信教育同様に，場所と時間を特定しない。
個別栄養相談（栄養カウンセリング）	対象者本人や対象者の食生活に直接関わる家族等を対象に，面接方式で行う。対象者から具体的な状況を直接聴くことができるため，効果的できめ細やかな教育が可能であるが，教育者にかかる時間や労力の負担が大きい。

表 3.16　Web 会議システムとその特徴

学習方法	対象	方法と特徴
Web 会議システム	個別から大集団まで	Zoom，Teams，Skype などではオンライン上でミーティングができる。これらは PC だけでなく，スマートフォン，タブレット等でも利用でき，双方向での通信が可能である。そのため，会議，授業，個別・集団指導でも利用されている。

したい。**表 3.17** に栄養教育におけるプレゼンテーションの注意事項を示した。くり返し練習し，技術を習得できるよう努力が必要である。

表 3.17　プレゼンテーションのポイント

観察の視点	観察項目
内　容	内容は教育目標に対して適切なものとなっているか 内容は対象者にとって適切なものとなっているか 話の流れにまとまりがあるか
話し方	発表態度に誠意が感じられるか 重要な点は強調できているか 話すスピードは適切か 言葉づかい（年代，地域等に配慮）は適切か 専門用語，略語の使い方に問題はないか 声の大きさは適切か 対象者の様子を見て話せているか 話の区切りで，間を十分にとれているか 問いかけの場面で，間を十分にとれているか 時間配分は適切か
教　材	配布資料は対象者にとって見やすいか 提示する教材は対象者にとって見やすいか 教材の示し方は適切か

出所）土江節子：栄養教育論（第 5 版），74，学文社（2018）

3.4.1　モニタリング

栄養教育における**モニタリング**とは，プログラムの開始から完了するまで，状況や対象者を継続的に監視（モニタリング）し，進行状況や問題が生じていないかどうか確認することである。モニタリングを行うことで，プログラム内容を客観的に把握し，トラブルの対応や軌道修正，その後の評価に必要な情報を収集することができる。モニタリング指標には，対象者の参加状況，プログラムの進行状況など，指導側の実施状況について観察するものと，知識，意識，態度，行動，身体状況，周囲の理解・協力など，対象者の状況について観察するものがある。

3.4.2　実施記録・報告

栄養教育に関わるスタッフ全員が，プログラムの実施状況を把握し，共通理解を得るために，実施記録を作成し，報告する必要がある。記録は必ず毎回作成し，次回の改善につながるように課題分析や評価の視点を持って作成する。また，記録の方法として，担当者全員が理解できる共通用語や記録形式を用いることが求められる。集団の栄養教育プログラムでは，事業名，実施日，参加者，実施内容，実施結果，問題点や課題などを明記する。また，各項目について，詳細を別紙資料添付するなどし，簡潔で分かりやすいものにする。個人を対象とした栄養教育では，代表的な記録形式として，**SOAP 形式**がある。これは **POS**（problem oriented system：問題志向（指向）システム）の考え方に基づき，必要な情報を的確に収集・分析し，問題点を明確にすることによって，栄養教育の実践と評価を行う記録方法である。これにより具体的な教育プロセスを明らかにすることができる。また，関係する医師や看護師など多職種のスタッフ間で情報を共有ことができる。SOAP 形式の経時的記録には，S（subject）主観的事項，O（objective）客観的事項，A（assessment or analysis）評価・分析，P（plan）具体的計画の 4 項目に整理して記録する（**表 3.18**）。

表 3.18　SOAP 形式の記入方法（事例）

事項	記入内容	例
S（subject）	【主観的事項】 対象者の面接から得る直接情報について記入する	自覚症状 生活習慣 食生活状況など
O（objective）	【客観的事項】 事前に記入しておく間接的情報について記入する	他覚症状 身体計測値 臨床検査値 食事摂取量など
A（assessment or analysis）	【評価・分析】 S 主観的事項と O 客観的事項の内容から総合的な結果を記入する	高血圧事例 アルコール量について認識がないため量が増加している。など
P（plan）	【具体的計画】 目標設定（結果目標・行動目標） 支援計画，見通しなどを記入する	高血圧事例 ・半年で 3 kg減量する ・飲酒を週 2 回に減らす ・月 1 回の栄養指導を半年間受ける

参考）松崎政三，寺本房子，福井富穂著：チーム医療のための実践 POS 入門，医歯薬出版（2008）参考に作成

3.5　栄養教育の評価

栄養教育における評価の目的は，プログラムの実施によって得られた結果をもとに次の栄養教育をさらにより良いものにしていくことにある。対象者の目標がどの程度達成できたか，改善点や修正点はどこにあるかなど幅広い視点で整理し，評価することが重要である。評価を的確に行うことにより，より有効なプログラムの開発や教育者の知識や技術，態度といった教育力の向上につなげることができる。

3.5.1　評価の種類

栄養教育の評価は，**マネジメントサイクル**に基づいて実施し，栄養アセスメント，計画（plan），実施（do），評価（check），改善（action）のすべての段階で行われる（**図 3.6**）。

(1)　企画評価

企画評価は，計画段階における評価であり，栄養教育の計画が適切に行われたか，実施するプログラムの企画に関する評価である。評価の指標として，①対象者のアセスメント段階での分析は適切であったか，対象者のニーズや問題行動の抽出について妥当性を評価する。②設定した課題や目標が対象者

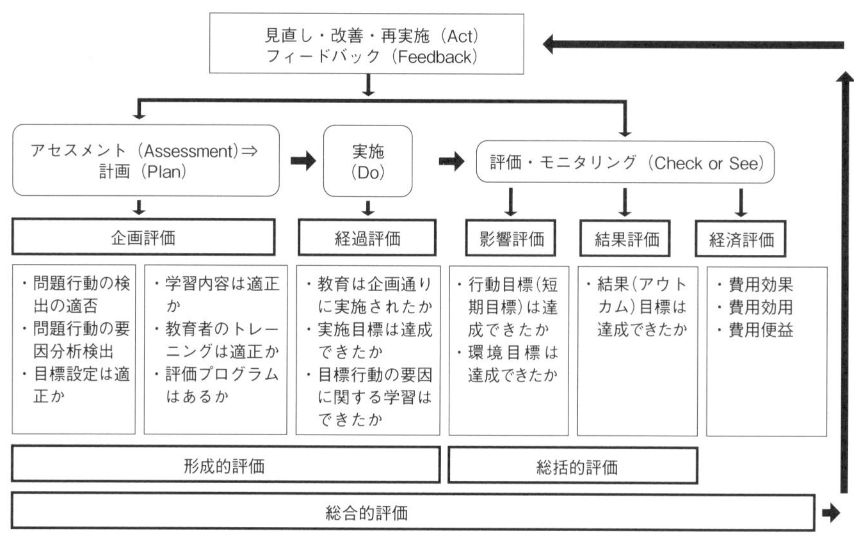

図 3.6　栄養教育プログラムにおける評価

出所）辻とみ子・堀田千津子編：新版ヘルス 21 栄養教育・栄養指導論，121，医歯薬出版（2017）

にとって到達可能な設定目標であるか，実施回数や時間，学習内容は適しているかなどを検討する。③人材や環境など教育資源は適応しているか，教育者の技術を含めた教育計画について評価する。さらに企画評価の段階で，評価デザインを含め，実施後に行われる評価方法を検討しておくとよい。

(2) 経過評価（過程評価，プロセス評価，形成的評価）

経過評価は，実施段階における評価であり，プログラムが計画通りに実施されたかどうかを評価する。評価の指標として，実施状況に関する評価と，対象者の学習状況に関する評価がある。実施状況に関する評価では，教材や人材，参加者の人数，場所や時間の経過など計画通りに進行されているか記録し，分析・評価する。対象者の学習状況については，知識の習得や関心・態度などの変化に関する形成的評価を行う。**形成的評価***には，セルフモニタリングデータを活用すると量的・質的に評価をすることができる。また，プログラムの進行中であっても経過評価を適宜実施することで，的確な修正や改善を行うことができる。

***形成的評価**　計画からプログラムの実施までの流れ（教育を実践していく過程）に行われる評価。栄養教育では，企画評価，経過評価が含まれる。

(3) 影響評価

影響評価は，知識，関心，態度などの習得状況，食物選択や食事摂取状況の変化といった，短期目標の達成に関する評価をいう（学習目標，行動目標，環境目標など）。プログラムの実施によって比較的短期間に起こった対象者の変化を見る。知識の習得や関心・態度などは，形成的評価として経過評価の過程でも行われるが，影響評価と重ねて取り扱うこともできる。

(4) 結果（アウトカム）評価

結果評価は，最終的なプログラムの成果を見る評価であり，中・長期目標に関する評価を行う。評価指標はプログラムの実施によって，健康状態やQOLの向上など，実施前に比べて改善できたかを評価する。

(5) 総括的評価

総括的評価は，栄養プログラムの実施後に行われる評価であり，主に対象者におこった変化である影響評価と結果評価をあわせて教育効果として評価する。

(6) 経済評価

経済評価は，栄養教育の効果を経済的に評価するもので，投じられた費用（金銭的・人的資源）が効果的に活用されたかを評価する。評価の方法として，費用効果分析，費用効用分析，費用便益分析がある（**表 3.19**）。

1）費用効果分析（cost-effective analysis）は，ある一定の効果（体重，血圧，血液検査データなど）を1単位として，そのために必要となった費用を算出し，分析する。例えば，体重1kgを減少（効果）させるために実施した2つの教育プロブラムについて，それぞれかかった費用を算出し，比

表 3.19　栄養教育における経済評価の種類

	結果の指標	分析方法 / 例
費用効果分析 cost-effective analysis	各種の効果 例）体重・血圧 検査結果 罹患率など	・効果 1 単位当たりの費用 ・費用 1 単位当たりの効果 例）減量教室 A（講義）と減量教室 B（実習）について，体重 1 kg減少するのにかかった費用を比較 減量教室 A　10 人で 5 kg減量 費用 5 万円 体重 1 kg当たり 1 万円 減量教室 B　6 人で 10kg減量 費用　8 万円 体重 1 kg当たり 8 千円 減量教室 B は A よりコストが少ない
費用効用分析 cost-utility analysis	各種の効用 例）質的生存年数 QALY：Quality Adjusted Life Years	・効用 1 単位当たりの費用 ・費用 1 単位当たりの効用 例）QALY：健康状態の効用を 1，死亡を 0 とした効用値を用いて算出。 治療 A　5 年生存　効用値 0.6 0.6 × 5 年 = 3（QALY）
費用便益分析 cost-benefit analysis	金銭（便益）	便益 − 費用 ・便益 1 単位当たりの費用 ・費用 1 単位当たりの便益 例）健康教室を実施費用とそれによって削減できた医療費がある場合 健康教室費用 2 万円 / 年 / 人 医療費の削減が 5 万円 / 年間 / 人 5 万円 − 2 万円 = 3 万円

参考）Lawrence W. Green, Marshall W. Kreuter 著，神馬征峰訳：実践ヘルスプロモーション PRECEDE-PROCEED モデルによる企画と評価，医学書院（2013）
参考）武田英二，雨海照祥ほか著：臨床栄養管理法―栄養アセスメントから経済評価まで―，建帛社（2011）
参考）土江節子編：栄養教育論（第 5 版），77，学文社（2018）を参考に作成

較分析する。

2）費用効用分析（cost-utility analysis）は，結果の指標である効果の代わりに効用を用いる方法である。効用の代表的な指標として，QOL で調整した質的生存率 **QALY***（Quality Adjusted Life Years）が用いられている。

3）費用便益分析（cost-benefit analysis）は，教育の効果によって得られた効果を金額に換算にした便益を用いて評価する。医療費の削減や生産性の向上などが対象となる。

(7)　総合的評価

総合評価は，栄養マネジメントの各段階における評価結果をもとに，実施されたプログラム全体を評価することである。対象者の健康状態の改善や QOL の向上に関する評価に加え，投入された費用など，経済評価を併せて行い，総合的に評価し，よりよい栄養教育プログラムの開発や実施につなげていく。

＊QALY（Quality Adjusted Life Years　**質的調整生存年**）　生活の質（QOL）を加味した生存年数で，生存年数に効用値を乗じて求められる。効用値は健康を 1，死亡を 0 とし，様々な健康状態はその間の数値として扱われる。

3.5.2　栄養教育における評価結果のフィードバック

栄養教育をよりよいものにしていくために栄養マネジメントの各段階において，評価結果をフィードバックする。その際，得られた成果や良い点だけでなく，マイナスの評価や結果，明らかになった課題についても報告することが大切である。フィードバック内容は報告書に記録し，問題を共有することで，スタッフ間でよりスムーズな連携が可能となり，プログラムの改善につながる。

3.5.3　評価の方法（評価指標と評価デザイン）

評価を的確に行うためには，プログラムの効果や内容の見直し，改善点の検討，修正など適切に行うことができるように企画段階で評価デザインを設計する。

(1)　評価の指標

ここでは主に影響評価・結果評価に関する評価指標の作成について述べる。

評価指標の区分として，食物摂取についての**知識，技術，態度，行動**および栄養摂取状況，身体状況や主観的な指標などがあげられる。知識，技術，態度などの行動変容は比較的短期に変化する。これらの変化は，栄養摂取状況，身体状況の変化につながるものと考えられる。さらに主観的評価としてQOLなども合わせて評価する。

(2)　評価のデザイン

栄養教育の実施後に現れた行動の変化や目標の達成が，そのプログラムの実施によってもたらされたかどうか，客観的な有効性を検証するために，次の4つの評価デザインがある（**図3.7**）。評価の信頼性や妥当性は，評価デザインによって決まる（**表3.20**）。

1）実験デザイン

実験デザインは，対象者を**無作為抽出**[*1]し，介入群と対照群に**無作為割付**[*2]する方法で，両群間の評価指標の値（結果）の変化を比較することにより，プログラムの効果を検証する。実験デザインを用いた評価は最も妥当性の高い評価が得られる。並行法と交互法があり，並行法は介入群と対照群の2群に分けてプログラムを実施する。交互法は並行法と同じようにプログラムを実施した後，群の入れ替えを行い，期間をずらして同じプログラムを実施する。交互法は，対象者に対する機会の平等性の面に配慮することがある程度可能であり最も信頼性が高い。

①a.実験デザイン（並行法）

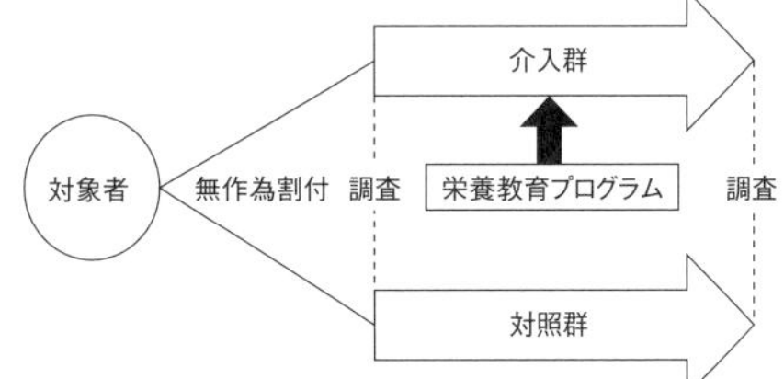

①b.実験デザイン（交互法）

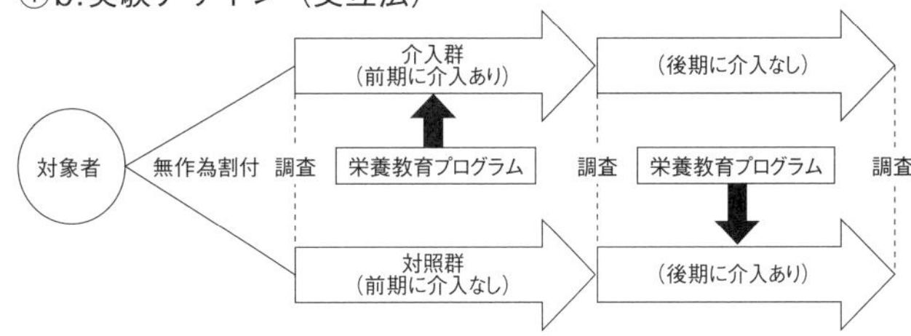

②準実験デザイン

介入群
対象者
無作為割付なし
調査
栄養教育プログラム
調査
対照群

③前後比較デザイン

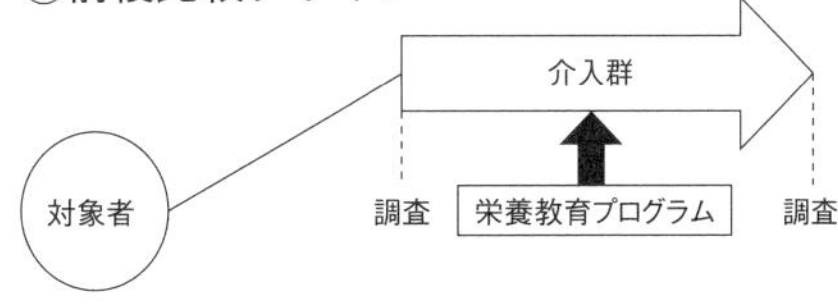

④ケーススタディデザイン

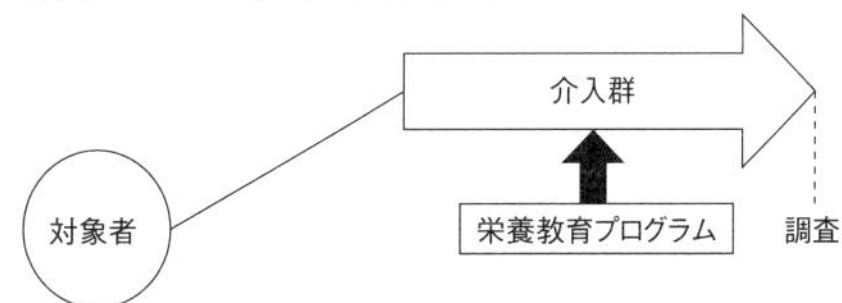

図3.7　評価デザインの種類

表3.20　4つの評価デザインの特徴

	内的妥当性	実行可能性
①実験デザイン	高	低
②準実験デザイン	↓	↑
③前後比較デザイン	低	高
④ケーススタディデザイン		

*1 **無作為抽出**　母集団を構成する個体の全てが，同じ確率で標本（対象者）に選ばれるように工夫された抽出方法である。どのような要素にも影響されず対象者が選ばれることで，主観や好みが混じってはならない。

*2 **無作為割付**　介入群において効果を検証する際，対象者を無作為に2群に振り分けること。介入以外の要因に影響されず振り分けることができる。介入後の比較を公平に行うことができる。

2）準実験デザイン

準実験デザインは，介入群に対して，無作為割付でない方法で対照群を設け，両群の評価指標の値の変化を比較することによりプログラムの効果を検証する。対照群は介入群とできるだけ同じ特性（性別，年齢，健康度，生活など）を有する集団が望ましいが，両群間で対象者の選択的な**バイアス***が生じかねない。準実験デザインを用いた評価の結果は，選択バイアスの影響をふまえて判断される必要がある。

***バイアス**　結果や推論の真実から系統的に離れた状態にあることをいう。またはこのような状態をもたらす過程を示す。

3）前後比較デザイン

前後比較デザインは，栄養プログラム実施前後の評価指標の値の変化を比較し，プログラムの効果を検証する。対照群を置かないため，その結果が偶然の結果や対象者の変化の影響（反応効果，成熟など）によってもたらされたものである可能性がある。

4）ケーススタディー

ケーススタディーは，栄養教育プログラムを受けた後の評価指標の値から効果を評価しようとするものである。介入前の調査がないため，比較結果の妥当性は低く，結果を一般化することは難しい。

3.5.4　栄養教育プログラムの評価結果の判断に関わる概念

評価結果の判断に必要な概念として，栄養教育プログラムの介入における評価の信頼性と妥当性がある。信頼性とはその評価デザインが信頼できるか，繰返し実施した際に同様の結果が再現されるかといった結果の測定手法に対する一定の安定性をいう。妥当性とは，得られた結果が目的とする内容をどのくらい的確に表しているかを言い，内的妥当性と外的妥当性がある。

(1)　内的妥当性と外的妥当性

内的妥当性とは，評価結果が，実施された栄養教育プログラムに起因するものであったかどうか，対象者に対して真の評価ができているかを示すものである。外的妥当性とは，得られた結果が他の集団にも適応できるものであり，一般化できるかどうかを示したものである。

(2)　内的妥当性および外的妥当性に影響与える要因

評価の妥当性を脅かすものとしてバイアス，偶然，反応効果，対象者の成熟や脱落などがある。

1）抽出バイアス（サンプリングバイアス）

バイアスとは，偏りを生じさせる要因であり，母集団から標本（対象者）を抽出するときに生じるバイアスを抽出バイアスという。評価者の意思や主観が反映されるなどの影響により生じる系統的な偏りである。抽出バイアスを減らすためには，無作為抽出を行う必要がある。

コラム 10　測定の妥当性と信頼性

測定結果の値がどの程度質の良いものであるかを判断するために必要な概念として，測定の妥当性と信頼性がある。

測定の妥当性とは，測定結果がどれだけ真実に近い値（真の値）を示しているかの程度を表す。つまり，測定の妥当性は**系統誤差**[*1]の大きさの尺度であり，系統誤差が小さいことを妥当性が高いという。系統誤差の影響を少なくするには，測定の正確性を高めることに限られる。

信頼性とは，同じ条件下で繰り返し測定を行ったとき，測定が安定している程度を示す。言い換えると，ある測定方法によって得られた結果が再現できる程度のことである。つまり，信頼性は偶然誤差の大きさの尺度であり，偶然誤差が小さいことを信頼性が高いという。測定回数を増やすことにより，偶然誤差の影響を少なくすることができる。信頼性の欠如は，測定者や測定器具の相違などから生じる。また，信頼性，再現性および精度はいずれも同じ意味で用いられる。

図 3.8 に示すように，測定方法には①妥当性と信頼性がともに高いもの，②妥当性は高いが信頼性が低いもの，③妥当性は低いが，信頼性が高いもの，④妥当性と信頼性がともに低いものがある。

栄養教育プログラムの評価結果についての適切な判断につなげるために，測定方法は妥当性と信頼性の高さが確認されたものを用いることが重要である。

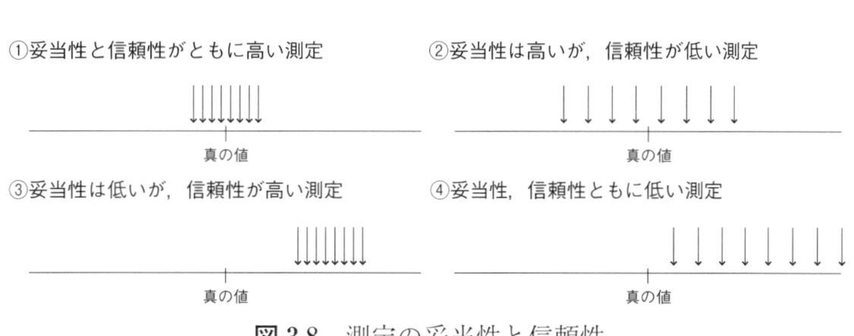

図 3.8　測定の妥当性と信頼性

*1 **系統誤差**　真の値より大きいまたは小さいといった特定の傾向をもつ誤差のことである。対義語は偶然誤差。

2）選択バイアス

介入群と対照群を選ぶ際に生じるバイアスである。無作為割付けを行い，できるだけ基本的属性の類似した対象者を選択するなど，**マッチング**[*2]することによりある程度回避することができる。

*2 **マッチング**　準実験デザインで評価を行う場合，介入群と対照群が性別や年齢など基本属性や身体状況などが同じになるようにする方法。

3）測定バイアス

測定環境や方法，器具，測定者が異なるなど測定方法の違いによって生じるバイアスである。測定バイアスは，同じ条件で実施することにより回避することが可能である。

4）交絡バイアス

評価項目に影響を与える背景因子によっておこるバイアスである。プログラム内容の一部を別の機会に経験したことがある対象者が混じっている場合などに生じる。

5）反応効果

対象者と教育者の関係によって生じる反応である。教育者の誘導や，繰返し測定を行うなど，結果に反映されるような行動をとることによって起こる。反応効果は，**盲検化**[*3]することによりその影響を回避することが可能である。

*3 **盲検化**　対象者が，介入群と対照群のどちらに割り当てられたかわからないようにする方法。対象者のみにわからないようにする方法を一重盲検化という。対象者，教育者どちらにもわからない方法で行うことを二重盲検化，対象者，教育者，評価者にもわからない方法で行うことを三重盲検化という。

6）成熟・脱落

時間経過による対象者の成長や経験などの成熟は，評価結果の内的妥当性に影響を与える要因となる。また，プログラムの脱落者が多くいる場合も評価結果の内的妥当性は低くなる。

【演習問題】

問1　保育園児を対象に，「お魚を食べよう」という目的で食育を行った。学習教材とその内容として，最も適切なのはどれか。1つ選べ。

（2021年度国家試験）

(1) ホワイトボードに「さかなは，ちやにくのもとになる」と書いて，説明した。
(2) アジの三枚おろしの実演を見せて，給食でその料理を提供した。
(3) エプロンシアターを用いて，マグロとアジを例に食物連鎖について説明した。
(4) 保育園で魚を飼って，成長を観察した。

解答　(2)

問2　宅配弁当会社に勤務する管理栄養士が，ソーシャルマーケティングの考え方を活用して，利用者への栄養教育用パンフレットを作成することになった。事前に調査を行い，利用者全体の状況を把握した。次に行うこととして，最も適当なのはどれか。1つ選べ。　（2020年度国家試験）

(1) 利用者の中のどの集団を栄養教育の対象とするかを決定する（ターゲティング）。
(2) 利用者の特性別に栄養教育のニーズを把握し，利用者を細分化する（セグメンテーション）。
(3) 対象となる利用者に，パンフレットがどのように価値付けされるかを検討する（ポジショニング）。
(4) パンフレットの作成に，マーケティング・ミックス（4P）を活用する。
(5) 利用者への栄養教育前に，パンフレットをスタッフ間で試用して改善する（プレテスト）。

解答　(2)

問3　交替制勤務があり，生活習慣変容が困難だと感じている者が多い職場において，メタボリックシンドローム改善教室を行うことになった。学習者のモチベーションが高まる学習形態である。最も適切なのはどれか。1つ選べ。　（2020年度国家試験）

(1) 産業医が，食生活，身体活動，禁煙の講義をする。
(2) 管理栄養士が，夜勤明けの食事について，料理カードを使って講義する。
(3) 健診結果が改善した社員から，体験を聞き，話し合う。
(4) 小グループに分かれて，食生活の改善方法を学習する。

解答　(3)

問4　ラウンドテーブルディスカッションにおいて，管理栄養士がファシリテーターとして初回の進行を務めることになった。初対面の参加者同士の交流を意図した発言である。最も適切なのはどれか。1つ選べ。

（2019年度国家試験）

(1) 私が皆さんのお名前を順に読み上げます。
(2) 名札を胸に貼って，お互いに名前が見えるようにしましょう。
(3) お一人ずつ，順番に自己紹介をお願いします。
(4) 隣の人から話を聞いて，その方を紹介する他者紹介をしましょう。

解答　(4)

問5　多忙で管理栄養士との面接の時間が取れないと話す，男性に対する減量のための支援である。食事内容のモニタリングとして，最も適切なのはどれか。1つ選べ。（2018年度国家試験）

(1) 定期的に，1日分の食事記録をファクシミリで送ってもらう。
(2) 定期的に，1日の食事内容を電話で聞き取る。
(3) 定期的に，1日分の食事の写真をスマートフォンで送ってもらう。
(4) 定期的に，ホームページ上の半定量食物摂取頻度調査に入力してもらう。

解答　(3)

問6　低栄養傾向の高齢者に，月1回，計6回コースの低栄養予防教室を実施した。教室の総費用は12万円であった。教室終了後の目標BMIの達成者は，30名中20名であった。目標達成のための教室の費用効果である。正しいのはどれか。1つ選べ。（2019年度国家試験）

(1) 667円
(2) 2,000円
(3) 4,000円
(4) 6,000円
(5) 20,000円

解答　(4)

問7　総合病院において，訪問栄養食事指導の事業を開始して1年が経過した。事業に対する評価の種類と評価内容の組合せである。最も適当なのはどれか。1つ選べ。（2021年度国家試験）

(1) 企画評価 ──── 毎月の指導依頼件数を集計し，推移を分析した。
(2) 経過評価 ──── 訪問した患者と家族へのアンケートから，満足度を分析した。
(3) 形成的評価 ─── 1年分の栄養診断結果を集計し，事業のニーズを再分析した。
(4) 影響評価 ──── 訪問栄養食事指導による収入との比較で，管理栄養士の人件費を分析した。
(5) 総合評価 ──── 初回訪問時と最終訪問時の体重を比較した。

解答　(2)

問 8　小学 4 年生児童に，給食の残菜を減らすことを目的とした食育を行った。食育前後の変化と，評価の種類の組合せである。最も適当なのはどれか。1 つ選べ。（2022 年度国家試験）

(1) 給食を残すことがもったいないと思う児童の割合が増加した。
——————— 影響評価

(2) 給食室から出たごみの内容を理解した児童の割合が増加した。
——————— 結果評価

(3) 給食を残さず食べる児童の割合が増加した。——————— 経過評価

(4) 給食をおかわりする児童の割合が増加した。————— 形成的評価

(5) 学習内容について，手を挙げて発言する児童が増加した。
——————— 企画評価

解答　(1)

問 9　K 市保健センターにおいて，フレイル予防・改善を目的とする 6 か月間の栄養教育プログラムに取り組むことになった。体重，握力および歩行速度を測定し，リスク者を特定してプログラムへの参加を呼びかけた。プログラムの効果を判定するための評価デザインである。実施可能性と内的妥当性の観点から，最も適切なのはどれか。1 つ選べ。（2020 年度国家試験）

(1) プログラム参加者の中からモデルケースを取り上げ，教育前後のデータを比較する。

(2) プログラム参加者の，教育前後のデータを比較する。

(3) プログラム参加者と参加を希望しなかった者の，教育前後の変化量を比較する。

(4) プログラム参加希望者を無作為に参加群と非参加群に割り付け，教育前後の変化量を比較する。

解答　(3)

【参考文献】

Aviva Petrie, Caroline Sabin: *MEDICAL SATATISTICS AT A GLANCE*, THIRD EDITION/ 杉森裕樹訳：医科統計学が身につくテキスト，メディカルサイエンスインターナショナル（2014）

Lawrence W. Green, Marshall W. Kreuter: *Health Program Panning: An Educational and Ecological Approach* 4th edition/ 神馬征峰訳：実践ヘルスプロモーション PRECEDE-PROCEED モデルによる企画と評価，医学書院（2013）

笠原賀子，川野因編：栄養教育論（第 3 版），47，講談社サイエンティフィク（2012）

厚生労働省：標準的な健診・保健指導プログラム（平成 30 年度版）

全国栄養士養成施設協会監修，池田小夜子，斎藤トシ子，川野因：栄養教育論（第 5 版），第一出版（2016）

武田英二，雨海照祥ほか：臨床栄養管理法―栄養アセスメントから経済評価まで―，建帛社（2011）

武見ゆかり，赤松利恵編：栄養教育論・理論と実践，医歯薬出版（2018）

田中敬子，前田佳予子編：栄養教育論（第 2 版），朝倉書店（2018）

辻とみ子・堀田千津子編：新版ヘルス 21 栄養教育・栄養指導論，121，医歯薬出版（2017）

ドラッカー, P. F. 著，上田惇生編訳：マネジメント基本と原則，ダイヤモンド社（2001）

日本栄養士会
　https://www.dietitian.or.jp/（2022.2.18）
日本食生活協会：食生活改善推進員
　https://www.shokuseikatsu.or.jp/kyougikai/index.php（2018.9.6）
逸見幾代，佐藤香苗ほか編：改定マスター栄養教育論，建帛社（2018）
本田佳子ほか編：臨床栄養学　基礎編，44，羊土社（2018）
松崎政三，寺本房子，福井富穂：チーム医療のための実践POS入門，医歯薬出版（2008）
丸山千寿子，足達淑子，武見ゆかり編：栄養教育論（改訂第4版），南江堂（2016）
武藤孝司，福渡靖編：健康教育・ヘルスプロモーションの評価，篠原出版（1998）

4　ライフステージ・ライフスタイル別栄養教育

4.1　妊娠期・授乳期

4.1.1　栄養教育の特徴と留意事項

妊娠・出産・授乳は，性周期が安定した性成熟後の女性の体においてみられる生理的な現象である。母体が，健全な胎児の発育と共存し，出産後の新しい生命を育んでいくためにも，妊娠期間を通した母体の変化や栄養学的な特性をふまえた食生活面の環境を整えていくための栄養教育は大切な役割を担っている。

また，近年では，妊娠・授乳期の女性は10代から40代前半まで年齢幅が広いという特徴もある。当然ながら10代と40代前半では身体的，精神的および社会的な状況が，明らかに異なる。10代の身体は生殖器官の成熟が未熟であり，抱える問題としては勉学に関係するものや人間関係，精神面の成熟過程に関する問題が多い。一方の40代前半では，妊娠出産へのリスクが高い一方で，精神面は成熟した女性も多くみられる。このように，妊娠・授乳期の女性が直面する問題は個人差が大きく，個々の環境も異なるため，栄養教育においては一律の教育や支援とはならないことに，充分注意を払う。さらに，この時期は，母親と胎児・新生児・乳児の両方面からの支援を考えることが必要となる。

(1)　体重管理

妊婦の体重管理は健康的な妊娠生活を送る上で重要であり，妊娠中の体重増加指導の目安（**表4.1**）に基づき，体重増加量を管理していくことが望ましい。一般的には，妊娠期を通して，胎児や羊水，胎盤（約4kg），循環血液量の増加（約1.5kg），子宮・乳房の肥大（約1.5kg）などにより，約10kgの体重増加がみられる。体格区分（BMI）がふつうの正常妊娠であれば，妊娠

表4.1　妊娠中の体重増加指導の目安*1

妊娠前の体格*2	体重増加量指導の目安
低体重（やせ）：BMI 18.5未満	12～15kg
ふつう：BMI 18.5以上25.0未満	10～13kg
肥満（1度）：BMI 25.0以上30.0未満	7～10kg
肥満（2度以上）：BMI 30.0以上	個別対応（上限5kgまでが目安）

*1「増加量を厳格に指導する根拠は必ずしも十分ではないと認識し，個人差を考慮したゆるやかな指導を心がける」産婦人科診療ガイドライン産科編2020 CQ 010より

*2 日本肥満学会の肥満度分類に準じた。

出所）厚生労働省：妊娠前からはじめる妊産婦のための食生活指針（2021）

表 4.2　妊娠期・授乳期のエネルギー必要量と1日当たりの付加量

	推奨エネルギー必要量	たんぱく質（推奨量）	脂肪エネルギー比率（目標量）	葉酸（推奨量）	ビタミンA（推奨量）
18〜29歳 身体活動レベルⅡ（ふつう）	2000kcal/日	50g	20〜30%	240 μg/日	650 μgRAE/日
妊婦（付加量）初期	＋50kcal/日	＋0g/日	—	＋240 μg/日	＋0 μgRAE/日
（付加量）中期	＋250kcal/日	＋5g/日	—		＋0 μgRAE/日
（付加量）後期	＋450kcal/日	＋20g/日	—		＋80 μgRAE/日
授乳婦（付加量）	＋350kcal/日	＋20g/日	—	＋100 μg/日	＋450 μgRAE/日

出所）厚生労働省：日本人の食事摂取基準（2020年度版）

中の体重増加量は10〜13kgが指導の目安となる。体格区分ごとの妊娠中の体重増加の推移については，国立成育医療研究センターが作成した「妊娠中の体重増加曲線」を活用してもよい。

妊娠前の肥満および体重増加が著しく多い場合には，糖尿病，前期破水，妊娠高血圧症候群，巨大児分娩，胎児心拍数異常などのリスクが高まることを念頭に置き，**表4.2**の妊娠期の必要栄養量や付加量に基づいて栄養教育や栄養食事指導を行うようにする。具体的な食事のとり方については，「妊娠前からはじめる妊産婦のための食生活指針」（巻末資料）を活用する。

分娩後は，授乳期には体力の回復や乳汁分泌を促進するため，①母乳への栄養素の移行を配慮して，良質のたんぱく質や，ビタミン類・ミネラルを豊富に含む食材を積極的に摂ること，②授乳後の水分補給のため牛乳・果汁・野菜汁などで充分に補うこと，③母体を通して乳汁に移行しやすいカフェインを含むコーヒーやお茶類の多量摂取は控え，アルコール類やたばこは原則的には禁止すること，などについてわかりやすく栄養食事指導に取り入れるとよい。

また，授乳期の付加エネルギー量（**表4.2**）を参考に，妊娠前の体重をもとに授乳期の必要栄養量を設定し，産後の体重変化を目安に，各種の栄養素や水分摂取量に過不足がないように栄養教育や栄養食事指導を行う。

(2)　妊娠の合併症と栄養教育

妊娠中に合併症が生じた場合には，妊娠までの生活習慣や妊娠中の食生活の改善が必要となる場合があるので，トラブルが生じた際には**表4.3**を参考に個々の症状や生活習慣に応じた栄養教育を行う。

4.1.2　栄養教育プログラムの実際

(1)　アセスメント（p.58，3.1参照）

栄養教育プログラムを作成していくために，主訴，年齢，妊娠週数，家族構成，身体計測結果，臨床検査結果，栄養状態など，対象者のライフステージの特徴を踏まえながら栄養アセスメントを行い，課題を抽出する。

表 4.3　妊娠の合併症と栄養教育

合併症・疾患	症状と主な原因	栄養教育
つわり 妊娠悪阻	つわりの症状が悪化すると妊娠悪阻となり，激しい嘔吐から脱水症状や電解質異常を生じることがある。必要に応じて輸液管理などの適切な対応を迅速に行う。	① 嗜好に合わせた食べやすいものや，冷たい料理などを少量ずつ提供する。 ② 空腹に備えて手軽な常備食を用意する。 ③ 分食が重なって過食にならないように注意する。
妊娠性貧血	胎児の造血や分娩時の出血による鉄分喪失に備え，貧血予防を心がける。特に造血に必要な鉄，銅，ビタミン B_{12} などを多く含む食品の摂取を心がける。	① レバー，肉類の赤身などを主菜に取り入れる。一緒に摂ると吸収率が良くなるビタミンCの摂取方法も考慮する。 ② 鉄強化食品を活用する。 ③ お茶類に含まれるタンニン酸などの鉄吸収阻害因子に注意する。
妊娠性肥満	妊娠前のBMI 25.0以上30.0未満（肥満1度）は7～10kg，BMI 30.0以上（肥満2度）は上限5kgを目安に，体重増加量を個別に管理する。妊娠前のBMIを参考に，食事摂取量や身体活動量を配慮して，適正な体重管理を行う。	① 欠食・間食・夜食・早食いなどがあれば，食習慣を見直す。 ② 偏食や穀類・菓子・嗜好食品などの過剰摂取があれば見直す。 ③ 薄味を心がけ，調味料の使い方を見直す。 ④ 野菜・果実等から食物繊維の充分な摂取を心がける。 ⑤ 生活面では適度な運動を取り入れ，消費エネルギーの増加を促す生活指導を行う。
妊娠高血圧症候群	妊娠20週以降，分娩12週まで高血圧が見られる場合，または，高血圧にたんぱく尿を伴う場合のいずれかで，かつ，これらの症状が単なる妊娠の偶発合併症によるものではないもの。安静などの生活指導や，エネルギー摂取や食塩摂取の管理が必要になる場合がある。	① 過食を避け，体重管理を行う。 ② 必要に応じて食塩制限を行う。 ③ 生活面では，安静を保ち，ストレスを避ける。適度な運動を取り入れた規則正しい生活を心がける。
妊娠糖尿病	妊娠中に初めて発見されたか，または発症した糖尿病に至っていない糖代謝異常を，妊娠糖尿病という。妊娠糖尿病の母体から出生する児では，巨大児の頻度が高いほか，将来肥満や糖代謝異常を伴うリスクが高い。分娩後は，多くの例では糖代謝異常は改善するが，糖代謝異常や糖尿病になる場合もあるので，慎重な対応と経過観察が望ましい。	① 妊娠中の血糖コントロールは，母体や胎児の合併症予防のために厳格に行う。朝食前血糖値70～100mg/dL，食後2時間血糖値120mg/dL未満，HbA1c（NGSP値）6.2％未満を目標とする。 ② 食事療法は胎児の健全な発育，母体の産科的合併症予防，厳格な血糖コントロール達成のために重要である。妊婦に必要にして十分な栄養を付加し，適正な体重増加を目指すものとする。
便　秘	胎児の発育に伴い，腸管が胎盤に圧迫されて便秘になりやすい。腸の蠕動運動を促すような規則正しい食生活や適度な運動を心がける。	① 根菜類などの野菜，玄米などの穀類，海藻類やきのこ類を豊富に活用し，食物繊維の多い食事を心がける。
や　せ	妊娠前の低体重（やせ）および妊娠中の体重増加量が著しく少ない場合には，低出生体重児分娩，切迫早産，切迫流産，貧血などのリスクが高まる。	① 食事の内容に偏りがないか見直し，必要があれば適正体重への理解を深める。 ② 食行動異常，異常なやせ願望，精神面へのケアが必要な場合は専門家と連携をとり，対応に当たる。

1）健康（疾病）状態のアセスメント

身体計測では，体重の変動を注意深く観察していく必要がある。通院記録やカルテの他，妊婦健診の結果を母子手帳に記録されていることが多く，これらを活用することができる。臨床検査では，生化学的検査による血液中の糖質やホルモン状態を調べる。肥満の妊婦や高齢での妊娠では，妊娠高血圧症候群や妊娠糖尿病を発症することもある。これらに該当するリスクを有する妊婦は妊婦健診で計測されていることも多い。

2）食物摂取状況のアセスメント

妊娠初期ではつわりや妊娠悪阻，妊娠中期や後期では妊娠性貧血などがみられる。個々の妊娠中の問題に対して，食物摂取状況を把握する。栄養摂取量や食習慣，家族構成などを中心に，情報収集を心がける。

(2) 目標設定（p.67，3.2，p.69，3.3 参照）

栄養アセスメントにより抽出された問題に対して，妊娠・授乳期の栄養教育プログラムを作成する。その際，最終的に達成したいプログラム目標として長期目標を設定し，一般目標となる中期目標を設定するとよい。これらの目標例（**表 4.4**）を以下に示す。

表 4.4 長期目標と中期目標の例

目　標	内　容
長期目標	・対象者が妊娠中にバランスの良い食事のとり方や食習慣を身につけ，子ども（達）にも良い食習慣や食環境を引き継ぐ　など
中期目標	・自分自身の食事の評価ができ，バランスの良い食事ができる ・妊娠合併症を防ぎ，妊娠期を健康的に過ごせるような食事ができる　など

短期目標では，目標設定時の留意点（p.68，3.2.7 参照）を踏まえて設定する。短期目標例（**表 4.5**）を以下に示す。

表 4.5 短期目標の例

目　標	内　容
学習目標	・妊娠中の食生活のポイントを知る　など
行動目標	・３食規則正しく食べる ・間食の種類と量，回数を守る　など
環境目標	・妊娠期から子育ての仲間づくりができる　など
結果目標	・食事バランスガイドが理解できて，日々の食事作りに活用できる　など

(3) プログラムの作成（p.69，3.3参照）

具体的な栄養教育プログラムの例として，妊娠初期の食生活のポイントに関する栄養教育プログラムの例を以下に示す。

対象者（Whom）：妊娠 13 週～16 週の妊婦とパートナー
テーマ（What）：妊娠初期の食生活について
日時（When）：○○年○月○日　13：00～14：00
スタッフ（Who）：管理栄養士，保健師，歯科衛生士，助産婦
目的（Why）：妊娠中にバランスの良い食事を理解し，無事に出産を迎える
　　　　　　産前産後を通じた仲間づくりも，あわせて行う
場所（Where）：保健センター
内容（How）：各職種による集団教育の講義形式の後，質疑応答の個別相談を受ける
予算（Budget）：無料（対象者の負担なし）

妊娠・授乳期の栄養教育では，具体的な調理実習を含む集団指導を行うこ

とも多い。対象者の妊娠・授乳期の時期に対応する問題を解決できるようなテーマを設定し，指導方法や教材を選択する。

(4) プログラムの実施（p.83，3.4参照）

栄養教育プログラムの実施では，プログラム実施の準備や事前練習，職種間の打ち合わせなどを充分に行い，よりよい栄養教育に結び付けるように努める。対象者の理解度については，経過評価の項目をあらかじめ決めておく。

(5) プログラムの評価（p.84，3.5参照）

栄養教育プログラムの評価には，多角的に分析できるような評価が必要となる。(3) で示した栄養教育プログラム例に対する評価の例（**表4.6**）を示す。

表4.6 評価の例

評価	内容
企画評価	・妊娠初期の食生活上の問題点を的確に把握できていたか ・妊婦やパートナーに対して提供した情報内容は適切だったか　など
経過評価	・栄養教育プログラムの準備は予定通りに進んだか　など
影響評価 結果評価	・プログラム終了後の食生活は，どのように変化したか ・健やかな子育てにつながる食習慣が身についたか　など
経済評価	・予算内で実行できたか　など

4.2 乳幼児期の栄養教育

乳幼児期は身体，運動，精神などの発達が著しく，食事形態も乳汁から固形食へ移行していく時期である。乳幼児期の年齢区分および成長・発達の様子を**表4.7**に示す。乳幼児期は，味覚や食嗜好も形成される時期であるため，生涯に渡り健康な食生活を送るための重要な時期でもある。本時期に栄養教育を受ける対象者は，保護者および子どもとなる。

4.2.1 栄養教育の特徴と留意事項

(1) 授乳期

- 母親は出産直後から母乳が足りているかどうかわからない等*1，多様な不安を抱えている。母親や保護者らの不安を軽減させるために，**保健医療従事者**は各乳汁の種類と特徴（**表4.8**）*2 および「授乳・離乳の支援ガイド（授乳編）」に記載されている支援ポイント（**表4.9**）を理解して支援を行う。母乳育児の場合には，「**母乳育児を成功に導く10のステップ**」*3 の内容を念頭に置き支援を行う。

(2) 離乳期

- 保護者が離乳食を進めていく過程において，子どもの反応は個々にさまざまであるため，悩みを抱える保護者も多く，育児への自信喪失にもつながる*4。保護者が育児に自信をもち健やかな母子関係を築くために，**保健医療従事者**は「離乳食の進め方の目安」（**図4.1**）を基に保護者を支援していく。

*1 保護者1,242人を対象とし授乳について困ったことを調査した結果，「母乳が足りているかどうかわからない」が40.7％，「母乳が不足気味」が20.4％，「授乳が負担・大変」が20.0％という順に回答が多かった。（平成27年度乳幼児栄養調査）

*2 平成30年に乳児用調製液状乳が国内で製造・販売することが可能となった。
乳児用調製液状乳は，液状の人工乳を容器に密封したものであり，常温での保存が可能であるため，災害時にも使用できる。

*3 **母乳育児を成功に導く10のステップ**　2018年にWHO/UNICEFが共同で，母親が乳児を母乳で育てることができるようになることを目的に，産科施設とそこで働く職員が実行すべきこと10か条を掲げたものである。

*4 保護者を対象として離乳食で困ったことを調査した結果，離乳について何かしらの困りごとを抱えていると回答したものは74.1％であった。内容としては，「作るのが負担，大変」が33.5％，「もぐもぐ，かみかみが少ない」が28.9％，「食べる量が少ない」21.8％等であった（対象者：1,240人，複数回答，平成27年度乳幼児栄養調査）。

コラム 11　母乳栄養と授乳支援

近年，母乳栄養とその後の健康への影響との関連を検討した研究では，母乳栄養児の方が人工栄養児に比べ，肥満となるリスクが低いことや，小児・成人での２型糖尿病の発症リスクが低いなどの報告がみられている。母乳育児には，以下のような利点が挙げられる。①乳児に最適な成分組成かつ少ない代謝負担，②感染症の発症および重症度の低下，③母子関係の良好な形成，④出産後の母体回復の促進などである。これらのことから考えても，授乳の支援は重要である。なお，授乳の支援にあたっては，母乳や乳児用ミルクといった乳汁の種類にかかわらず，母子の健康の維持とともに健やかな母子・親子関係の形成を促し，育児に自信をもたせることを基本としている。それに加えて妊娠中から退院後まで継続した支援や，産科施設や小児科施設，保健所・市町村保健センターなどの保健医療従事者間での情報の共有化，支援体制が整備された環境づくりの推進などを目指している。

表 4.7　乳幼児の年齢区分および成長・発達

	新生児	乳児	幼児
発達段階による区分 「母子保健法」より	生後 28 日を経過しない乳児	生後１歳に満たない者	満１歳から小学校就学の始期に達するまで
身体・体重・体格の発達	他の時期と比べ最も著しい		乳児期に比べ穏やか
身長	出生時　約 50cm	１年間で出生時の約 1.5 倍	４歳児で出生時の約２倍
体重	出生時　約 3,000g	１年間で出生時の約３倍	４歳児で出生時の約５倍
器官の発達	生後１年ほどは胎児期に引き続いて脳，神経が発達する		運動機能や精神面の発達が著しい（知能，情緒などが徐々に発達）
乳歯の発達と咀嚼機能	生後７～８か月頃より乳歯が生え始め，哺乳から咀嚼運動へと発達する		２歳半頃には乳歯が生えそろうため，咀嚼可能となる
食事摂取基準による区分	エネルギー，たんぱく質のみ ０～５か月，６～８か月，９～11か月 その他の栄養素 ０～５か月，６～11か月		すべての栄養素 １～２歳，３～５歳
乳汁と固形食による区分	乳汁	乳汁および離乳食 授乳期：１～４か月，離乳期：５～18か月	幼児食

資料）厚生労働省「平成 22 年乳幼児身体発育調査報告書」
厚生労働省「授乳・離乳の支援ガイド」(2019)

表 4.8　各乳汁の種類と特徴

	母乳栄養	人工栄養	混合栄養
栄養法	母乳のみ使用する方法	事情により母乳が使用できない場合に乳児用調製粉乳を使用する方法	母乳および乳児用調製粉乳の両方を使用する方法
特　徴	・乳児の消化吸収に適した組成である。[1]	・母乳に近い成分に調整されている。	
	・種々の免疫物質が含有されており，免疫防御作用がある。	・乳児の健康や成長に大きな問題はない。	
	・分娩後の日数により呼び方が異なる。 ・初　乳：３～４日 ・移行乳：５～９日 ・成熟乳：10 日以降	・乳児用調製粉乳の種類 ・育児用粉乳 ・低出生体重児用粉乳 ・治療用特殊用途粉乳 ・乳児用調整液状乳	
授乳法および注意点	自律授乳[2] とする。授乳量は乳児の月齢に従って増加させていく。 乳への Cromobacter sakazakii[3] の感染のリスクを減少させるために，「乳児用調製粉乳の安全な調乳，保存及び取扱いに関するガイドライン」[4] を順守する。		

注 1）ビタミン K 欠乏により頭蓋内出血などが起こる乳児ビタミン K 欠乏性出血症がある。本疾患は出生１か月前後の母乳栄養児に起こることがある。理由は母乳中にはビタミン K 含有量が少ない，ビタミン K を産生する腸内菌叢がこの時期の乳児にはまだ確立されていない，ビタミン K の吸収が悪いなどである。現在ではすべての乳児に対し出生直後，７日目，１か月目にビタミン K_2 の経口投与が行われているため本疾患の発症はほとんどみられなくなっている。
2）自律授乳：乳児が乳汁を欲しがる時に随時与える授乳方法である。
3）新生児の髄膜炎に関連する菌である。
4）世界保健機関／国連食糧農業機関：乳児用調製粉乳の安全な調乳，保存および取扱いに関するガイドライン（2007），https://www.mhlw.go.jp/topics/bukyoku/iyaku/syoku-anzen/qa/dl/070604-1b.pdf（2019.11.4）

表 4.9　授乳の支援の方法

※混合栄養の場合は母乳の場合と育児用ミルクの場合の両方を参考にする。

<table>
<tr><th></th><th>母乳の場合</th><th>育児用ミルクを用いる場合</th></tr>
<tr><td>妊娠期</td><td colspan="2">・母子にとって母乳は基本であり，母乳で育てたいと思っている人が無理せず自然に実現できるよう，妊娠中から支援を行う。
・妊婦やその家族に対して，具体的な授乳方法や母乳（育児）の利点等について，両親学級や妊婦健康診査等の機会を通じて情報提供を行う。
・母親の疾患や感染症，薬の使用，子どもの状態，母乳の分泌状況等の様々な理由から育児用ミルクを選択する母親に対しては，十分な情報提供の上，その決定を尊重するとともに，母親の心の状態に十分に配慮した支援を行う。
・妊婦及び授乳中の母親の食生活は，母子の健康状態や乳汁分泌に関連があるため，食事のバランスや禁煙等の生活全般に関する配慮事項を示した「妊産婦のための食生活指針」を踏まえた支援を行う。</td></tr>
<tr><td rowspan="2">授乳の開始から授乳のリズムの確立まで</td><td colspan="2">・特に出産後から退院までの間は母親と子どもが終日，一緒にいられるように支援する。
・子どもが欲しがるとき，母親が飲ませたいときには，いつでも授乳できるように支援する。
・母親と子どもの状態を把握するとともに，母親の気持ちや感情を受けとめ，あせらず授乳のリズムを確立できるよう支援する。
・子どもの発育は出生体重や出生週数，栄養方法，子どもの状態によって変わってくるため，乳幼児身体発育曲線を用い，これまでの発育経過を踏まえるとともに，授乳回数や授乳量，排尿排便の回数や機嫌等の子どもの状態に応じた支援を行う。
・できるだけ静かな環境で，適切な子どもの抱き方で，目と目を合わせて，優しく声をかえる等授乳時の関わりについて支援を行う。
・父親や家族等による授乳への支援が，母親に過度の負担を与えることのないよう，父親や家族等への情報提供を行う。
・体重増加不良等への専門的支援，子育て世代包括支援センター等をはじめとする困った時に相談できる場所の紹介や仲間づくり，産後ケア事業等の母子保健事業等を活用し，きめ細かな支援を行うことも考えられる。</td></tr>
<tr><td>・出産後はできるだけ早く，母子がふれあって母乳を飲めるように支援する。
・子どもが欲しがるサインや，授乳時の抱き方，乳房の含ませ方等について伝え，適切に授乳できるよう支援する。
・母乳が足りているか等の不安がある場合は，子どもの体重や授乳状況等を把握するとともに，母親の不安を受け止めながら，自信をもって母乳を与えることができるよう支援する。</td><td>・授乳を通して，母子・親子のスキンシップが図られるよう，しっかり抱いて，優しく声かけを行う等暖かいふれあいを重視した支援を行う。
・子どもの欲しがるサインや，授乳時の抱き方，哺乳瓶の乳首の含ませ方等について伝え，適切に授乳できるよう支援する。
・育児用ミルクの使用方法や飲み残しの取扱等について，安全に使用できるよう支援する。</td></tr>
<tr><td rowspan="2">授乳の進行</td><td colspan="2">・母親等と子どもの状態を把握しながらあせらず授乳のリズムを確立できるよう支援する。
・授乳のリズムの確立以降も，母親等がこれまで実践してきた授乳・育児が継続できるように支援する。</td></tr>
<tr><td>・母乳育児を継続するために，母乳不足感や体重増加不良などへの専門的支援，困った時に相談できる母子保健事業の紹介や仲間づくり等，社会全体で支援できるようにする。</td><td>・授乳量は，子どもによって授乳量は異なるので，回数よりも１日に飲む量を中心に考えるようにする。そのため，育児用ミルクの授乳では，１日の目安量に達しなくても子どもが元気で，体重が増えているならば心配はない。
・授乳量や体重増加不良などへの専門的支援，困った時に相談できる母子保健事業の紹介や仲間づくり等，社会全体で支援できるようにする。</td></tr>
<tr><td>離乳への移行</td><td colspan="2">・いつまで乳汁を継続することが適切かに関しては，母親等の考えを尊重して支援を進める。
・母親等が子どもの状態や自らの状態から，授乳を継続するのか，終了するのかを判断できるように情報提供を心がける。</td></tr>
</table>

出所）厚生労働省：授乳・離乳の支援ガイド（授乳編）21（2019）

- また，乳児の食事量の評価は，成長曲線（**図 4.2**）を用いて成長の過程を確認し評価する。しかし，乳児の食欲，摂食行動，成長・発達パターンは個々に異なるため，基準に合わせた画一的な離乳とならないよう留意する。**図 4.1** に示された量はあくまでも目安量として考える。
- 近年，多種類のベビーフードが販売されている。保護者がベビーフードを適正に利用できるよう支援を行う。また，乳児が食事を嫌がるときには強制せず，楽しく美味しく食事ができるような環境，雰囲気づくりを行うよう配慮する。乳児期の栄養教育例を**表 4.10** に示す。

A

		離乳の開始 ➡ 離乳の完了			
		以下に示す事項は、あくまでも目安であり、子どもの食欲や成長・発達の状況に応じて調整する。			
		離乳初期 生後５～６か月頃	離乳中期 生後７～８か月頃	離乳後期 生後９～11か月頃	離乳完了期 生後12～18か月頃
食べ方の目安		○子どもの様子をみながら１日１回１さじずつ始める。 ○母乳や育児用ミルクは飲みたいだけ与える。	○１日２回食で食事のリズムをつけていく。 ○いろいろな味や舌ざわりを楽しめるように食品の種類を増やしていく。	○食事リズムを大切に、１日３回食に進めていく。 ○共食を通じて食の楽しい体験を積み重ねる。	○１日３回の食事リズムを大切に、生活リズムを整える。 ○手づかみ食べにより、自分で食べる楽しみを増やす。
調理形態		なめらかにすりつぶした状態	舌でつぶせる固さ	歯ぐきでつぶせる固さ	歯ぐきで噛める固さ
1回当たりの目安量					
Ⅰ	穀類（g）	つぶしがゆから始める。 すりつぶした野菜等も試してみる。 慣れてきたら、つぶした豆腐・白身魚・卵黄等を試してみる。	全がゆ 50～80	全がゆ 90～軟飯80	軟飯80～ ご飯80
Ⅱ	野菜・果物（g）		20～30	30～40	40～50
Ⅲ	魚（g）		10～15	15	15～20
	又は肉（g）		10～15	15	15～20
	又は豆腐（g）		30～40	45	50～55
	又は卵（個）		卵黄１～ 全卵１／３	全卵１／２	全卵１／２～ ２／３
	又は乳製品（g）		50～70	80	100

B　C　D

E
〈注意点〉
・離乳の開始前に果汁やイオン飲料を与える必要はない。
・蜂蜜は，乳児ボツリヌス症を引き起こすリスクがあるため，１歳を過ぎるまでは与えない。
・離乳食に慣れ，１日２回食に進む頃には，穀類，野菜・果物，たんぱく質性食品を組み合わせた食事とする。また，家族の食事から調味する前のものを取り分けたり，薄味のものを適宜取り入れたりして，食品の種類や調理方法が多様となるような食事内容とする。
・フォローアップミルクは母乳代替食品ではなく，離乳が順調に進んでいる場合は，摂取する必要はない。離乳が順調に進まず鉄欠乏のリスクが高い場合や，適当な体重増加が見られない場合には，医師に相談した上で，必要に応じてフォローアップミルクを活用すること等を検討する。
・食物アレルギーの診断がされている子どもについては，必要な栄養素を過不足なく摂取できるよう，具体的な離乳食の提案が必要である。

【表の見方】
離乳食は月齢（A）に応じて，食事回数（B）を１日１回から２回，３回へと増やし，この際に与える離乳食の固さは調理形態（C）に記載されている固さとし，衛生面に配慮しながら調理を行う。
１食あたりの離乳食の量は１回あたりの目安量（D）を参考に月齢に応じ増量していく。
注意点（E）にも気をつける。
出所）厚生労働省：授乳・離乳の支援ガイド（2019）より一部改変
https://www.mhlw.go.jp/shingi/2019/03/dl/s0314-17.pdf（2019.11.4）

図 4.1　離乳食の進め方の目安

(3) 幼児期

- ２歳頃から精神の発達に伴い，遊び食い，むら食い，好き嫌いや偏食が出現する＊1。また，少食，**朝食欠食**＊2，夜食の摂取，肥満，食べ過ぎ，食欲不振等も問題となる。問題とその対策を**表 4.11**，**4.12** に示す。
- 幼児期においても保護者の食に関する悩みは多く，保健医療従事者が保護者を支援する際には，（「楽しく食べる子どもに～食からはじまる健やかガイド～」より）（**表 4.13**）を理解しておく。

＊1 保護者を対象として子どもの食事で困ったことを調査した結果，「遊び食べをする」が41.8％，「むら食い」が33.4％，「偏食をする」が32.1％であった（対象者：455人，２歳～３歳未満児の保護者，複数回答　平成27年度乳幼児栄養調査）

＊2 **朝食欠食**　朝食を毎日食べているのかについて調査した結果，「ほとんど食べない」0.9％，「週に４～５日食べないことがある」0.3％，「週に２～３日食べないことがある」5.2％，「毎日食べる」93.3％であった（対象者：2,623人，２～６歳児の保護者，平成27年度乳幼児栄養調査）

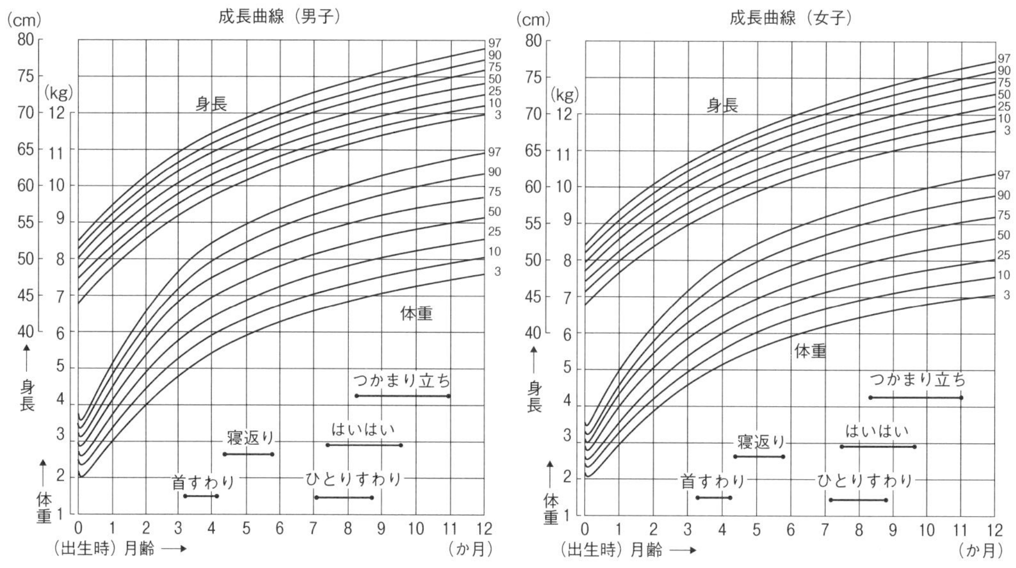

成長曲線：成長の過程を確認する曲線。描き方は横軸の年齢ごとに，身長・体重の測定値と交差するところに点を打ちその点を結んでいく。成長曲線のカーブに沿って成長しているかどうか，成長曲線が上向きや下向きになってしまわないか確認を行う。
出所）横山徹爾ほか：幼児身体発育評価マニュアル（2012）より一部改変

図 4.2 成長曲線

- 乳幼児の食習慣は，保護者の食事に対する意識，食行動，嗜好などにより大きく左右される。そのため，保護者自身の改善点があればあわせて支援を行う。
- 幼児の発育状況は，**カウプ指数**[*1]や成長曲線にて評価を行う。しかし，幼児の成長・発達パターン，食欲，食行動は個人差が大きい。さらに，幼児は家族関係や生活環境等あらゆる面で影響を受けやすい。この点を考慮し，個々人に適した栄養教育を行うことが重要である。
- また，乳幼児期は家庭内以外にも幼稚園や保育園で食事を食べることとなる。支援の際には「保育所保育指針」に示されている保育所における**食育**[*2]の内容や（p.162，巻末資料参照），たのしく食べるこどもに「～保育所における食育に関する指針～」（**表 4.14**）の内容を理解しておく。

このような背景を踏まえ，乳幼児の健全の発育・育成のために，栄養教育プログラムを企画・実施・評価していく必要がある。

*1 **カウプ指数**　乳幼児に用いられる体型を示す指数である。[体重(g)/身長(cm)^2]×10の式で求める。判定基準は，3か月以上児において20以上を肥満，18以上を肥満傾向，15以上～18未満を正常，15未満をやせ傾向，13未満をやせとしている（江澤郁子・津田博子編：三訂応用栄養学，84，建帛社（2017））。

*2 **食育**　自らの食について考える習慣や食に関するさまざまな知識と，食を選択する判断力を身につけるための学習等の取り組みのことである。詳細は食育基本法（2005）を参照のこと（p.109，4.3.1(2)）。

4.2.2　栄養教育プログラムの実際

(1)　アセスメント（p.58，3.1 参照）

乳幼児期のアセスメントは，臨床診査，身体計測，臨床検査，食物（食事）摂取状況調査となる。対象者の状態に合わせて，表に示すような情報も可能であれば収集する（**表 4.15**）。

(2)　目標設定（p.67，3.2 参照）

栄養アセスメントにより抽出された問題に対して，乳幼児期の栄養教育プ

表 4.10　栄養教育例

指導依頼者：アレルギー科医師 指導者：管理栄養士（病院）	対象者：母親 対象乳児：10 か月女子，身長 70.0cm，体重 8.0kg，食物アレルギー（牛乳，卵を除去中）
指導依頼内容：児は牛乳，卵に食物アレルギーがあり，現在除去食を実施中です。母親が，「食物アレルギーがあるために，離乳食の進め方がわからない」と悩んでおります。そのため，「児の現在の摂取栄養量の過不足および，食物アレルギーがある場合の離乳食の進め方」について指導をお願いします。児は食欲もあり食物アレルギー以外は食事に関連する問題はありません。	

栄養食事指導の流れ：

● 1 回目面談時：

相談内容である，「離乳食の進め方がわからない」という内容について，母親から具体的な状況を聞く。

母親より「元来料理が苦手で，離乳食の調理自体が難しく感じている。児に食物アレルギーがあるが，代替食品について知識がない。こうした理由から，離乳食の代わりにアレルギー用ミルクで栄養補給をと考えてしまい，月齢に応じて離乳食を進めることができない。このままでは，子どもの発達が，心配である。」とのことを聞く。

児の摂取栄養量を算出するために，母親に 3 日間の食事記録を依頼する（嘔吐した日やイベントの日は避ける）。

● 2 回目面談時

①身長・体重値を成長曲線に照らしあわせ正常な成長であるか確認を行う（**図 4.2** 参照）。

（結果）年齢基準通りに，正常に発育をしている（成長曲線より判定）。
そのため，エネルギー量は充足していると考えられる。

⬇

②3 日間の食事記録から摂取栄養量を算出し，各栄養素の過不足について日本人の食事摂取基準 9 -11 か月の値を用いて確認する。

（結果）摂取栄養量は 9 -11 か月の年齢の基準値と比べると概ね充足している。しかし，次の③の問題点がある。

【食事回数および内容】

離乳食：昼と夕の合計 2 回

全がゆ 80g
野菜 30g　} × 2 回
ささみ 15g

アレルギー用ミルクを
1 日合計約 700ml
（母乳は与えていない）

【児の摂取栄養量】

3 日間の平均値	エネルギー (Kcal)	たんぱく質 (g)	脂質 (g)	炭水化物 (g)	鉄 (mg)	カルシウム (mg)
離乳食から	168	9.7	0.6	29.9	0.5	22
アレルギー用ミルクから	489	13.7	18.9	66.7	6.3	420
合計	657	23.4	19.5	96.6	6.8	44.2
9-11 か月年齢基準値	650	25	29	—	4.5	250
過不足	+7	-1.6	-9.5	—	+2.3	+192

⬇

③問題点と改善案の提示

現　状	問題点	改善点	対策　栄養食事指導
食事回数が 1 日 2 回である。	目安として（**図 4.1**） 7，8 か月—1 日 2 回食 9 -11 か月—1 日 3 回食 現在 10 か月	1 日 2 回を 3 回へと切り替えていく。	発達の時期に応じた離乳食の進め方の基本を母親へ説明し（**図 4.1** 参照），1 日 3 回へ切り換える離乳の意義を説明する。
摂取栄養源が離乳食（26 %）：アレルギー用ミルク（74%）である。	摂取栄養量が離乳食よりもアレルギーミルクが主体となっており，10 か月の乳児には適していない。	摂取栄養量が離乳食が主体となるよう無理のない範囲で切り換えていく。	1 日 3 回の離乳食後にミルクを与えるよう説明をし，離乳食からの栄養摂取が主体になるよう勧める。
			乳汁から離乳食へ，気軽に切り替えられるようアレルギー用ミルクを利用した離乳食のレシピを紹介する。
			鉄分やカルシウム含有量の多い食品を紹介する（現在，鉄分とカルシウム源はアレルギー用ミルクである。アレルギー用ミルクを減らすと不足してくることが推測されるため）。
主菜としてのたんぱく源がささみばかりである。	使用食材に偏りがある。	アレルゲンを避け，多様な食品を使用していく。	基本的な調理方法や離乳食の保存方法を紹介する。
			ささみ以外にも，肉，白身魚，豆腐など摂取可能な食品があることと，その摂取量を説明する（**図 4.1** 参照）。（これにより現在不足傾向の脂質も充足してくる）。
			アレルギー対応食のレシピを紹介する。

⬇

④提示した改善案の中で，母親が実現可能な目標を，自らの意思で目標を決定できるよう相談していく。

表 4.11　幼児期の食生活の問題への対策

問　題	対　策
遊び食い，むら食い	幼児は空腹であるか，食事をする際に周りに玩具など興味の対象物がないかを確認し楽しく食事ができる環境を整える。
好き嫌い・偏食	背景としてう歯による咀嚼力の低下や離乳期までの偏った食事内容などがある。
	う歯がある場合は治療を行う。
	偏った食事の改善のために多様な料理，調理形態や味付けを体験させ，同時に適切な味覚の形成を促すよう取り組んでいく。
少　食	不適切な時間に間食を与えていないかを確認する。
朝食欠食・夜食摂取	生活リズムを整え，規則正しい食事の回数と配分となるよう改善を心がける。
肥満・食べ過ぎ・食欲不振	運動不足ではないか，情緒は不安定ではないかについて確認を行う。

表 4.12　幼児期の望ましい食事の配分

	1～2歳児	3～5歳児
食事回数	3食＋1～2回の間食	3食＋1回の間食
1日のエネルギーに対する間食の量（%）	10～15	15
間食の内容	果物，野菜，牛乳・乳製品，穀類，いも，豆類など，食事でとりきれない栄養素を補えるものを選択する	

資料）令和3年度厚生労働行政推進調査事業費補助金（成育疾患克服等次世代育成基板研究事業）「幼児期の健やかな発育のための栄養・食生活支援に向けた効果的な展開のための研究」
「幼児期の健やかな発育のための栄養・食生活支援ガイド」(2022)
厚生労働省「保育所における食事の提供ガイドライン」(2012)

表 4.13　楽しく食べる子どもに成長していくために～具体的に下記の5つの子どもの姿を目標とする～

①食事のリズムがもてる子どもになる
②食事を味わって食べる子どもになる
③一緒に食べたい人がいる子どもになる
④食事づくりや準備に関わる子どもになる
⑤食生活や健康に主体的に関わる子どもになる

出所）厚生労働省：楽しく食べる子どもに～食からはじまる健やかガイド（2004）

表 4.14　3歳以上児の食育のねらい及び内容

「食と健康」……………食を通じて，健康な心と体を育て，自ら健康で安全な生活をつくり出す力を養う。
「食と人間関係」………食を通じて，他の人々と親しみ支え合うために，自立心を育て，人とかかわる力を養う。
「食と文化」……………食を通じて，人々が築き，継承してきた様々な文化を理解し，つくり出す力を養う。
「いのちの育ちと食」…食を通じて，自らも含めたすべてのいのちを大切にする力を養う。
「料理と食」……………食を通じて，素材に目を向け，素材にかかわり，素材を調理することに関心を持つ力を養う。

出所）平成16年3月平成15年度児童環境づくり等総合調査研究事業保育所における食育のあり方に関する研究班：楽しく食べる子どもに～保育所における食育に関する指針～（平成16年3月）

表 4.15　乳幼児のアセスメントの要点

	項　　目
基本情報	性別，月齢（年齢），在胎週数
健康・栄養	子宮内発育状況，出生時の合併症の有無，出生時の身長と体重，出生時から現在までの身体計測値（成長曲線），体格指数（カウプ指数：体重(kg)/身長(cm)^2 × 10^4），頭囲，胸囲 既往歴（呼吸障害，新生児仮死，食物アレルギーなど），家族歴 生歯の状況，咀嚼・嚥下機能，精神運動発達等身体診察所見，血液生化学的検査
行動・食環境	乳汁栄養法の種類と状況（母乳，混合乳，人工乳の別，母乳分泌量，人工乳の摂取量），離乳の開始および進行状況
教育・組織	養育者の栄養・食生活への価値観，興味・関心度，およびそれらの知識・技術のレベル
	養育者の身近な支援者（家族や近隣者）の栄養・食生活への価値観，興味・関心度，およびそれらの知識・技術のレベル
	利用可能な市町村のサービス（保育園等），勤務先の支援体制等

出所）杉山みち子，赤松利恵，桑野稔子編：カレント栄養教育論（第2版），建帛社（2021）一部改変

表 4.16　長期目標と中期目標の例

目標	内容
長期目標	月齢に応じた乳児の成長・発達を理解した上で，離乳食を準備できる アレルゲンを除去し，代替食品を入れた離乳食を準備できる[1)] 月齢に応じた発育が進んでいる
中期目標	月齢に応じた乳児の成長・発達を理解する 離乳食の進め方を理解する アレルゲンの除去および代替食品の準備について理解する[1)] 離乳食が作成できるという自信がつく

注 1）乳児の食物アレルギーを持つ場合の対応

表 4.17　短期目標の例

目標	内容
学習目標	月齢に応じた乳児の成長・発達を知る 月齢に応じた離乳食の内容・調理法を知る ベビーフードの使用方法を知る 除去したアレルゲンの代替食品を知る[1)]
行動目標	月齢に応じた離乳食の進め方を表で見てみる 離乳食のレシピ本を見てみる 家族の食事から，一部を取り分けて離乳食を調理してみる ベビーフードを購入し使用してみる
環境目標	家族や夫に協力を依頼する 乳幼児講習会や地域の子育てネットワークなどへ参加する
結果目標	保育者が乳児との食生活や離乳食の支度を楽しんでいる 各乳児に適した発育が順調に進んでいる

注 1）乳児の食物アレルギーを持つ場合の対応

ログラムを作成する（**表 4.16，4.17**）。

(3)　プログラムの作成（p.69，3.3 参照）

栄養教育の形態には，個別教育と集団を対象にした教育がある。下記に，食物アレルギーを持つ乳児（離乳期）の栄養教育プログラムの例を示す（病院の場合を例とするため，ここでは，栄養教育ではなく栄養食事指導の名称を使用。傷病者の項 4.6 参照）。

対象者（Whom）：母親および保育者（1～数名程度）

テーマ（What）：食物アレルギーを持つ乳児における離乳食の進め方

日時（When）：外来栄養食事指導日 10:00–10:40

スタッフ（Who）：病院管理栄養士

目的（Why）：アレルゲンとなる食品の除去を行いながら，月齢に応じた離乳食の進め方を学ぶ

場所（Where）：病院内の栄養食事指導室

内容（How）：「アレルゲンの除去と代替食品の選択方法について」および「離乳食の進め方について」の配布資料を用いた個人栄養食事指導

予算（Budget）：外来栄養食事指導料（対象者の負担あり）

栄養教育は，保護者が小児を抱き抱えながらの面談となることが多い。栄養教育時間は，初回では 30 分以上と小児には長時間である。小児が飽きて泣き出さないように玩具を用意しておく，あるいは管理栄養士と保護者の目が届く場所で小児が遊べる場所を設置しておくなどすると，面談の際に保護者と会話がしやすくなる。

コラム 12　発育ソフトについて

子どもの発達評価をパソコンで管理する際には，発育ソフトの利用が便利である。また実際には発育ソフトに類するものは，多くの病院の電子カルテ等に組み込まれていることも多い。下記に，現在販売されている発育ソフトの代表的なものを紹介する。

①「子どもの健康管理プログラム」（有料）：財団法人日本学校保健会推薦。販売元は学校保健会ではないが，学校保健会のホームページ（http://www.hokenkai.or.jp　2022.1.4）に注文方法が記載されている。［ソフトの内容］：生年月日，測年月日，計測値を入力すれば，発育曲限のプロットだけでなく，同年齢の子どもの中でどのような位置にあるかを示すパーセンタイルレベルやZスコア，肥満度，BMI，BMIのパーセンタイルレベルとZスコア等も算出されるようになっている。

②「体格指数計算ソフト」（無料）：日本成長学会（http://www.auxology.jp　2022.1.4）と日本小児内分泌学会（http://jspe.umin.jp/　2022.1.4）のホームページにて無料でダウンロードができる。［ソフトの内容］：性別，生年月日，測定年月日，身長，体重を入力すると，身長SDスコア，幼児期の肥満度，学童期の肥満度，BMI，BMIパーセンタイル，年齢等が自動で算出される。

（横山徹爾ほか：幼児身体発育評価マニュアル（2012）より，一部抜粋）

(4)　プログラムの実施（p.83，3.4 参照）

保護者が，現在乳児が摂取している離乳食の量や内容を把握し，改善箇所があれば，実行可能な目標を保護者自身が決定できるよう支援していく。入院患児では自宅に帰った後に本プログラムの内容を家族などに紹介できるよう，パンフレットなどの配布資料を準備しておく。

(5)　プログラムの評価（p.84，3.5 参照）

プログラムの有効性を評価し，より良い教育プログラムに改善する（**表 4.18**）。

表 4.18　評価の例

評価	内　容
企画評価	・保護者に対して提供した資料は適切だったか　など
経過評価	・栄養教育プログラムは予定通りに進んだか
影響評価	・プログラム終了後，離乳食の調理はどのように変化したか
結果評価	・保護者が感じる負担の軽減や乳児の順調な発育に繋がったか

4.3　学童期・思春期の栄養教育

学童期とは，小学校に入学してから卒業するまでの6年間（満6～11歳）をいう。乳児期に次いで身体的発育が著しく，学童期後期には第二**発育急進期***（思春期）に入る。幼児期に比べて行動範囲が広がり，学校中心の生活になる。保護者依存の生活から自立していく時期であるので，望ましい食生活習慣の意義を理解させ，正しい食習慣を形成させる重要な時期である。栄養教育を効果的に進めるには，家庭（保護者）・学校・地域が連携して取り組むことが必要である。

*発育急進期（growth acceleration）　急激に発育する時期。第一発育急進期：乳幼児期，第二発育急進期：思春期。個人差・男女差がある。

思春期とは，学童期後半から中学生，高校生まで（10～18歳ころ）を指す。

思春期の始まりは，男子12歳前後，女子10歳前後であり，発育には個人差・男女差が見られる。身長の年間発育量（平成12年度生まれ）は，男子では12歳が，女子では9歳がピークである。体重の年間発育量（平成12年度生まれ）は，男女とも11歳ごろの発育量が大きい（平成30年度学校保健統計調査報告書）。

思春期は，**第二次性徴**＊の発現により身体が子どもから大人へと急速な変化を遂げていく時期で心身の不安定な時期であるので心理面への配慮が不可欠である。体力・運動能力を向上させるとともに，望ましい生活習慣や食物摂取行動ができる自己管理能力を養うことが必要である。

＊**第二次性徴**（secondary sex character）　思春期に現れる精巣や卵巣の成熟および身体に発現する男女の性的特徴（第一次性徴：生殖器のみにみられる生物学的性差）。

4.3.1　栄養教育の特徴と留意事項

学童期・思春期は，身体発育・精神発達が著しい時期であるため，十分なエネルギーや栄養量が必要である。近年，子どもの社会生活環境や生活習慣の変化が，健康と食生活に影響を及ぼしている。この時期の食生活上の問題点として，朝食の欠食，コ食，ファーストフード・中食（惣菜弁当）の利用，偏食，間食・夜食，不規則な食事がある。この食生活の乱れから，肥満・痩身傾向など，子どもたちの健康を取り巻く問題が深刻化している。

(1)　食生活と健康の留意点

1)　朝食の欠食

国民健康・栄養調査結果（令和元）によると，7～14歳における朝食の欠食率は男子5.2%，女子3.4%である。朝食欠食の理由としては「食欲がない」「時間がない」ことが挙げられている。中学受験勉強やメールやゲームによる夜ふかしにより「夜食の摂取」「睡眠不足」など不規則な生活となりやすい。毎日朝食を食べる子どものほうが，食べない子どもより学力調査の平均正答率や体力合計点が高い傾向にあることが報告されている（**図4.3，4.4**）。

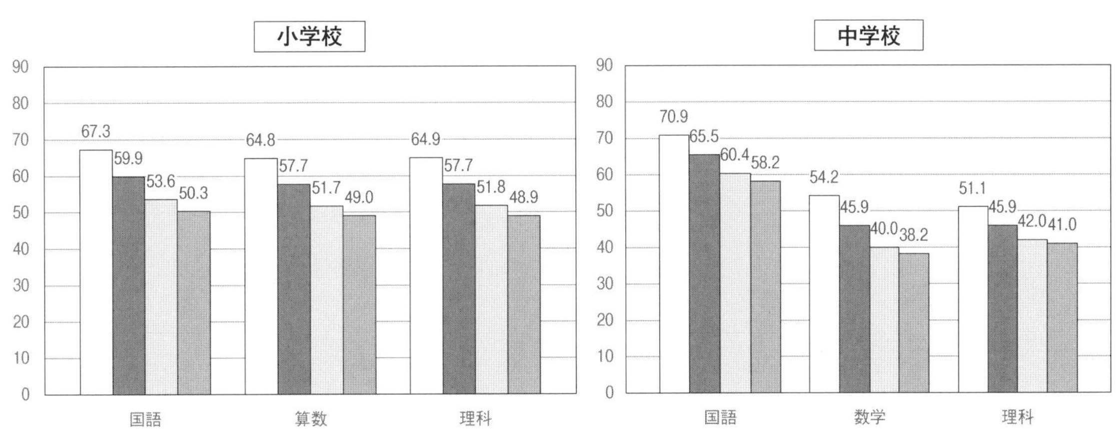

出所）文部科学省：令和4年度全国学力・学習状況調査

図4.3　朝食の摂取と学力調査の平均正答率との関係

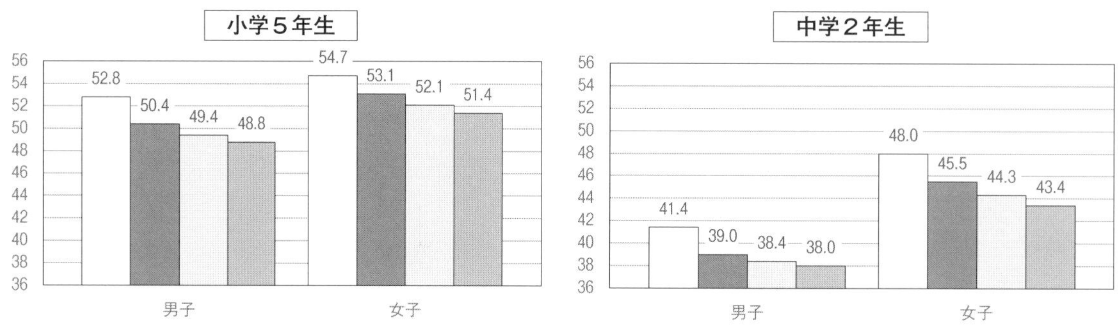

出所）スポーツ庁：令和４年度全国体力・運動能力，運動習慣等調査

図 4.4 朝食の摂取と体力との関係

2) コ食

ひとりで食事をする孤食，子どもだけで食べる子食，家族それぞれが自分の好きなものを食べる個食，決まったものしか食べない固食，食べる量が少ない小食，麺やパンを好んで食べる粉食，味の濃いものを好んで食べる濃食，これらは栄養素のバランスが崩れたり栄養素が不足する危険性がある。

表 4.19 年齢別 肥満傾向児及び痩身傾向児の出現率

区分			身長 (cm)	体重 (kg)	肥満傾向児 (%)	痩身傾向児 (%)
男子	幼稚園	5歳	111.0	19.3	3.61	0.30
	小学校	6歳	116.7	21.7	5.25	0.28
		7	122.6	24.5	7.61	0.31
		8	128.3	27.7	9.75	0.84
		9	133.8	31.3	12.03	1.42
		10	139.3	35.1	12.58	2.32
		11	145.9	39.6	12.48	2.83
	中学校	12歳	153.6	45.2	12.58	3.03
		13	160.6	50.0	10.99	2.73
		14	165.7	54.7	10.25	2.64
	高等学校	15歳	168.6	59.0	12.30	4.02
		16	169.8	60.5	10.64	3.34
		17	170.8	62.4	10.92	3.07
女子	幼稚園	5歳	110.1	19.0	3.73	0.36
	小学校	6歳	115.8	21.2	5.15	0.49
		7	121.8	23.9	6.87	0.56
		8	127.6	27.0	8.34	0.83
		9	134.1	30.6	8.24	1.66
		10	140.9	35.0	9.26	2.36
		11	147.3	39.8	9.42	2.18
	中学校	12歳	152.1	44.4	9.15	3.55
		13	155.0	47.6	8.35	3.22
		14	156.5	50.0	7.80	2.55
	高等学校	15歳	157.3	51.3	7.57	3.10
		16	157.7	52.3	7.20	2.33
		17	158.0	52.5	7.07	2.19

（注）年齢は，各年４月１日現在の満年齢である。
出所）文部科学省：令和３年度学校保健統計（確報値）の公表より作成

3) 肥満傾向および痩身傾向児の出現率

学校保健統計調査報告書（令和３年度）によると，肥満児の割合は男女ともに小学生高学年が最も高く，特に男子は９歳以降 10％を超えている。痩身傾向児は男女とも 10 歳以降２～３％である（**表 4.19**）。

2006（平成 18）年度から算定方法が変わり，性別，年齢別，身長別標準体重から肥満度を算出し，肥満度が 20％以上の者を肥満傾向児，マイナス 20％以下の者を痩身傾向児としている。

肥満度の求め方は，以下のとおりである。

肥満度（過体重度）=〔実測体重(kg) − 身長別標準体重(kg)〕／身長別標準体重(kg) × 100(%)

身長別標準体重(kg) ＝ a × 実測身長(cm) − b （**表 4.20**）

表 4.20　肥満・痩身傾向児の算出方法

年齢	係数			
	男		女	
	a	b	a	b
5	0.386	23.699	0.377	22.750
6	0.461	32.382	0.458	32.079
7	0.513	38.878	0.508	38.367
8	0.592	48.804	0.561	45.006
9	0.687	61.390	0.652	56.992
10	0.752	70.461	0.730	68.091
11	0.782	75.106	0.803	78.846
12	0.783	75.642	0.796	76.934
13	0.815	81.348	0.655	54.234
14	0.832	83.695	0.594	43.264
15	0.766	70.989	0.560	37.002
16	0.656	51.822	0.578	39.057
17	0.672	53.642	0.598	42.339

肥満度(過体重度)＝
　〔実測体重(kg) − 身長別標準体重(kg)〕/身長別標準体重(kg) × 100%
身長別標準体重(kg)＝ a × 実測身長(cm) − b
出所）日本学校保健会：児童生徒の健康診断マニュアル（平成 27 年度改訂版）

4)　疾病・異常の被患率状況

学校保健統計調査（令和２年度）によると，疾病・異常の被患率は，「裸眼視力 1.0 未満の者」は年齢が高くなるにつれて増加傾向となっている。「むし歯（う歯）」は，８歳が最も高くなっている。食後の歯磨き等の口腔ケア指導が必要である。

5) 健康づくりのための睡眠指針 2014

「健康づくりのための睡眠指針 2014 〜睡眠 12 箇条〜」が策定され，「健康日本 21（第２次）」における睡眠による休養を十分にとれていない者の割合の減少を目標とし，その視点を「快適な睡眠」から「健康づくりに資する睡眠」へと変更している。睡眠 12 箇条の中には，「若年世代は夜更かし避けて，体内時計のリズムを保つ」がある。携帯電話，メールやゲーム等の使用に注意して生活リズムを整えるようにすることが求められている（巻末資料）。

(2)　学校を拠点とした食育と栄養教育

学校における食育は，子どもが食に関する正しい知識を身に付け，自らの食生活を考え，望ましい食習慣を実践することができることを目指し，学校給食を活用しながら，給食の時間はもとより各教科や総合的な学習の時間等における食に関する指導を中心として行われる。

1)　学校給食法（1954（昭和 29）年制定，2008（平成 20）年改正，2009（平成 21）年４月施行）

学校給食法は「学校給食が児童及び生徒の心身の健全な発達に資するものであり，かつ，児童及び生徒の食に関する正しい理解と適切な判断力を養う上で重要な役割を果たすものであることにかんがみ，学校給食及び学校給食を活用した食に関する指導の実施に関し必要な事項を定め，もって学校給食の普及充実及び学校における食育の推進を図ること（第１条）」を目的とし，その目標は，**表 4.21** のとおりである。

表 4.21　学校給食の目標（学校給食法第２条）

① 適切な栄養の摂取による健康の保持増進を図ること。
② 日常生活における食事について，正しい理解を深め，健全な食生活を営むことができる判断力を培い，及び望ましい食習慣を養うこと。
③ 学校生活を豊かにし，明るい社交性及び協同の精神を養うこと。
④ 食生活が自然の恩恵の上に成り立つものであることについての理解を深め，生命及び自然を敬重する精神並びに環境の保全に寄与する態度を養うこと。
⑤ 食生活が食にかかわる人々の様々な活動に支えられていることについての理解を深め勤労を重んずる態度を養うこと。
⑥ 我が国や各地域の優れた伝統的な食文化についての理解を深めること。
⑦ 食糧の生産，流通及び消費について，正しい理解に導くこと。

表 4.22　児童又は生徒 1 人 1 回当たりの学校給食摂取基準

区　　分	基　準　値			
	児童（6 歳～7 歳）の場合	児童（8 歳～9 歳）の場合	児童（10 歳～11 歳）の場合	生徒（12 歳～14 歳）の場合
エネルギー（kcal）	530	650	780	830
たんぱく質（%）	学校給食による摂取エネルギー全体の 13%～20%			
脂　　質（%）	学校給食による摂取エネルギー全体の 20%～30%			
ナトリウム（食塩相当量）（g）	1.5 未満	2 未満	2 未満	2.5 未満
カルシウム（mg）	290	350	360	450
マグネシウム（mg）	40	50	70	120
鉄（mg）	2	3	3.5	4.5
ビタミン A（μgRAE）	160	200	240	300
ビタミン B_1（mg）	0.3	0.4	0.5	0.5
ビタミン B_2（mg）	0.4	0.4	0.5	0.6
ビタミン C（mg）	20	25	30	35
食物繊維（g）	4 以上	4.5 以上	5 以上	7 以上

注 1）表に掲げるもののほか，次に掲げるものについても示した摂取について配慮すること。
　　亜　鉛……児童（6 歳～7 歳）2mg，児童（8 歳～9 歳）2mg，児童（10 歳～11 歳）2mg，生徒（12 歳～14 歳）3mg
　2）この摂取基準は，全国的な平均値を示したものであるから，適用に当たっては，個々の健康及び生活活動等の実態並びに地域の実情等に十分配慮し，弾力的に運用すること。
　3）献立の作成に当たっては，多様な食品を適切に組み合わせるよう配慮すること。
出所）学校給食実施基準（令和 3 年改正）文部科学省 https://www.mext.go.jp/content/20210212-mxt_kenshoku-100003357_2.pdf（2021）（2022.1.15）

義務教育の児童生徒，夜間課程を置く高等学校の生徒，特別支援学校の幼稚部の幼児についての**学校給食摂取基準**が策定されている（**表 4.22**）。この摂取基準は全国的な平均値を示したものであるから，適用にあたっては，個々の健康および生活活動等の実態ならびに地域の実情等に十分配慮し，弾力的に運用する。

学校給食における児童生徒の食事摂取基準策定に関する調査研究協力者会議（令和 2 年 12 月）は，「学校給食のある日」と「学校給食のない日」の比較を行っている。学校給食が児童生徒の栄養改善に寄与していることを裏付ける結果となっている。しかし学校給食のある日においても食塩と脂質の摂取過剰，食物繊維の摂取不足が見られた。食塩や脂質の摂取を抑制し，食物繊維・カルシウムや鉄の摂取に心がけることが求められる。家庭への情報発信を行うことにより，児童生徒の食生活全体の改善を促すことが必要である。学校給食においてもさらなる献立の工夫が望まれる。

2)　食育基本法

食育基本法（2005 年）では「21 世紀における我が国の発展のためには，子どもたちが健全な心と身体を培い，未来や国際社会に向かって羽ばたくことができるようにするとともに，すべての国民が心身の健康を確保し，生涯にわたって生き生きと暮らすことができるようにすることが大切」としている。子どもたちが豊かな人間性をはぐくみ，生きる力を身に付けていくためには，何よりも「食」が重要であり，「食育」を生きる上での基本であり，知育，徳育および体育の基礎となるべきものと位置付けている。そしてさまざまな経験を通じて「食」に関する知識と「食」を選択する力を習得し，健全な食生活を実践することができる人間を育てる食育を推進することを求めている。この食育を推進するために，**第 1 次**（2006 年），**第 2 次**（2011 年），**第 3 次**（2016 年），**第 4 次食育推進基本計画**（2021 年）が作成されている。家族が食卓を囲んでコミュニケーションを図る**共食**は，食育の原点であり，子どもへの食育を推進していく大切な時間と場であると考えられている。**第 4 次食育推進基本計画**（2021 年）（巻末資料）では，持続可能な開発目標（SDGs）実現に向けた食育の推進を重点事項としている。

3) 栄養教諭

学校教育法が 2004（平成 15）年に改正され，2005 年 4 月から栄養教諭制度が施行された。栄養教諭は栄養に関する専門性と教育に関する資質を合わせ持つ職員であり，学校における食育推進の要として，① 家庭における食生活や生活習慣病の実態把握，② 地域の食育の取組みの情報収集，③ 家庭への啓発活動等の連携の推進，④ 地域の関連機関・団体との連携・調整の推進，⑤ 校内での「食に関する指導の人材等のリスト」を作成・活用することを行い，家庭や地域との連携を図る役割を果たしていくことが期待されている。

栄養教諭は学校給食を「生きた教材」として活用し，各学科や特別活動において児童生徒の発達段階に応じた「食に関する指導」（学校における食育）を実施する。さらに，児童生徒や保護者の個別相談に応じるとともに，担任や養護教諭，校医や医療機関との連携を図り，食に関するコーディネーターとなることが求められている。

4) 学校における食育の推進

小中学校の学習指導要領が 2008（平成 20）年に改訂され，小学校は 2011（平成 23）年度から，中学校は 2012（平成 24）年度から全面実施された。その総則[*1]に「**学校における食育の推進**」が盛り込まれ，食育について「体育科の時間はもとより，家庭科，特別活動などにおいてもそれぞれの特質に応じて適切に行うように努める[*2]」ことが明記され，関連する教科での食育に関する記述が充実された。

学校給食法が 2008 年に改正され，第 1 条（目的）で「学校における食育の推進」を位置づけるとともに，栄養教諭が学校給食を活用した食に関する指導を充実させることについても明記された。2019（平成 31）年 3 月に，『**食に関する指導の手引—第 2 次改訂版**』が取りまとめられた。その内容は，学校における食育の推進の必要性，食に関する指導の目標（**表 4.23**），食育の視点（**表 4.24**），栄養教諭が中心となって作成する食に関する指導の全体計画，食に関する指導の基本的な考え方や指導方法，食育の評価である。

＊1「小学校学習指導要領」第 1 章総則第 1 の 3 および「中学校学習指導要領」第 1 章総則第 1 の 3

＊2「中学校学習指導要領」では，総則における体育科を保健体育科，家庭科を技術・家庭科と読み替える。

表 4.23　食に関する指導の目標

（知識・技能）
食事の重要性や栄養バランス，食文化等についての理解を図り，健康で健全な食生活に関する知識や技能を身に付けるようにする。
（思考力・判断力・表現力等）
食生活や食の選択について，正しい知識・情報に基づき，自ら管理したり判断したりできる能力を養う。
（学びに向かう力・人間性等）
主体的に，自他の健康な食生活を実現しようとし，食や食文化，食料の生産等に関わる人々に対して感謝する心を育み，食事のマナーや食事を通じた人間関係形成能力を養う。

出所）文部科学省：食に関する指導の手引（第２次改訂版）(2019)

表 4.24　全体計画に揚げることが望まれる内容

◇　食事の重要性，食事の喜び，楽しさを理解する。【食事の重要性】
◇　心身の成長や健康の保持増進の上で望ましい栄養や食事のとり方を理解し，自ら管理していく能力を身に付ける。【心身の健康】
◇　正しい知識・情報に基づいて，食品の品質及び安全性等について自ら判断できる能力を身に付ける。【食品を選択する能力】
◇　食べ物を大事にし，食料の生産等に関わる人々へ感謝する心をもつ。【感謝の心】
◇　食事のマナーや食事を通じた人間関係形成能力を身に付ける。【社会性】
◇　各地域の産物，食文化や食に関わる歴史等を理解し，尊重する心をもつ。【食文化】

出所）表 4.23 に同じ

学年段階別に整理した資質・能力（例）（**表 4.27**）をもとに，食に関する指導の全体計画①②例（**表 4.25，4.26**）を作成する。

個別的な栄養教育を行う場合は，対象となる個人の健康・栄養状態や食物摂取状況などを総合的に評価し，家庭や地域の背景，児童生徒の食に関する知識・理解度等を考慮し，状況に応じた指導に当たることが大切である（**表 4.28**）。

(3)　ダイエットと栄養教育

痩身傾向の児童生徒の出現率は小学校５年生（10 歳）から２％を超え，男女ともに増加傾向となっている（p.108，**表 4.19**）。誤ったダイエット法による健康障害が懸念される。

ダイエットにおける栄養教育のポイントとして，以下の点が挙げられる。

① 適正体重などの正しい健康知識を習得させ，ダイエットの必要性を考えさせる。

② ダイエットによる健康障害の知識をもたせる。

③ ダイエットが必要な場合は適切な方法を指導する。

ダイエットがきっかけで摂食障害になることがあるが，摂食障害は単なる食欲や食行動の異常ではない。心理的要因に基づく食行動の重篤な障害であり，①体重に対する過度のこだわり，②自己評価への体重・体形の過剰な影響がみられる。摂食障害は大きく分けて，**神経性やせ症**[*1]と**神経性過食症**[*2]に分類される。アメリカ精神医学会「精神疾患の診断・統計マニュアル第５

＊1 **神経性やせ症**（AN：anorexia nervosa）　従来の神経性食欲不振症のこと。必ずしも患者の食欲は低下しておらず，肥満恐怖のために食べられないことから DSM-5 の日本語版で新しくつけられた病名。

＊2 **神経性過食症**（BN：blimia nervosa）　アメリカ精神医学会 DSM-5（2013）の診断基準は，①むちゃ食いのエピソードの繰り返し，②むちゃ食いの期間中，摂食行動を自己制御できないという感じを伴う，③体重増加を防ぐために自己誘発性嘔吐，下剤・利尿剤・浣腸の使用，厳格な食事制限または絶食，または激しい運動を繰り返す，④むちゃ食いは最低週１回以上３ヵ月続く，⑤自己評価は，体型および体重の影響を過度に受けている，⑥神経性食欲不振症のエピソードの期間中にのみ起こるものではない。

表 4.25　食に関する指導の全体計画①（小学校）例

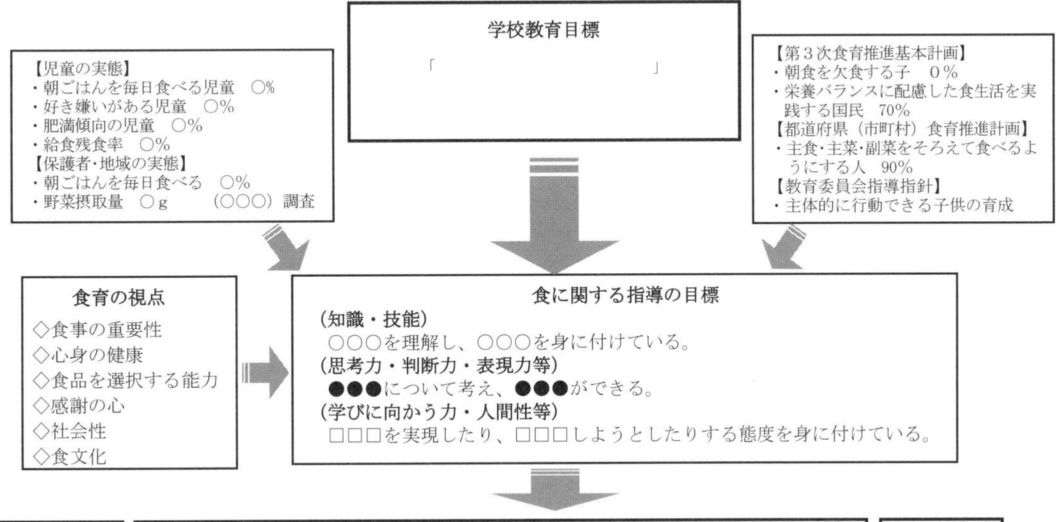

幼稚園・保育所 幼保連携型認定こども園	各学年の食に関する指導の目標			中学校
	1、2年	3、4年	5、6年	
幼稚園・保育所・幼保連携型認定こども園のねらいや連携に関する方針等を記述する	○○が分かる。 ●●できる。 □□ができる。	○○○が分かり、○○○しようとする。 ●●●できる。 □□□ができる。	○○○○を理解し、○○○○できる。 ●●●●し、●●●●できる。 □□□□して、□□□□ができる。	中学校の目標や連携に関する方針等を記述する

食育推進組織（○○委員会）

委員長：校長（副委員長：副校長・教頭）

委員：栄養教諭、主幹教諭、教務主任、保健主事、養護教諭、学年主任、給食（食育）主任、体育主任、学級担任

※必要に応じて、保護者代表、学校医・学校歯科医・学校薬剤師の参加

食に関する指導

- 教科等における食に関する指導：関連する教科等において食に関する指導の視点を位置付けて指導
  社会、理科、生活、家庭、体育、道徳、総合的な学習の時間、特別活動　等
- 給食の時間における食に関する指導：
  - 食に関する指導：献立を通して学習、教科等で学習したことを確認
  - 給食指導：準備から片付けまでの一連の指導の中で習得
- 個別的な相談指導：肥満・やせ傾向、食物アレルギー・疾患、偏食、スポーツ、○○

地場産物の活用

物資選定委員会：年○回、構成委員（○○、○○）、活動内容（年間生産調整及び流通の確認、農場訪問（体験）計画）

地場産物等の校内放送や指導カードを使用した給食時の指導の充実、教科等の学習や体験活動と関連を図る、○○

家庭・地域との連携

積極的な情報発信、関係者評価の実施、地域ネットワーク（人材バンク）等の活用

学校だより、食育（給食）だより、保健だより、学校給食試食会、家庭教育学級、学校保健委員会、講演会、料理教室

自治体広報誌、ホームページ、公民館活動、食生活推進委員・生産者団体・地域食育推進委員会、学校運営協議会、地域学校協働本部、○○

食育推進の評価

活動指標：食に関する指導、学校給食の管理、連携・調整

成果指標：児童の実態、保護者・地域の実態

出所）表 4.23 に同じ

表 4.26　食に関する指導の年間指導計画②（小学校第6学年）例

教科等		4月	5月	6月	7月	8～9月	10月	11月	12月	1月	2月	3月
学校行事等		入学式	運動会	クリーン作戦	集団宿泊合宿		就学時健康診断	避難訓練				卒業式
推進体制	進行管理		委員会		委員会		委員会		委員会		委員会	
推進体制	計画策定	計画策定							評価実施	評価結果の分析	計画案作成	
教科・道徳等	社会	県の様子【4年】、世界の中の日本、日本の地形と気候【5年】	私たちの生活を支える飲料水【4年】、高地に住む人々の暮らし【5年】	地域にみられる販売の仕事【3年】、ごみのしょりと再利用【4年】寒い土地のくらし【5年】日本の食糧生産の特色【5年】、狩猟・採集や農耕の生活、古墳、大和政権【6年】	我が国の農家における食料生産【5年】	地域に見られる生産の仕事（農家）【3年】、我が国の水産業における食料生産【5年】				市の様子の移り変わり【3年】、長く続いた戦争と人々のくらし【6年】	日本とつながりの深い国々【6年】	
教科・道徳等	理科		動物のからだのつくりと運動【4年】、植物の発芽と成長【5年】、動物のからだのはたらき【6年】	どれくらい育ったかな【3年】、暑くなると【4年】、花から実へ【5年】、植物のからだのはたらき【6年】	生き物のくらしと環境【6年】	実がたくさんできたよ【3年】			水溶液の性質とはたらき【6年】	物のあたたまりかた【4年】		
教科・道徳等	生活	がっこうだいすき【1年】	たねをまこう【1年】、やさいをそだてよう【2年】	→	→	秋のくらし　さつまいもをしゅうかくしよう【2年】						
教科・道徳等	家庭		おいしい楽しい調理の力【5年】	朝食から健康な1日の生活を【6年】			食べて元気！ごはんとみそ汁【5年】	まかせてね今日の食事【6年】				
教科・道徳等	体育			毎日の生活と健康【3年】				育ちゆく体とわたし【4年】		病気の予防【6年】		
教科・道徳等	他教科等	たけのこぐん【2国】	茶つみ【3音】	ゆうすげむらの小さな旅館【3国】	おおきなかぶ【1国】海のいのち【6国】		サラダで元気【1国】言葉の由来に関心をもとう【6国】	くらしの中の和と洋【4国】、和の文化を受けつぐ【5国】	プロフェッショナルたち【6国】	おばあちゃんに聞いたよ【2国】	みらいへのつばさ（備蓄計画）【6算】	うれしいひなまつり【1音】
教科・道徳等	道徳	自校の道徳科の指導計画に照らし、関連する内容項目を明記すること。										
総合的な学習の時間	総合的な学習の時間		地元の伝統野菜をPRしよう【6年】→	→	→	→	→	→	→	→	→	
特別活動	学級活動・食育教材活用	給食がはじまるよ＊【1年】	元気のもと朝ごはん＊【2年】、生活リズムを調べてみよう＊【3年】、食べ物の栄養＊【5年】	よくかんで食べよう【4年】、朝食の大切さを知ろう【6年】	夏休みの健康な生活について考えよう【6年】	弁当の日のメニューを考えよう【5・6年】	食べ物はどこから＊【5年】	食事をおいしくするまほうの言葉＊【1年】、おやつの食べ方を考えてみよう＊【2年】、マナーのもつ意味＊【3年】、元気な体に必要な食事＊【4年】		食べ物のひみつ【1年】、食べ物の「旬」＊【2年】、小児生活習慣病予防健診事後指導【4年】	しっかり食べよう　3度の食事【3年】	
特別活動	児童会活動	残菜調べ、片付け点検確認・呼びかけ → 目標に対する取組等（5月：身支度チェック、12月：リクエスト献立募集・集計） 掲示（5月：手洗い、11月：おやつに含まれる砂糖、2月：大豆の変身）		給食委員会発表「よく噛むことの大切さ」				生産者との交流給食会		学校給食週間の取組		
特別活動	学校行事	お花見給食、健康診断		全校集会		遠足		交流給食会		給食感謝の会		
給食の時間	給食指導	仲良く食べよう 給食のきまりを覚えよう 楽しい給食時間にしよう		楽しく食べよう 食事の環境について考えよう		食べ物を大切にしよう 感謝して食べよう				給食の反省をしよう 1年間の給食を振り返ろう		
給食の時間	食に関する指導	給食を知ろう 食べ物の働きを知ろう 季節の食べ物について知ろう				食べ物の名前を知ろう 食べ物の三つの働きを知ろう 食生活について考えよう				食べ物に関心をもとう 食生活を見直そう 食べ物と健康について知ろう		
学校給食の関連事項	月目標	給食の準備をきちんとしよう	きれいなエプロンを身につけよう	よくかんで食べよう	楽しく食事をしよう	正しく配膳をしよう	後片付けをきちんとしよう	食事のあいさつをきちんとしよう	きれいに手を洗おう	給食について考えよう	食事マナーを考えて食事をしよう	1年間の給食をふりかえろう
学校給食の関連事項	食文化の伝承	お花見献立	端午の節句		七夕献立	お月見献立	和食献立	地場産物活用献立	冬至の献立	正月料理	節分献立	和食献立
学校給食の関連事項	行事食	入学進級祝献立お花見献立		カミカミ献立		祖父母招待献立、すいとん汁			クリスマス献立	給食週間行事献立	リクエスト献立	卒業祝献立（選択献立）
学校給食の関連事項	その他		野菜ソテー	卵料理			みそ汁（わが家のみそ汁）	伝統的な保存食（乾物）を使用した料理			韓国料理、アメリカ料理	
学校給食の関連事項	旬の食材	なばな、春キャベツ、たけのこ、新たまねぎ、きよみ	アスパラガス、グリーンピース、そらまめ、新たまねぎ、いちご	アスパラガス、じゃがいも、にら、いちご、びわ、アンデスメロン、さくらんぼ	おくら、なす、かぼちゃ、ピーマン、レタス、ミニトマト、すいか、プラム	さんま、さといも、ミニトマト、とうもろこし、かぼちゃ、えだまめ、きのこ、なす、ぶどう、なし	さんま、さけ、きのこ、さつまいも、くり、かき、りんご、ぶどう	新米、さんま、さけ、さば、さつまいも、はくさい、ブロッコリー、ほうれんそう、ごぼう、りんご	のり、ごぼう、だいこん、ブロッコリー、ほうれんそう、みかん	かぶ、ねぎ、ブロッコリー、ほうれんそう、キウイフルーツ、ぽんかん	しゅんぎく、ブロッコリー、ほうれんそう、みかん、いよかん、キウイフルーツ	ブロッコリー、ほうれんそう、いよかん、きよみ
学校給食の関連事項	地場産物	じゃがいも	こまつな、チンゲンサイ、じゃがいも	こまつな、チンゲンサイ、なす、ミニトマト		こまつな、チンゲンサイ、たまねぎ、じゃがいも	こまつな、チンゲンサイ、たまねぎ、じゃがいも、りんご	たまねぎ、じゃがいも、りんご		たまねぎ、じゃがいも		
学校給食の関連事項	地場産物	地場産物等の校内放送や指導カードを使用した給食時の指導充実。教科等の学習や体験活動と関連を図る。 推進委員会（農場訪問（体験）の計画等）				推進委員会			推進委員会	推進委員会（年間生産調整等）		
個別的な相談指導			すこやか教室		すこやか教室（面談）			すこやか教室 管理指導表提出		個別面談		個人カルテ作成
家庭・地域との連携		積極的な情報発信（自治体広報誌、ホームページ）、関係者評価の実施、公民館活動、地域ネットワーク（人材バンク）等の活用 学校だより、食育（給食）だより、保健だよりの発行 ・朝食の大切さ・運動と栄養・食中毒予防・夏休みの食生活・食事の量				・地元の野菜の特色	・地場産物のよさ・日本型食生活のよさ			・運動と栄養・バランスのとれた食生活・心の栄養		
家庭・地域との連携			学校公開日	学校給食試食会	公民館親子料理教室	家庭教育学級		学校保健委員会、講演会				

出所）表 4.23 に同じ

表 4.27 学年段階別に整理した資質・能力（例）

学年		①食事の重要性	②心身の健康	③食品を選択する能力	④感謝の心	⑤社会性	⑥食文化
小学校	低学年	○食べ物に興味・関心をもち，楽しく食事ができる。	○好き嫌いせずに食べることの大切さを考えることができる。 ○正しい手洗いや，良い姿勢でよく噛んで食べることができる。	○衛生面に気を付けて食事の準備や後片付けができる。 ○いろいろな食べ物や料理の名前が分かる。	○動物や植物を食べて生きていることが分かる。 ○食事のあいさつの大切さが分かる。	○正しいはしの使い方や食器の並べ方が分かる。 ○協力して食事の準備や後片付けができる。	○自分の住んでいる身近な土地でとれた食べ物や，季節や行事にちなんだ料理があることが分かる。
	中学年	○日常の食事に興味・関心をもち，楽しく食事をすることが心身の健康に大切なことが分かる。	○健康に過ごすことを意識して，様々な食べ物を好き嫌いせずに3食規則正しく食べようとすることができる。	○食品の安全・衛生の大切さが分かる。 ○衛生的に食事の準備や後片付けができる。	○食事が多くの人々の苦労や努力に支えられていることや自然の恩恵の上に成り立っていることが理解できる。 ○資源の有効利用について考える。	○協力したりマナーを考えたりすることが相手を思いやり楽しい食事につながることを理解し，実践することができる。	○日常の食事が地域の農林水産物と関連していることが理解できる。 ○地域の伝統や気候風土と深く結び付き，先人によって培われてきた多様な食文化があることが分かる。
	高学年	○日常の食事に興味・関心をもち，朝食を含め3食規則正しく食事をとることの大切さが分かる。	○栄養のバランスのとれた食事の大切さが理解できる。 ○食品をバランスよく組み合わせて簡単な献立をたてることができる。	○食品の安全に関心をもち，衛生面に気を付けて，簡単な調理をすることができる。 ○体に必要な栄養素の種類と働きが分かる。	○食事にかかわる多くの人々や自然の恵みに感謝し，残さず食べようとすることができる。 ○残さず食べたり，無駄なく調理したりしようとすることができる。	○マナーを考え，会話を楽しみながら気持ちよく会食をすることができる。	○食料の生産，流通，消費について理解できる。 ○日本の伝統的な食文化や食に関わる歴史等に興味・関心をもつことができる。
中学校		○日常の食事に興味・関心をもち，食環境と自分の食生活との関わりを理解できる。	○自らの健康を保持増進しようとし，自ら献立をたて調理することができる。 ○自分の食生活を見つめ直し，望ましい食事の仕方や生活習慣を理解できる	○食品に含まれている栄養素や働きが分かり，品質を見分け，適切な選択ができる。	○生産者や自然の恵みに感謝し，食品を無駄なく使って調理することができる。 ○ 環境や資源に配慮した食生活を実践しようとすることができる。	○食事を通してより良い人間関係を構築できるよう工夫することができる。	○ 諸外国や日本の風土，食文化を理解し，自分の食生活は他の地域や諸外国とも深く結びついていることが分かる。

出所）表 4.23 に同じ

版」（DSM-5）（2013 年）を基準とした診断が行われている。身体的要因と精神的要因が相互に密接に関連して形成された食行動の異常と考えられている。摂食障害の場合，管理栄養士は専門医を受診することを勧め，家族，カウンセラー等とチームで連携して治療を進められるようにする。

(4) スポーツと栄養教育

2011（平成 23）年に成立した**スポーツ基本法**は，1961（昭和 36）年に制定されたスポーツ振興法を

表 4.28 個別的な栄養教育を行う場合の注意点

① 特定の児童生徒に対する個別的な相談指導の際，特別扱いということで児童生徒の心の過大な重荷となったり，他の児童生徒からのいじめのきっかけにならないよう，きめ細やかな配慮をすること。
② 個々の児童生徒の心（人格）を傷つけることがないように無理のない指導をすること。
③ 保護者の十分な理解や協力を得る必要がある。プライバシーの保護にも十分留意すること。
④ 解決を焦らずに，長い時間をかけて指導する。改善すべき問題点がたくさんあっても，当面の目標を1つにしぼり具体的な指導方法を考えて進めていくこと。
⑤ 改善目標は児童生徒との合意により決定していく。改善への意欲を高めるためには，児童生徒が自ら決めた目標を設定することが望ましい。
⑥ 個に応じた指導計画を作成し，指導内容や児童生徒の変化を詳細に記録するとともに，必ず評価を行いながら，対象の児童生徒にとって適正な改善へ導くこと。
⑦ 個別の相談指導の対象になった児童生徒については，必ずその児童生徒および保護者の満足する成果を上げられるように努めること。

出所）表 4.23 に同じ

50年ぶりに全面改正し，スポーツに関し，基本理念を定め，並びに国および地方公共団体の責務並びにスポーツ団体の努力等を明らかにするとともに，スポーツに関する施策の基本となる事項を定めたものである。

スポーツをする子どもの栄養教育のポイントは以下の5点である。

① 栄養摂取の基本は，食事であることを教え，サプリメントの多用・依存に注意する。

② 朝食の欠食，間食・菓子類の過剰摂取，偏食，野菜の摂取不足，脂肪の過剰摂取に注意する。

③ スポーツ貧血に注意する。

④ ウォーターブレイクをとって水分補給を十分に行い，熱中症を予防する。

⑤ 身体の発達には，適度な運動刺激が必要であるが，スポーツ障害を生じる危険性がある過度の運動負荷は避けるべきである。疲労回復には，栄養だけでなく，十分な睡眠・休養も必要である。

4.3.2　栄養教育プログラムの実際

(1)　アセスメント（p.58，3.1参照）

1)　健康（疾病）状態のアセスメント

身長，体重は，発育発達の重要な栄養アセスメントの指標である。学校保健統計調査報告書では，肥満度（表4.20）が用いられている。身体活動量，運動習慣について把握する。表情や態度，睡眠時間などの問診による状況や臨床検査結果を把握する。

2)　食物摂取状況のアセスメント

エネルギーおよび栄養素等摂取状況調査結果を把握する。

(2)　目標設定（p.67，3.2参照）

学校給食においては，前述の「食に関する指導の手引（第2次改定版）」を参考に，各学年の食に関する指導の目標（例）を実践する内容を設定する。

(3)　プログラムの作成（p.69，3.3参照）

学校給食の目標，食育を実践できる内容を考慮した学習指導案を作成する。学童期・思春期の栄養教育において，ピュアエデュケーション（peer education）を取り入れた指導案は，有効な手段のひとつである。

表4.29　長期目標と中期目標の例

目　標	内　容
長期目標	健康な生活習慣が身につく
中期目標	肥満度が減少する

表 4.30　短期目標の例

目　標	内　容
学習目標	朝食の大切さを理解する
行動目標	早寝早起きをする
環境目標	栄養のバランスの取れた朝食を保護者が準備する
結果目標	食事がからだに及ぼす影響を理解して食べることができる

対象者（Whom）：肥満傾向の 11 歳男子

テーマ（What）：朝食をとることの大切さを理解し習慣化する

日時（When）：〇〇月〇〇日　放課後

スタッフ（Who）：栄養教諭，担任，養護教諭，クラスメイト

目的（Why）：朝食を食べることで生活リズムを整える

場所（Where）：ランチルーム

内容（How）：三食のバランスやおやつのとり方を知る

予算（Budget）：無料

(4)　プログラムの実施（p.83，3.4 参照）

個別指導においては，**表 4.28**　個別的な栄養教育を行う場合の注意点を配慮して実施する。

(5)　プログラムの評価（p.84，3.5 参照）

表 4.31　評価の例

評　価	内　容
企画評価	担任や養護教諭と連携することができたか
経過評価	朝食を食べる意欲を高めることができたか
影響評価	早寝早起きをしているか
結果評価	朝食を食べることが習慣になったかどうか

4.4　成人期の栄養教育

成人期とは一般的に 20～64 歳までを指す。胎児期から乳・幼児期，学童期と心身の著しい発育を経て，思春期を終えるころには成長発達は緩やかになる。成人期は身体的にも精神的にも成熟し，社会活動も活発に行われる。就職，転職，結婚，出産等の**ライフイベント***を迎える時期で，生活面（生活様式・ライフスタイル）や仕事面（仕事様式・ワークスタイル）の変化も大きい。個人や性別によって差はあるが，40 歳を過ぎると代謝機能が低下し始め，50 歳を過ぎると老化や更年期障害などの加齢に伴う身体的な変化が徐々に顕在化する。このように長期にわたる成人期では，心身の変化に加えて社会的変化などにより，健康・栄養状態は個人差が大きくなる。そこで，食生活・生活習慣への栄養教育を行う上では，年齢や年代（成人前期と中期），性

*ライフイベント　人生の節目に起こるさまざまな出来事。他には就学，離婚，育児，退職，誕生，死亡などがある。

＊1 BMI　体格指数（body mass index）で，やせや肥満の判定などに用いられる。体重(kg)÷身長(m)×身長(m)で計算され，日本人では18.5以上25未満を普通体重，18.5未満を低体重（やせ），25以上を肥満と判定される（**表4.32**）。日本人の食事摂取基準（2020年版）では，目標とするBMIが提示された（**表4.33**）。

表4.32　肥満度の判定基準
（日本肥満学会，2011）

BMI	判　定
18.5未満	低体重
18.5以上25.0未満	普通体重
25.0以上30.0未満	肥満（1度）
30.0以上35.0未満	肥満（2度）
35.0以上40.0未満	肥満（3度）
40.0以上	肥満（4度）

表4.33　目標とするBMIの範囲
（18歳以上）[1), 2)]

年齢（歳）	目標とするBMI (kg/m^2)
18～49	18.5～24.9
50～64	20.0～24.9
65～74[3)]	21.5～24.9
75以上[3)]	21.5～24.9

注1）男女共通。あくまでも参考として使用すべきである。
2）観察疫学研究において報告された総死亡率が最も低かったBMIを基に，疾患別の発症率とBMIの関連，死因とBMIとの関連，喫煙や疾患の合併によるBMIや死亡リスクへの影響，日本人のBMIの実態に配慮し，総合的に判断し目標とする範囲を設定。
3）高齢者では，フレイルの予防及び生活習慣病の発症予防の両者に配慮する必要があることも踏まえ，当面目標とするBMIの範囲を21.5～24.9kg/㎡とした。
出所）日本人の食事摂取基準（2020年版）

＊2 **内臓脂肪型肥満**　腹腔内の内臓周囲に脂肪組織が蓄積するタイプの肥満をさす。上半身に多く脂肪がつくため，見た目の体型から「リンゴ型肥満」ともよばれる。内臓の脂肪細胞が肥大化すると，インスリン抵抗性（2型糖尿病）や高血圧，脂質異常症などの生活習慣病を惹起させる生理活性物質（アディポサイトカイン）の分泌が亢進する。内臓脂肪症候群の診断では腹囲男性85cm，女性90cm以上が判定の指標となっている。

＊3 **標準体重**　標準体重(kg)＝身長(m)×身長(m)×22。日本人における病気になりにくい（疾病罹患率が低い）BMI値(22)をもとに算出される。

別，ライフスタイル，ワークスタイルなどの状況を的確に把握する必要がある。

4.4.1　栄養教育の特徴と留意事項

成人前期（20～30歳代）では，① 思春期までは親や家族に依存した食生活を営んできたが，就職するなど社会に参加して自立した生活が始まる。単身で生活したり，結婚して家庭を営み，次世代を育成したりするなどライフスタイルも大きく変化し，新たに生活習慣を形成する時期である。② 仕事中心の生活になりがちで，さらに，子育てで忙しくなる時期でもあり，仕事と子育てとを両立しなければならない者も少なくない。③ 歳を重ねるごとに活躍の場は広がり，社会においても家庭においても果たす役割や責任も重くなる。④ 生活環境や社会環境の変化に対応するのが精一杯で，朝食欠食や外食が増え，食生活も不規則になりやすい。⑤ 体力にも自信があり，健康の維持にも余力があるので，自分自身の健康状態に関心が低く，食生活や生活習慣に気をかけない。⑥ 心身のストレスの多い時期でもあり，それらは食習慣の乱れとして反映される。

成人中期（40～64歳を，壮年期や中年期に相当）では，① 社会的責任も大きくなり，残業や夜間勤務に加え，転勤や国内外での単身赴任・長期出張が増えるなどにより生活リズムが乱れやすく，心身のストレスが増大してくる。② 仕事中心の男性は，付き合いなどで外食や飲酒量が増えたり，夕食が夜遅くになることが多くなり，摂取するエネルギー量や脂質量が増えやすい。特に単身で生活する者は，食生活や生活習慣の管理が困難になりやすい。③ 肉体的労働が減少し，家庭では子育てが落ち着くなど，仕事や家事での活動強度も低下する。また，加齢に伴う代謝機能の減退により基礎代謝量が減少しエネルギー消費量が低下する。④ 運動習慣のある者の割合は低い。

このような背景のなかで次のような健康上の問題などに留意して栄養教育プログラムを企画・実施・評価していく必要がある。

(1)　健康上の特徴と留意点

1)　肥　満

20歳以上の日本人男性の約3割，女性の約2割が肥満（**BMI**＊1 ≧25.0）である。肥満者の割合は40歳代から急激に増え始め，特に男性は顕著である（**図4.5**）。特に**内臓脂肪型肥満**＊2 を予防することは，生活習慣病の発症リスクの低下につながる。肥満の要因は，主に消費エネルギーと摂取エネルギーのアンバランスである。栄養教育の対象者は自身の**標準体重**＊3 を把握した上で，長年の食生活の歪みが生活習慣

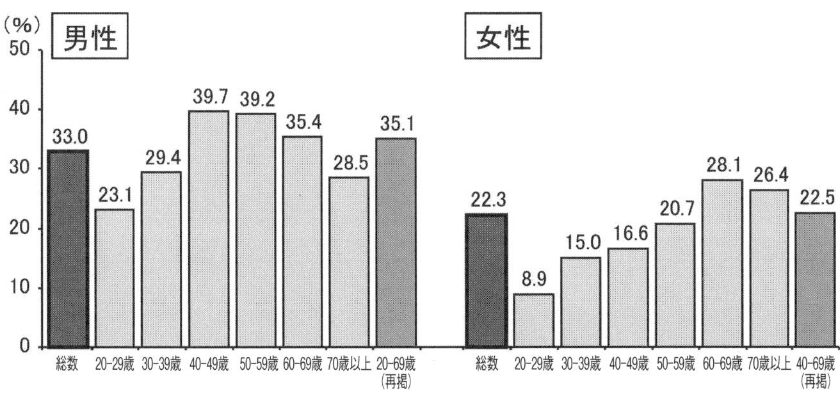

※妊婦除外。
出所）令和元年国民健康・栄養調査

図 4.5　肥満者（BMI ≧ 25kg/㎡）の割合（20 歳以上，性・年齢階級別）

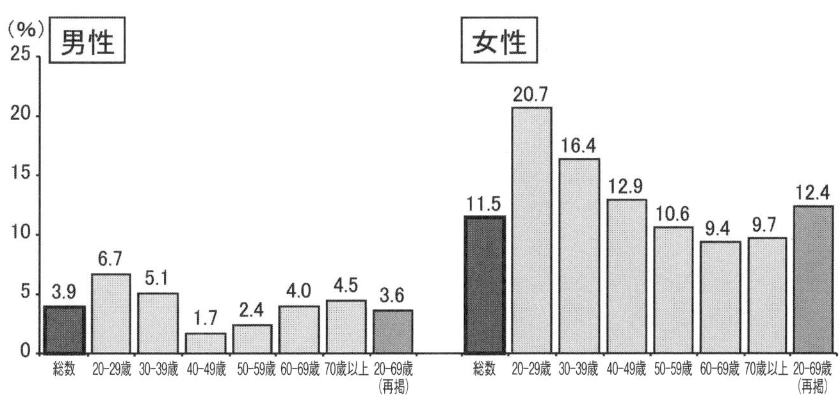

※妊婦除外。
出所）図 4.5 に同じ

図 4.6　やせの者（BMI ＜ 18.5kg/㎡）の割合（20 歳以上，年齢階級別）

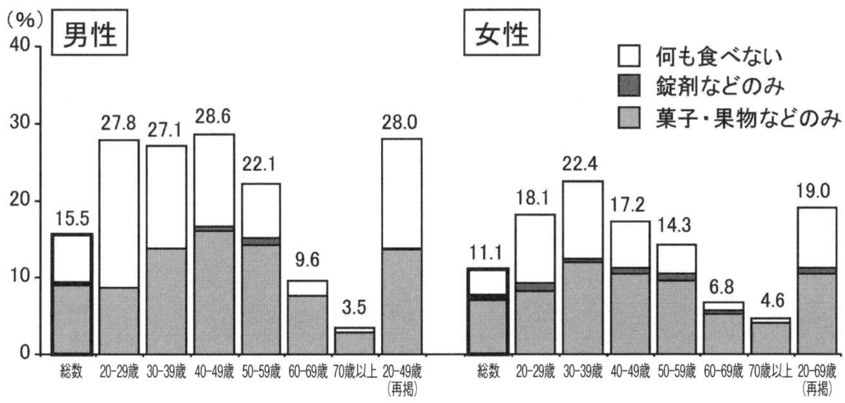

※「欠食」とは，「食事をしなかった場合」，「錠剤などによる栄養素の補給，栄養ドリンクのみの場合」，「菓子，乳製品，嗜好飲料などの食品のみを食べた場合」の合計。
出所）図 4.5 に同じ

図 4.7　朝食の欠食率の内訳（20 歳以上，性・年齢階級別）

病の発生を招くことを理解する必要がある。

2) やせ・低体重

近年，この時期のやせ（痩身・低体重）の増加が懸念されている。特に女性では痩身願望の者が多く，過度な食事制限やダイエット（減量）が習慣化されている者も少なくない。2019（令和元）年では20歳代の20.7%，30歳代の16.4%がやせ（BMI < 18.5）で，他の年代と比較して最も高い。最近では20歳代男性のやせの割合も増加してきている（**図4.6**）。この時期の食習慣の問題点のひとつは欠食が多いことである。特に20～40歳代の朝食欠食率が高く，男性で28.0%，女性で19.0%であった（**図4.7**）。栄養摂取状況をみると，女性ではエネルギー量だけでなく，特にカルシウムや鉄の摂取が不足している。女性にとって成人前期は妊娠や出産の時期であり，ダイエットが習慣化されていると，妊娠期や授乳期には母体だけでなく，胎児・乳児の健康や発育にも影響を及ぼす。

3) メンタルヘルス

成人期に入ると，社会においても家庭においても責任が重くなるとともに，心身のストレスも増す。極度のストレス下では，嗜好品に偏るなど栄養素バランスの好ましくない食品の要求度が高くなる。アルコールの過飲，喫煙，神経性過食症や気晴らし食い症候群とよばれる過食等は肥満や生活習慣病を引き起こす誘因となる。また，抑うつや自殺の予防という意味でも，ストレスを軽減し生活リズムを整える支援が必要になってくる。

4) 生活習慣病とメタボリックシンドローム

中・壮年期になると，肥満者の割合がさらに高くなるだけでなく，高血圧，糖尿病，脂質異常症と診断された者や疑われる者の割合は増加する。これらの症状が複数みられる者も少なくない。内臓脂肪性肥満に高血圧，糖尿病，脂質異常症が重複すると，虚血性心疾患や脳梗塞などの動脈硬化性疾患の発症リスクが高くなる。わが国ではこの病態を**内臓脂肪症候群（メタボリックシンドローム）***と定義し，診断基準が作成された（日本肥満学会，2005年）。2008（平成20）年度4月からは40～74歳を対象とした健康診査（**特定健康診査**）と保健指導（**特定保健指導**）の実施が義務付けられた。メタボリックシンドローム対策や生活習慣病の予防・改善のための栄養教育は，日本人の三大死因の心疾患や脳血管疾患の予防につながり，中・壮年期だけでなく高齢期の自立した生活やQOLの維持にも重要である。

5) がん

中・壮年期では，がん（悪性新生物）による死亡率が死因の第1位である。がんの部位別の発生状況は，胃がん，子宮がんが減少し，肺がん，大腸がん，乳がんなどが増加傾向にあり，欧米諸国の発症傾向に近づいている。食生活

***内臓脂肪症候群（メタボリックシンドローム）** 内臓脂肪の蓄積の指標（腹囲男性85cm，女性90cm以上）に加えて，①脂質異常（中性脂肪150mg/dL以上，HDLコレステロール40mg/dL未満のいずれかまたは両方），②高血圧（収縮期血圧130mmHg以上，拡張期血圧85mmHg以上のいずれかまたは両方），③高血糖（空腹時血糖値110mg/dL以上），の2つ以上の項目が当てはまると，メタボリックシンドロームと診断される。この病態の概念は以前シンドロームXや死の四重奏などとよばれていた。

や生活習慣はがんと関連しており，喫煙習慣，過度の飲酒，動物性脂肪や食塩の過剰摂取は，がんの発症リスクとして知られている。また，消化器系のがんの発症率には食物繊維の摂取量と関連性がある。今後，高齢者のがん患者の増加が予測され，寝たきりや痴呆などのQOL低下につながることから，生活習慣の改善や栄養教育によるがん予防対策が重要である。

6)　更年期障害

成人中期から高齢期に移行する際に女性は閉経を迎え，生殖不能期へと移行する。この時期を更年期といい，更年期障害とよばれる心身の変調をきたすことがある。これは女性ホルモン（エストロゲン）の分泌低下を伴うため，精神的に不安定になりやすく，また，骨の形成が阻害され骨密度が減少しやすくなる。カルシウムは成人女性で不足しがちな栄養素で，骨形成に重要な活性型ビタミンDの産生や腸管でのカルシウム吸収率は加齢に伴い低下するため，更年期以降の骨粗鬆症の進行は加速する。骨粗鬆症が誘因で生じる骨折は寝たきりの原因でもあり，このあと迎える高齢期のQOLやADLが低下するため問題視されている。また，閉経後はコレステロールなどの血中脂質が上昇しやすくなるなど，食生活や生活習慣に注意しなければならない。

(2)　身体活動・運動習慣の教育

近年のモータリゼーション，機械化による肉体的労働の減少，電化製品の開発による家事労働の軽作化により，日常の身体活動量が減少している。それに加えて，特に成人期は多忙による運動不足が顕著である（**図4.8**）。運動はエネルギーを消費するだけでなく，加齢に伴う代謝機能の低下を抑える効果もあり，基礎代謝量の維持にもつながる。肥満や生活習慣病の予防または

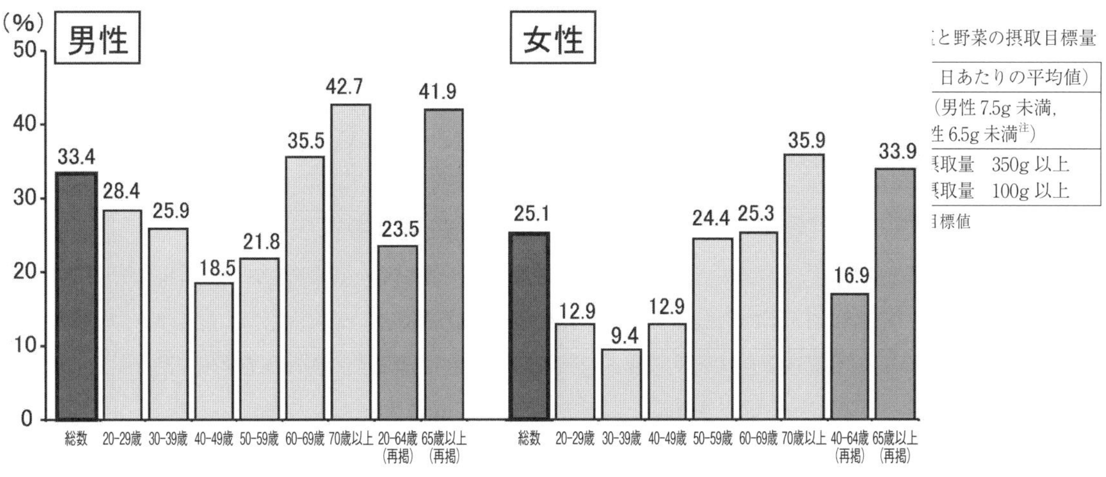

※「運動習慣のある者」とは，1回30分以上の運動を週2回以上実施し，1年以上継続している者。
出所）図4.5に同じ

図4.8　運動習慣のある者の割合（20歳以上，性・年齢階級別）

コラム 13　生活習慣病になるかはお母さんのお腹の中で決まる？

妊娠中の母親の低栄養や栄養不良は胎児の成長や奇形に影響を及ぼすことはよく知られているが，近年イギリスを初めとする欧州を中心とした疫学研究から，胎生期から乳幼児に至る栄養環境が，成人期あるいは老年期における生活習慣病の発症リスクに影響する可能性が指摘され，Developmental Origins of Health and Disease（DOHaD）という概念が提唱されている。具体的には「胎児期に低栄養環境におかれた個体が，出生後，過剰な栄養を投与された場合に，肥満・高血圧・２型糖尿病などのメタボリックシンドロームに罹患しやすくなる」ということである。これは，バーカー（Barker, D. J.）らが行った，低出生体重児（2,500g 未満）は成人期の心血管障害による死亡リスクが高くなるという疫学調査によるもので，「成人病（生活習慣病）胎児期発症説（出生前胎児プログラミング説）」や「バーカー（Barker）説」とよばれる。日本では低出生体重児の出生率は増加し続けており，妊娠中の栄養状態が悪化していることを示唆している。この状況を仮説に照らし合わせると，生活習慣病の罹患率がますます高くなる可能性を意味している。このことからも，「ダイエット習慣」や「やせ志向」の多い若年女性に対する栄養教育が重要である。

表 4.35　日常生活における歩数の現状と健康日本 21（第２次）での目標値

現状（令和元年）	目標（令和４年度）
20 歳～64 歳 男性 7,864 歩 女性 6,685 歩	20 歳～64 歳 男性 9,000 歩 女性 8,500 歩
65 歳以上 男性 5,396 歩 女性 4,656 歩	65 歳以上 男性 7,000 歩 女性 6,000 歩

出所）健康日本 21（第２次）
令和元年度国民健康・栄養調査

改善には，身体活動状況に応じた運動を日常生活のなかに取り入れ，持続させる。さらに，運動には骨密度を増やす効果があることから，骨粗鬆症の予防や改善にも有用である。成人期に心肺機能や筋力を維持・増進しておくことは，高齢期の QOL 向上につながる。

運動や歩行の実施に関しては，厚生労働省が示した「**健康づくりのための身体活動基準 2013**」（p.160，巻末資料参照）を活用する。健康日本 21（第２次）では，20～64 歳と 65 歳以上の男女に分けて１日あたり歩数の目標値を設定しているが（**表 4.34**），現状は達成できていない。これまで運動量や活動量を計測するには歩数計を携帯するなどの必要があったが，ここ数年で**携帯情報通信端末**＊には歩行センサーや GPS（全地球測位システム）が搭載されるなど多機能になり，歩行数や走行・移動距離を簡単に計測・管理できるようになった。日常に普及している携帯情報通信端末を用いた定期的な身体活動・運動量，さらに体重や血圧の測定・管理を勧めることも，対象者の健康管理への動機付けやセルフケア行動の向上につながる。

＊**携帯情報通信端末**　携帯電話，スマートフォン，タブレット型やノート型コンピュータなど音声や情報通信を行う携帯端末をさす。スマートウォッチなどのウェアラブル端末も増えており，機能だけでなく携帯性も年々向上している。成人期における携帯電話やスマートフォンの所有率はほぼ 100％近くに及ぶことからも，健康管理や栄養教育を行う上での有効活用が期待されている。

(3)　ワーク・ライフ・バランスと栄養教育

「仕事と生活の調和」をワーク・ライフ・バランスといい，簡単にいえば「仕事と家庭の両立」という意味である。わが国では，社会的・経済的環境やライフスタイルが変化し，共働きやひとり親の核家族世帯では，労働環境や子育て支援など社会的基盤整備は必ずしも十分でない。

2007 年に，「仕事と生活の調和（ワーク・ライフ・バランス）憲章」，「仕事と生活の調和促進のための行動指針」が策定され，官民一体の取組みが始まった。「ワーク・ライフ・バランス」が実現した社会とは，「国民一人ひとりがやりがいや充実感を感じながら働き，仕事上の責任を果たすとともに，家庭や地域生活などにおいても子育て期，中高年期といった人生の各段階に応じて多様な生き方が選択・実現できる社会」と定義されている。栄養教育を行う上では，対象者がワーク・ライフ・バランスを見直し，食生活や生活習慣の改善に主体的に取り組めるよう，雇用者や行政，組織（職場），地域と一体となって協力していくことも求められている。

(4) ライフスタイルと栄養教育

1) 現状と問題点

近年，核家族化や単独世帯（単身者）が増え，ひとり親や共働きの世帯が増加傾向にあり，調理や食事にかける時間が減少している。さらに，外食産業や加工食品産業，コンビニエンスストアの進展，食の簡便化や**中食***の普及に伴い，「手づくり」の食事を「家族や仲間」と一緒に食べる機会が少なくなりつつある。

特に単身者は家族などから食生活への援助や支援を得にくいことが多く，外食や調理済み食品に依存しがちである。このような食生活は嗜好や利便性を優先しがちなため，飲酒量が多くなる。野菜類，果物類が不足するなど栄養上のアンバランスや，ひとりで食事をすることによる早食い・まとめ食いなどの問題を生じている。

*中食　家庭外で調理された食物を購入して，家庭に持ち帰って食する食事の形態のことをいう。弁当や惣菜，冷凍食品，出前などが相当する。家庭内で調理したものを家庭で食べる「内食」，家庭外で調理されたものを家庭外で食べる「外食」との中間に位置することからきた造語とされている。

2) 教育のポイント

特に①朝食は生活のリズムを整え，作業効率の向上や集中力の低下予防と密接に関わる。男性の単身者など，特に調理技術が不十分な人に対しては，メニュー選択の方法や調理技術の教育支援が必要である。対象者本人だけでなく，家族やキーパーソンに栄養教育を行い，さらに友人や職場の同僚などに支援を求める。

②コンビニエンスストアは時間に制約がなく利用できる。3食を欠かさずとることが難しい早朝出勤や残業で多忙な者や交代勤務の職種にとっては，欠食を避けるのに利用することができる。近年では，栄養成分が表示されるようになっていることから，個人の必要量に見合った商品の選び方や不足しがちな食品を加えることができるように具体的な教育を行う。

③日々の食事は家庭で調理し，家族一緒にとることが望ましいが，個々のライフスタイルに合わせて外食，中食，宅配サービスを活用することもひとつである。しかし，外食や惣菜・冷凍食品などの調理・加工済み食品は，一般的に濃い味付けで栄養素の偏りも大きいので注意が必要である。外食する場合には，栄養成分の表示のある店で，料理の組合わせや選択，食べ方に工夫ができるよう指導する。

④宅配サービスや通信販売はインターネットや携帯情報通信端末などか

ら利用できる。宅配サービスはメニューが決められて栄養価計算がされ，調理方法も明示されていることから，メニューの選択や材料の購入・調理，時間の短縮が可能である。通信販売などは食品や食材の実物を見て購入できないので，安全面・衛生面で注意が必要である。

⑤家族が食卓を囲んで共に食事をとりながらコミュニケーションを図る「**共食**[*1]」は，食育の原点である。共食をすることは，健康な食生活や規則正しい食生活と関係しているという研究結果が複数報告されている。「第4次食育基本計画（令和3年）」では，朝食または夕食を家族と一緒に食べる「共食」の回数を増やすことを目標としている。近年ではテレワークが増加し，通勤時間が減少するなど，「新たな日常」への対応に伴う暮らし方や働き方の変化により家族と過ごす時間にも変化が見られる。こうした状況は，朝食または夕食を家族と一緒に食べる頻度が低い人にとって，共食の回数を増やす契機のひとつになると考えられる。ワーク・ライフ・バランス等の推進にも配慮しつつ，共食を増やす支援を行うことが重要である。

＊1 **共食** 「誰かと一緒に食事をすること」を指す。「誰か」には，家族全員，家族の一部（親など），友人，親戚などが含まれる。共食をすることは，健康な食生活，規則正しい食生活や生活リズムと関係しているという研究結果が複数報告されている（農林水産省ウェブサイト https://www.maff.go.jp/j/syokuiku/evidence/）

4.4.2 栄養教育プログラムの実際

(1) アセスメント（p.58，3.1参照）

生活習慣病をはじめとする多くの**非感染性疾患**（Non-Communicable diseases：NCDs[*2]）がみられるライフステージであることから，可能な限り広範囲に情報を収集していくことである。臨床診査，身体計測，臨床検査，食物（食事）摂取状況調査に加えて，日常生活の行動調査やストレス度の調査などを組み合わせるとよい。マンパワーや予算を考慮して勤務先の定期健康診断や各種健康に関する調査の結果などを有効活用し，栄養アセスメントの手法を用いて評価判定する。

＊2 **非感染性疾患**（Noncommunicable diseases：NCDs） 遺伝的因子，生理学的因子，環境因子や生活習慣の組み合わせによって引き起こされる慢性疾患の総称。循環器疾患，がん，慢性呼吸器疾患，糖尿病などの「感染性ではない」疾患のことを指す（世界保健機関の定義より）。

(2) 目標設定（p.67，3.2参照）

栄養アセスメントにより抽出された問題に対して，成人期の栄養教育プログラムを作成する。長期目標，中期目標（**表4.36**）と短期目標（**表4.37**）を設定する。

表4.36 長期目標と中期目標の例

目　標	内　容
長期目標	バランスの良い食事のとり方や健康的な生活習慣を身につけ，健康の維持・増進や疾患の慢性化・合併症を予防する。
中期目標	血圧や血中脂質，血糖値など短期目標から項目を増やして目標設定する。 自分自身の食事や生活習慣の評価ができ，健康的に過ごせるような食生活や生活習慣を維持することができる。　など

表 4.37 短期目標の例

目　標	内　容
学習目標	健康と栄養・食生活・運動との関連を知る。 現在の食生活の問題点（朝食の欠食，アルコールの過剰な摂取，夜食など）に気づく。 など
行動目標	朝，夕食は必ず食べる。夜食はやめる。 アルコールの量を減らす（本数を決める，休息日をつくるなど）。 1日の平均歩数を 9000 歩以上にする。など
環境目標	家族（特に食事を担当している者）に協力してもらう（朝食の準備，野菜中心の料理など）。 職場の同僚に協力してもらう（飲み会への誘いを遠慮してもらうなど）。など
結果目標	体重・腹囲を落とす（達成可能な具体的な目標値を設定する）。

(3) プログラムの作成（p.69，3.3 参照）

肥満の成人男性の食生活のポイントに関する栄養教育プログラムの例を以下に示す。

対象者（Whom）：肥満 1 度（30 ＞ BMI ≧ 25）の成人男性　20 名程度
テーマ（What）：生活習慣病予防の食事と生活習慣
日時（When）：勤務中の昼食時間 12:10–12:50
スタッフ（Who）：管理栄養士，保健師
目的（Why）：メタボリックシンドロームと食生活について学ぶ
場所（Where）：職場の食堂または会議室・研修室
内容（How）：スライドやパンフレット等の配布資料を用いた集団教育
予算（Budget）：無料（対象者の負担なし）

特定健診・特定保健指導の積極的支援者には集団教育だけでなく，個別指導での対応も必要になる場合がある。成人期の対象者は仕事やライフワークが多忙で，教育プログラムに費やす時間が限られるので，特定保健指導以外の対象者には勤務中の昼食時間・休憩時間などを用いることがある。複数回の継続的な栄養教育プログラムを実施することが教育効果を生むには有効であり，定例の研修時間や会議の時間に栄養教育プログラムを組み込むなどの工夫も必要となる。

(4) プログラムの実施（p.83，3.4 参照）

対象者（対象集団）が自らの健康状態と食事・生活習慣の問題点を把握し，どこで，いつ，何を，どれだけ，どのように食べればよいかを理解できるようにすすめる（p.70，**表 3.6** 参照）。2016（平成 28）年に改定された「食生活指針（p.158 巻末資料参照）」（厚生労働省・文部科学省・農林水産省）を用いる。「どれだけ」という食事の量は「日本人の食事摂取基準（2020 年度版）」を，食品の分類や具体的な量は「食事バランスガイド」を，不足しがちな野菜，食塩の摂取目標量は「健康日本21」(第2次) の目標項目を参考にする (p.121, **表4.34**)。事後学習や教育プログラムの内容を家族などに紹介できるよう, パンフレットなどの配布資料を準備しておくとよい。

(5) プログラムの評価 (p.84, 3.5参照)

表4.38 評価の例

評価	内容
企画評価	・対象者の食事や生活習慣の問題点を的確に把握できていたか ・目標設定や学習内容は適正か など
経過評価	・栄養教育プログラムの準備は予定通りに進んだか ・目標行動の要因に関する学習はできたか など
影響評価 結果評価	・短期目標・中期目標は達成できたか ・教育プログラムの目標 (長期目標) は達成できたか ・教育プログラム終了後の食事や生活習慣はどのように変化したか など
経済評価	・予算内に実行できたか など

4.5 高齢期の栄養教育

高齢期は65歳以上に相当する。わが国の高齢者は増加を続け, 総人口の4分の1を超えている (2020年で28.8%)。平均寿命は世界的に見ても高い水準にあり, 令和3 (2021) 年簡易生命表では65歳の男性が19年以上, 女性は24年以上の平均余命を示していることからも, 高齢期は成人期についで長期間であることがわかる。しかし, 介護を要する者は増加傾向にあり, 深刻な社会問題となっている。近年では, 高齢者の生命の量 (寿命・余命) よりも, 生命の質の確保 (**健康寿命***の延伸またはQOLの維持・向上) が重要であると考えられている。

＊健康寿命 日常的に介護を必要としないで, 自立した生活ができる生存期間のことをいう。令和元 (2019) 年は男性72.68, 女性は75.38であった (厚生労働省)。特に高齢者の健康状態を考える上では, 主観的な健康度・健康感が重視され, 健康寿命やQOLなどの健康指標で判断・評価することが必要である。

高齢者の栄養状態や健康状態は個人差が大きく, 栄養教育を行う上では暦年齢では判断できないことが多い。また, この時期は健康状態に影響するライフイベントも多い。特に, 配偶者や親しい者の死は大きな心理的変化を伴い, 健康状態に影響を与えやすい。また高齢期になると定年を迎え, 退職するなど社会的な変化も大きい。高齢者の経済状況は食生活に反映する。栄養教育を行う上では身体的だけでなく精神的・社会的状況も十分把握することが必要である。

4.5.1 栄養教育の特徴と留意事項

① 加齢に伴い, 身体的・機能的にもさまざまな変化が現れ, 老化という形で顕在化する。② 高齢者は心身状態に対する不調や不安, 疾患をひとつだけでなく複数有している者がほとんどである。③ 老化の進行度や疾患の状況には個人差が大きく, 複雑である。

栄養教育を行う上では, 次のような健康上の特徴や問題について理解しておく必要がある。

(1)　健康上の特徴と留意点

1)　生活習慣病と循環器疾患

平均寿命や健康寿命の延長により，高齢期においても生活習慣病は大きな健康問題となっている。この時期は男性だけでなく，女性も更年期を終えたことにより生活習慣病のリスクが高くなる。近年は65歳以上になっても，肥満や糖尿病，脂質異常，高血圧の罹患率は高いレベルにある。加齢に伴う末梢血管の抵抗性の上昇や塩味に対する感受性低下による食塩の過剰摂取などが要因で，特に高血圧の罹患率は非常に高くなる。また，高齢者は脱水になりやすく，高血圧に加えて血栓症など循環器疾患を引き起こしやすいので更なる注意が必要である。

2)　認知機能の低下と精神問題

高齢期に入ると，老化に伴う認知機能の低下や閉じこもり，抑うつ状態などの精神的な不調をきたしやすくなる。物忘れや物事を覚えられなくなる認知症は，介護が必要な状態となる危険性が高くなる。

3)　身体活動・運動能力やADLの低下

老化に伴い身体的機能や運動能力は低下し，活動量も低下する。活動量の低下は骨粗鬆症の原因となるだけでなく，食欲の減退や下痢・便秘など栄養不良にもつながる。また，この時期は膝関節痛や腰痛が多く，これら運動器の障害により移動機能の低下した状態（**ロコモティブシンドローム**[*1]）になりやすい。さらに骨折などが原因で体を動かさなくなると，筋力や筋量が低下する（**サルコペニア**）[*2]。サルコペニアや老化に伴う虚弱（**フレイル**）[*3]では，日常生活動作能力（activity of daily life：ADL）は低下し，生活全般に支障をきたすなど，介護が必要になってくる。

4)　食欲不振・栄養不良とPEM

低体重者（BMI<18.5）の割合は，男女ともに60歳代に比べて70歳代ではほぼ倍増する。高齢者にとって低体重は寝たきりと密接に関連し，QOLの低下をもたらすことから，肥満と並んで大きく問題視されている。慢性的な栄養不良は低体重に陥りやすく，特にたんぱく質・エネルギー低栄養状態（protein energy malnutrition：PEM）は深刻である。PEMになると感染症や合併症が誘発されやすく，更なるQOLの低下をもたらし，余命も減少する。

PEMや栄養不良は慢性的な摂取不足で陥りやすく，これには加齢に伴う感覚機能や口腔機能，消化能力の低下が，機能的・生理的な要因として挙げられる。感覚機能（味覚，嗅覚，視覚，聴覚，触覚）は加齢とともに低下する。食事の味，香り，見た目は食欲を促進させるので，感覚の低下は食欲不振や摂取不足の要因になる。また，歯の欠損や義歯，咀嚼や嚥下能力などの口腔機能が低下すると，食事の形態も制限され，食事量に直接影響する。胃腸へ

***1 ロコモティブシンドローム（ロコモ，運動器症候群）**「運動器の障害」により「要介護になる」リスクの高い状態になること。加齢に伴う筋力の低下や関節や脊椎の病気，骨粗しょう症などにより運動器の機能が衰えて，要介護や寝たきりになるリスクの高い状態を表す。

***2 サルコペニア**　高齢期にみられる骨格筋量の低下と筋力もしくは身体機能（歩行速度など）の低下。

***3 フレイル**「加齢に伴う予備能力低下のため，ストレスに対する回復力が低下した状態」を表す。“frailty”の日本語訳として日本老年医学会が提唱した用語。「要介護状態に至る前段階として位置づけられるが，身体的脆弱性のみならず精神心理的脆弱性や社会的脆弱性などの多面的な問題を抱えやすく，自立障害や死亡を含む健康障害を招きやすいハイリスク状態を意味する」と定義されている。

の負担増加や消化不良の原因にもなる。

5) 咀嚼・嚥下能力

食事は経口摂取が基本である。咀嚼や嚥下能力などの口腔機能が低下していても，胃腸などの消化機能がある程度保存されている場合には，主食や副食の形態調整やきざみ食，ミキサー食，とろみ食などの介護食を取り入れる。この際，食事の温度などを考慮するとともに，口腔の衛生管理にも留意する。また，食器の工夫や身体機能に応じた自助具の使用などにより摂食環境を改善し，食事の自立を援助することも必要である。

(2) 在宅での食事サービスと栄養教育

在宅では，病院や高齢者福祉施設のように食事・栄養のサポート体制が必ずしも整っているわけではない。栄養摂取量や水分摂取量，食形態に加えて，食事の準備・買い物状況を定期的に確認し，対象者および家族（またはキーパーソン）が実行可能な提案を継続して行っていくことが必要である。ひとり暮らしや高齢者のみの世帯には，自治体などによる宅配，配食サービスなどの食事サービスやデイサービスなどの介護サービスを活用することが効果的である。サービスを通して食に積極的に関わり，食事の重要性を認識することは，欠食や偏食，食欲不振による低栄養を予防するためにも必要で，さらにQOLの向上や精神的なケアも期待できる。

(3) 高齢者福祉施設での栄養教育

高齢者福祉施設には，摂食嚥下機能や認知機能の低下がみられる高齢者が多い。高齢者が口から食べる楽しみを支援できるように，食事観察（ミールラウンド）を行うことで，咀嚼能力等の口腔機能・嚥下機能や認知症に関連する食行動・食事姿勢などを総合的に評価し，さらに，多職種協働で課題の解決と食事の支援を行うことが重要である。また，毎日の献立に加えて，季節を感じるイベント食や行事食を取り入れることは，入居者の食欲増進やQOL向上につながる。

4.5.2 栄養教育プログラムの実際

(1) アセスメント（p.58，3.1 参照）

高齢者では残存する生理機能，疾病の重症度や進行度，合併症の種類や程度などの身体状況や，健康状態に対する意識や関心度などの個人差が大きい。効果的な栄養教育プログラムを進めるためには，栄養状態の評価に加えて，生活習慣，食事歴，食欲，嗜好，味覚，咀嚼・嚥下機能などについても正しく把握することが必要である。介護予防のための基本チェックリスト（**図 4.9**）も活用するとよい。

食物摂取状況の把握は，対象者の食事に対する関心や知識の程度により信頼度が低くなる場合もあるので，食事を担当している家族や介護者の協力が不可欠である。福祉施設を利用している高齢者には**低栄養状態や低栄養傾向***の者も少なくない。基礎疾患の影響も考慮したうえで，個々人の適切なエネルギーや各栄養素の必要量，摂食機能や食欲，嗜好などを把握したうえでの栄養教育プログラム作成が重要となる。

(2)　目標設定（p.67, 3.2 参照）

基本的な知識を身につけることは重要な目標のひとつではあるが，食事が生活を豊かにすることを知り，実感することがまずは大切である。食事に興味関心をもち，規則正しく，楽しく食べることの重要性を知り，食事や生活習慣の改善により症状の悪化・進行や合併症の予防，QOL や ADL が維持・向上することが目標となる。高齢期の栄養教育プログラムの長期目標，中期目標，および短期目標の例を表にあげる。

No.	質問項目	回答（いずれかに○をお付け下さい）		
1	バスや電車で1人で外出していますか	0. はい	1. いいえ	10項目以上に該当
2	日用品の買物をしていますか	0. はい	1. いいえ	
3	預貯金の出し入れをしていますか	0. はい	1. いいえ	
4	友人の家を訪ねていますか	0. はい	1. いいえ	
5	家族や友人の相談にのっていますか	0. はい	1. いいえ	
6	階段を手すりや壁をつたわらずに昇っていますか	0. はい	1. いいえ	運動 3項目以上に該当
7	椅子に座った状態から何もつかまらずに立ち上がっていますか	0. はい	1. いいえ	
8	15分位続けて歩いていますか	0. はい	1. いいえ	
9	この1年間に転んだことがありますか	1. はい	0. いいえ	
10	転倒に対する不安は大きいですか	1. はい	0. いいえ	
11	6ヵ月間で2～3 kg 以上の体重減少がありましたか	1. はい	0. いいえ	栄養 2項目に該当
12	身長　　cm　体重　　kg（BMI =　　）（注）			
13	半年前に比べて固いものが食べにくくなりましたか	1. はい	0. いいえ	口腔 2項目以上に該当
14	お茶や汁物等でむせることがありますか	1. はい	0. いいえ	
15	口の渇きが気になりますか	1. はい	0. いいえ	
16	週に1回以上は外出していますか	0. はい	1. いいえ	閉じこもり
17	昨年と比べて外出の回数が減っていますか	1. はい	0. いいえ	
18	周りの人から「いつも同じ事を聞く」などの物忘れがあると言われますか	1. はい	0. いいえ	認知機能
19	自分で電話番号を調べて，電話をかけることをしていますか	0. はい	1. いいえ	
20	今日が何月何日かわからない時がありますか	1. はい	0. いいえ	
21	（ここ2週間）毎日の生活に充実感がない	1. はい	0. いいえ	うつ
22	（ここ2週間）これまで楽しんでやれていたことが楽しめなくなった	1. はい	0. いいえ	
23	（ここ2週間）以前は楽にできていたことが今ではおっくうに感じられる	1. はい	0. いいえ	
24	（ここ2週間）自分が役に立つ人間だと思えない	1. はい	0. いいえ	
25	（ここ2週間）わけもなく疲れたような感じがする	1. はい	0. いいえ	

（注）BMI＝体重（kg）÷身長（m）÷身長（m）が 18.5 未満の場合に該当する。
出所）厚生労働省　介護予防マニュアル（改訂版：平成 24 年 3 月）

図 4.9　介護予防のための基本チェックリスト

＊低栄養状態と低栄養傾向の指標
低栄養状態は，① BMI が 18.5 未満，② 1～6ヵ月間に 3％以上の体重の減少が認められるまたは 6ヵ月間に 2～3 kg の体重減少がある，③血清アルブミン値が 3.5g/dℓ 以下，が判定の基準となる。さらに血中ヘモグロビン値，総コレステロール値，総リンパ球数やコリンエステラーゼ値などが参考になる。また，健康日本 21（第 2 次）では低栄養傾向の者を BMI が 20 以下としている。目標とする BMI の範囲は**表 4.33** 参照。

表 4.39　長期目標と中期目標の例

目　標	内　容
長期目標	まわりと交流を持ちながら，健康的な食生活を送り，介護予防を目指す。
中期目標	低栄養状態の改善する（BMI>18.5，血清アルブミン値≦ 3.5g/dℓ）。 休まないで 20 分歩けるようになる（具体的な体力の目標値を設定する）　など

表 4.40　短期目標の例

目　標	内　容
学習目標	身体の変化に対応した食生活と健康について知り，自分に合った食生活を考える。 食材の購入方法や基本的な調理方法・保存方法などを知る。　など
行動目標	1日3食欠かさずとる。欠食はさける。 動物性たんぱく質や乳製品を十分に摂取する 日常生活の中でできる身体活動を取り入れる。　など
環境目標	家族や仲間と一緒に会食する機会を増やし，食べる楽しさを実感する。など
結果目標	体重の維持や適正化（達成可能な具体的な目標値を設定する）。

(3)　プログラムの作成（p.69, 3.3 参照）

高齢者は何らかの基礎疾患を有していることがほとんどで，残存する生理機能や食事に関する知識や興味も個人差が大きい。さらに，家族構成や世帯状況などの生活環境や経済状況もさまざまであるため，栄養教育プログラムの方法や期待される教育効果は多様となる。したがって高齢者への栄養教育プログラムは，個別指導あるいは属性の似通った少人数グループで実施されることが望ましい。

対象者（Whom）：低栄養傾向（BMI ≦ 20）が認められた高齢者　20 名程度
テーマ（What）：しっかり食べて動いて元気に暮らそう。
日時（When）：○○月○○日　13:00 ～ 15:00
スタッフ（Who）：管理栄養士，保健師，健康運動指導士
目的（Why）：低栄養と身体機能を改善することで，介護予防につなげる。
場所（Where）：市町村保健センター
内容（How）：フードモデルやスライドを用いた集団教育，室内でできる軽い運動教室
予算（Budget）：無料（対象者の負担なし）

学習者が負担可能な予算に抑えるが必要であるが，調理実習や給食会・試食会による体験学習を取り入れると，技術的な学習だけでなく，食べることや食べることの場への参加の意欲の向上につながる。さらに，食生活改善推進員（ヘルスメイト）などのボランティアから協力を得られれば，教育プログラムのコストが抑制できるだけでなく，参加者同士の地域交流が生まれ，教育効果が向上することもある。

(4)　プログラムの実施（p.83，3.4 参照）

筆記による記入が必要な印刷物や細かい情報の多いパンフレットなどは教育媒体として適さない場合も少なくない。スライドや配布資料は文字を大きくし，イラストを活用するなどの工夫が必要である。また，食品の実物やフードモデルなど具体性のある，手に触れて学べる教育媒体を活用するとよい。

(5)　プログラムの評価（p.84，3.5 参照）

表 4.38 に示す評価を行うが，高齢者に対する栄養教育プログラムの影響評価や結果評価には知識やスキルの習得や身体状況の改善だけでなく，家族や仲間，社会とのつながりなどの社会的，精神的，さらには文化的な QOL への効果も注視して評価する必要がある。

4.6　傷病者の栄養食事指導

4.6.1　栄養食事指導の特徴と留意事項

傷病者とは病気・負傷をもつ人と定義される。傷病者の栄養教育は，主に，

表 4.41　診療報酬・介護報酬における栄養食事指導料・居宅療養管理指導費の対象となる特別食の特徴

特別食	諸注意
腎臓食	腎臓食に準じた取り扱いが認められるものは，心臓疾患等の減塩食（食塩相当量 6g 未満／日），妊娠高血圧症候群とする
肝臓食	肝庇護食，肝炎食，肝硬変食，閉鎖性黄疸食（胆石症等による閉鎖性黄疸も含む）等を含む
代謝疾患，膵臓疾患の治療食	糖尿食，痛風（高尿酸血症）食，膵臓食
胃潰瘍食	十二指腸潰瘍時の食事，消化管術後の胃潰瘍食に準じる食事，クローン病，潰瘍性大腸炎等による低残渣食も含む
貧血食	血中ヘモグロビン濃度が 10g/dℓ 以下かつその原因が鉄欠乏に由来する場合
脂質異常症食	空腹時の LDL-コレステロール値 140mg/dℓ 以上，HDL-コレステロール値 40mg/dℓ 未満，中性脂肪値 150mg/dℓ 以上のいずれか 肥満度が +40% 以上，または BMI が 30 以上の場合
先天性代謝異常症食	フェニールケトン尿症食，楓糖尿症（メープルシロップ尿症）食，ホモシスチン尿症食，尿素サイクル異常症食，メチルマロン酸血症食，プロピオン酸血症食，極食鎖アシル CoA 脱水素酵素欠損症食，糖原症食，ガラクトース血症食
治療乳	治療乳以外の調乳，離乳食，幼児食，単なる流動食や軟菜食は除く
無菌食	無菌食対象患者は，無菌治療室管理加算を算定している患者とする
高血圧症食	塩分 6g 未満の減塩食
小児食物アレルギー食	食物アレルギーを有する 9 歳未満の小児への治療食とする
てんかん食	難治性てんかん（外傷性含）患者に対して，炭水化物量の制限と脂質量の増加が厳格に行われたものに限る
特別な場合の検査食	主に潜血食をいうが，大腸 X 線検査・大腸内視鏡検査のための残渣の少ない調理済食品の使用も含む（ただし，外来患者への提供は保険給付対象外）
その他	がん患者，摂食機能もしくは嚥下機能が低下した患者又は低栄養状態にある患者 医師が，硬さ，付着性，凝集性などに配慮した嚥下調整食（日本摂食嚥下リハビリテーション学会の分類に基づく）に相当する食事を要すると判断した患者であること 次のいずれかを満たす患者であること ① 血中アルブミンが 3.0g/dℓ 以下である患者 ② 医師が栄養管理により低栄養状態の改善を要すると判断した患者

病院・診療所・介護老人保健施設などにおける入院・通院・在宅の患者を対象に行われる。ここでは主に，医療における患者の「栄養食事指導」について解説する。

患者の栄養食事療法は，疾病の治療・合併症の抑制・再発予防，栄養状態の改善など治療の一環であり，患者が栄養食事療法を実践（セルフケア：自己管理）していけるように支援する栄養食事指導は，管理栄養士の主要な業務である。認められた疾患（**表 4.41**）の栄養食事指導については，医師の指示の基で，指導時間・指導頻度・患者数などの条件（**表 4.42，4.43**）を満たして実施すれば，診療報酬において「栄養食事指導料」を算定できる。介護報酬においては「居宅療養管理指導費」を算定できる。

患者は，栄養食事指導の他，生活指導・服薬指導・運動指導・心理的支援が重要であり，医師・管理栄養士・看護師・薬剤師・理学療法士・臨床心理士などの医療従事者と連携を図り，専門分野の指導を行う。カンファレンスにおいて医師の治療や各職種の指導方針・現況・結果などが検討・報告され，医療カルテに記入される。管理栄養士も，栄養摂取量，食物摂取状況（**表 4.44**），栄養食事指導の計画・内容・報告などについて記入する。

表 4.42　診療報酬における栄養食事指導料

<table>
<tr><th></th><th>指導内容</th><th>時　間</th><th>回　数</th><th>対象者</th><th>実施者</th></tr>
<tr><td rowspan="2">外来栄養食事指導料１・２</td><td rowspan="2">食事計画案等を交付し，具体的な献立等によって指導を行う。電話または情報通信機器を用いて指導することが可能。</td><td>初回　30 分以上
２回目以降　20 分以上</td><td>初回指導月　月２回まで
その他の月　月１回まで</td><td rowspan="3">・特別食を必要とする患者
・がん患者
・摂食機能又は嚥下機能が低下した患者
（嚥下調整食を必要とする）
・低栄養状態にある患者
（血中アルブミン 3.0g/dℓ 以下）</td><td rowspan="3">〔指導料１〕
実施医療機関の管理栄養士
〔指導料２〕
栄養ケア・ステーションまたは他の医療機関の管理栄養士</td></tr>
<tr><td colspan="2">外来化学療法を実施している悪性腫瘍患者の場合は別途要件が定められている。</td></tr>
<tr><td>入院栄養食事指導料１・２</td><td>食事計画案等を交付し，具体的な献立等によって指導を行う。</td><td>初　　回　30 分以上
２回目以降　20 分以上</td><td>週１回かつ入院中２回まで</td></tr>
<tr><td>集団栄養食事指導料</td><td>複数の患者を対象に指導を行う。
指導時の患者は15人以下。</td><td>40 分以上</td><td>月１回かつ入院中は２回まで</td><td>・特別食を必要とする患者</td><td rowspan="2">実施医療機関の管理栄養士</td></tr>
<tr><td>糖尿病透析予防指導管理料</td><td>医師，看護師又は保健師及び管理栄養士等が共同して指導を行う。</td><td>—</td><td>月１回まで</td><td>・医師が透析予防に関する指導の必要性があると認めた入院中の患者以外の患者</td></tr>
<tr><td>在宅患者訪問栄養食事指導料１・２
a. 単一建物診療患者が１人の場合
b. 単一建物診療患者が２～９人の場合
c. 単一建物診療患者が10人以上の場合</td><td>患者を訪問して具体的な献立等によって栄養管理に関わる指導を行う。</td><td>30 分以上</td><td>月２回まで</td><td>・特別食を必要とする患者
・がん患者
・摂食機能又は嚥下機能が低下した患者
（嚥下調整食を必要とする）
・低栄養状態にある患者
（血中アルブミン 3.0g/dℓ 以下）</td><td>〔指導料１〕
実施医療機関の管理栄養士
〔指導料２〕
栄養ケア・ステーションまたは他の医療機関の管理栄養士</td></tr>
</table>

＊外来栄養食事指導料１・２，入院栄養食事指導料１・２は，それぞれ算定できる実施者，料金が異なる。
診療報酬についての最新の情報は，厚生労働省ホームページを参照。

表 4.43　介護報酬における居宅療養管理指導費

<table>
<tr><td>居宅療養管理指導費１・２＊
１．単一建物居住者が１人の場合
２．単一建物居住者が２～９人の場合
３．単一建物居住者が 10 人以上の場合</td><td>１回につき指導や助言を 30 分以上行った場合に２回／月を限度に算定する</td></tr>
</table>

＊実施者は，１：当該事業所の管理栄養士，２：栄養ケア・ステーションまたは他の医療機関・介護保険施設の管理栄養士

(1)　入院栄養食事指導

入院栄養食事指導のひとつの目的は，患者に病院食の特徴・意義が理解され，全量摂取されることと持ち込みによる補食がなされないこと（医師の許可がある場合はこの限りでない）である。

もうひとつの目的は，栄養食事療法が習得され，退院後に実施されることである。慢性疾患では退院後も病院食と同様の栄養食事療法が必要な場合が多く，病院食を写真に撮る，秤量・記録することで，食品量や献立を理解しやすくなる。生活習慣病の食事・運動・薬物療法の習得や見直しをする教育入院は，クリニカルパス（入院診療計画書）により進められ，管理栄養士は病院食を教材として食事会などを行い実践的な指導を行う。入院中に外泊がなされた場合は，外泊中の食事を記録してもらうと患者の食生活背景を考慮した指導ができる。

退院後，身体活動量の増加や術後の回復などで病院食と異なる栄養食事療法が必要な場合は，病院食を基本に相違点を指導する。また，退院後の栄養食事指導の予約をとり，継続して指導を行う。

(2)　外来栄養食事指導

対象は外来診療に通院している患者であり，栄養食事指導日は医師の診察日にあわせたり，指導場所を病院玄関や内科外来付近などにすると患者の負担を減らすことができる。予約制の場合は，自宅での食事摂取記録用紙を配布し摂取状況を基に指導する。栄養食事療法の動機付けや指導には，第2章の行動変容技法や栄養カウンセリングを活用する。

(3)　在宅患者訪問栄養食事指導

対象は，要介護者や独居の高齢者が多い。献立作成や調理をすることが困難な場合には，宅配食や市販の惣菜・加工食品の利用方法の指導が中心となる。医師・看護師の訪問診療・看護に同行する場合や訪問介護で調理を担当する訪問介護員などに指導する場合もある。

(4)　集団栄養食事指導

対象者の人数・目的に応じ，日時・場所・経費・形式（講義・討議・体験型など）を設定する（p.69，3.3参照）。「糖尿病教室」などでは，各医療職が専門の講義を行う（**表4.45**）。管理栄養士が行う糖尿病集団指導テーマの例を**表4.46**に示す。

表4.44　食物摂取状況調査

栄養食事摂取方法		◦経静脈　◦経腸 ◦経口　◦咀嚼嚥下状態
栄養食事摂取量		◦エネルギー　◦たんぱく質　◦脂質 ◦水分　◦食塩
食生活状況	摂取	◦食欲　◦味付け ◦嗜好　◦アレルギー食品 ◦サプリメント
	習慣	◦食事・間食・夜食の時間　◦外食頻度・食事中の姿勢 ◦食事にかける（噛む）時間　◦飲酒　◦喫煙
	環境	◦加工食品・惣菜の利用　◦食品購入の難易 ◦自家栽培野菜　◦経済性　◦地域性
	協力	◦調理・介護担当者　◦キーパーソン ◦家族の協力　◦職場の協力　◦経済性
栄養食事指導・栄養食事治療	身体活動量	◦通勤方法　◦仕事内容 ◦運動　◦安静度
	知識	◦栄養食事指導の有無（有：その内容） ◦中断の場合その理由と中断に対する意識・認識・考え方
	態度	◦栄養食事治療の有無（有：その内容） ◦中断の場合その理由と中断に対する意識・認識・考え方
	技術	◦食生活の工夫点　◦困っていること
	ニーズ	◦知識の修得　◦実技の修得 ◦動機付け　◦心理的サポート
	心理状態	◦気持

出所）本田佳子・土江節子・曽根博仁編：臨床栄養学 基礎編，羊土社（2022）を一部改変

表4.45　糖尿病教育入院プログラム例

	指導内容	担当者
入　院	糖尿病とは	医師，看護師
2日目	糖尿病の食事療法（栄養指導）	管理栄養士
3日目	糖尿病の薬物療法（服薬指導），低血糖	薬剤師，看護師
4日目	糖尿病の運動療法	理学療法士
5日目	糖尿病の合併症	医師，看護師
6日目	フットケア	看護師
退　院	生活の振り返り	看護師

出所）日本糖尿病療養指導士認定機構編：糖尿病療養指導ガイドブック2021，メディカルレビュー社（2021）より引用

表4.46　糖尿病集団指導テーマの例

1回目	栄養食事療法の原則―1日3食規則正しく，バランスよく，よく噛んで―
2回目	あなたの1日に必要な食事内容―主食・主菜・副菜・果物・牛乳―
3回目	満腹感を得るには
4回目	お菓子・アルコールについて
5回目	外食の選び方
6回目	献立練習
7回目	調理実習

表 4.47　個別指導と集団指導の特徴

	個別指導	集団指導
必要な人手や時間	集団指導に比べ人手や時間がかかる	個人指導に比べ人手や時間がかからない（糖尿病の一般的な知識や参加者に共通して必要な情報を提供する場合に効率的）
患者への対応	・患者個々の状況に即した指導ができる（患者の生活状況に合った自己管理の方法を一緒に考え工夫するときや患者のプライバシーにかかわる問題に対応する場合など） ・指導中の患者の反応に応じた対応が取りやすい	患者個々の状況に合わせた指導はしづらい
患者・医療者関係	患者と医療者との相互関係を重視したかかわりが取りやすい	医療者から患者への一方通行的なかかわりになりやすい
医療者に求められる能力	その患者の状況を考慮したうえで，患者の反応を把握し，それに応じた対応ができる専門的な知識や能力が必要になる	集団へのはたらきかけのなかで，患者の反応を把握し，それを指導に反映させる能力が必要
患者同士の関係づくり	直接患者同士のつながりを作る場にはならない	患者同士の意見交換，話し合いの場がもて，患者間での相互作用が生まれる場になる
影響要因	患者―医療者関係，落ち着いてゆっくり話せる場であるか，プライバシーが保たれる場であるか，など	参加者の人数や特性に影響を受ける

出所）表 4.44 に同じ

(5)　個別指導と集団指導（表 4.47）

個別指導は患者個々のニーズ（１日の食事内容を学ぶ，現在の食事の問題点・解決法を知るなど）に応じた指導ができ，患者の状況や反応を把握しながら対応することができる。

一方の集団指導では，一般的な知識や参加者に共通して必要な情報を効率的に提供することができる。また，患者同士の交流の場にもなり，患者間の相互作用を期待できる。

患者の特性や指導内容に合わせて，指導の種類とその実施間隔を選択する。

4.6.2　栄養食事指導プログラムの実際

(1)　アセスメント（p.58，3.1 参照）

まずは医師の指示内容，診断名を確認し，医療カルテやカンファレンスでの情報より，**表 4.48** に示す栄養状態・病態及び食物摂取状況を把握し，それぞれを関連付けてアセスメントを行う。

表 4.48　栄養食事指導の流れ

Ⅰ　アセスメント
（１）医師の指示内容 （２）栄養状態・病態 　主訴，既往歴，現病歴，家族歴，家族構成，臨床審査・臨床検査結果，治療方針 （３）食物摂取状況 　食事記録や質問紙調査により，食事摂取方法，摂取栄養量，食生活状況，身体活動量，栄養食事指導と栄養食事療法の有無，患者の気持ち ⇒（２）（３）を関連付けてアセスメントを実施する。
Ⅱ　目標設定とプログラム
（１）栄養食事療法の目標とプランを設定 （２）（１）をチームへ提案・報告 （３）食品構成などの作成
Ⅲ　実施
（１）栄養食事療法の知識を指導 （２）食事内容のイメージ作り （３）現在の食生活の改善：問題点の把握・原因解明・改善方法の提案 （４）実技の指導
Ⅳ　モニタリングと評価
Ⅴ　報告とフィードバック
Ⅵ　カンファレンスへの参加（随時）

(2) 目標設定とプログラムの作成 (p.67, 3.2, p.69, 3.3 参照)

症　　例	50歳男性，営業職
診断名	2型糖尿病（合併症なし）・高血圧
主　　訴	口渇・多飲多尿
既往歴	なし
現病歴	検診により糖尿病を指摘され，糖尿病内科を受診した。
家族歴	父・妹が糖尿病
家族構成	妻と息子（20歳）の3人暮らし
身体所見・検査所見	身長170cm，体重82kg，BMI 28.3kg/m^2 空腹時血糖値168mg/dℓ，HbA1c7.5%，血圧140/80mmHg
食生活状況	朝食はパンとコーヒー，昼食は揚げ物中心の中華料理が多い。夕食は週に1～2回は居酒屋でアルコールを飲む。帰宅後，お茶漬けを食べる。大食でいつも空腹感がある。濃い味付け・甘いものを好む。運動はほとんどしていない。 摂取エネルギー約2800kcal，たんぱく質100～120g，脂質60～80g，炭水化物350～450g，食塩量多い。野菜が少ない。

〈目標設定例〉

表4.49 目標設定の例

長期目標	性・年齢・適性体重に応じた食生活と運動が習慣化する 適正な体重・血糖値・血圧を維持する
中期目標	適正な食事（量・バランス・味付け）を計画できる 摂取した食事の評価ができる 生活のなかで運動が実行できる
短期目標	
学習目標	適正な食事（量・バランス・味付け）を知る。 生活のなかの運動の機会を知る。
行動目標	以下のうち実行できる1～2つを選択しつつ達成していく 主食・主菜・副菜がそろうバランスの良い食事とする 食事の全体量・揚げ物・アルコール・甘いものを減らす 低エネルギーの食品を増やす 薄味になれる 階段を上る・歩くなど運動の機会を増やす
環境目標	昼食は定食のある店を選ぶ，夕食の外食の機会を減らす。 昼食は同僚を定食の店に連れてゆくなど周りの人にも適正な食生活を進める。
結果目標	2kg/月ずつ減量する。血糖値・HbA1c・血圧を基準値に近づける。

栄養食事療法は，各種疾患学会のガイドラインに基づくとともに，医師の指示とIのアセスメントの結果をもとに必要栄養量を検討し，カンファレンスなどで提案する。必要栄養量に基づく患者の実施可能な食品構成などを計画する。**表4.50** にプログラム設定例を示す。

(3) プログラムの実施 (p.83, 3.4 参照)

食品構成などを念頭に，患者のペースに合わせながら，写真・フードモデル・実際の食事などを使用し食事内容がイメージできるように指導する。患者は食事内容をイメージできると，現在の食生活の問題点やその原因に気が付くことが多い。問題点の改善方法（何をどれだけ減らすのか・増やすのか・何に替えるのか）について患者とともに考え提案する。集団指導では家族・

表 4.50 栄養食事療法のプログラム設定の例

必要栄養量	エネルギー 2400kcal　たんぱく質 100g　脂質 70g　炭水化物 350g　食塩 6 g 未満
外来栄養食事指導 〔実施期間：3ヵ月〕	集団栄養食事指導 〔3ヵ月コース（月 2 回）〕
個人指導①【指導時間 30 分】 受診日の診察前 妻（調理担当者）の参加を依頼する 食事摂取記録用紙を記入してきてもらう 食物摂取状況の問題点を確認する 患者主体で学習目標・行動目標・環境目標・結果目標を設定 必要栄養量，食品構成をもとに食事内容がイメージできるように指導する	**集団指導①**【指導時間 40 分】 「栄養食事療法の原則」
個人指導② 2 週間後【指導時間 20 分】 臨床検査結果の確認・評価 食事摂取記録の確認・評価 目標の達成状況確認・評価 問題点の改善方法について患者とともに考え，提案する	**集団指導②**【指導時間 40 分】 「あなたの 1 日に必要な食事内容」
個人指導③ 1 か月後【指導時間 20 分】 **個人指導④** 2 か月後【指導時間 20 分】 臨床検査結果の確認・評価 食事摂取記録の確認・評価 目標の達成状況確認・評価 問題点の改善方法について患者とともに考え，提案する	**集団指導③**【指導時間 40 分】 「満腹感を得るには」 **集団指導④**【指導時間 40 分】 「お菓子・アルコールについて」
個人指導⑤ 3 か月後【指導時間 20 分】 臨床検査結果の確認・評価 食事摂取記録の確認・評価 目標の達成状況確認・評価 問題点の改善方法について患者とともに考え，提案する 栄養食事指導の継続など今後の方針について検討する	**集団指導⑤**【指導時間 40 分】 「外食の選び方」 **集団指導⑥**【指導時間 40 分】 「献立練習」

＊指導時間・回数は診療報酬の算定要件（表 4.42）に基づくが，患者の知識や理解度によって調整する。

キーパーソンを含めて実技指導を行う。

(4) プログラムの評価（p.83，3.4，p.84，3.5 参照）

評価は，栄養状態・病態・食物摂取状況の改善など患者についての評価と，プログラムの進行など指導者側の評価が必要である。患者については，アセスメントを行った栄養状態・病態や食物摂取状況の項目をモニタリングし，目標の達成状況などを評価する。評価のタイミングは，疾患・栄養状態・指導内容などによって異なり，プログラムの段階で決めておく。

表 4.51 評価の例

企画評価	＊栄養状態・病態のアセスメント，栄養食事療法の内容は適切であったか
経過評価	＊個人指導・集団指導の頻度・ペースは適切であったか 集団指導には積極的に参加し質問はあったか 食事（量・味付け）には慣れたか
影響評価	昼の外食を定食屋にする，外食を減らすことができたか
結果評価	減量でき，血糖値・血圧は低下したか 適切な食事（量・バランス・味付け）を理解し実行できるようになったか 生活のなかで運動が実行できるようになったか

＊は指導者側の評価

(5)　報告とフィードバック（p.83, 3.4 参照）

評価結果はカンファレンスや医療カルテに報告する。目標に到達すると，栄養食事指導は終了であるが，栄養食事指導を受けることが食事療法実施の動機付けになっている場合が多いので注意を要する。目標に到達しなかった場合には，プログラムを修正し再度実施する。

4.7　障害者の栄養教育

4.7.1　栄養教育の特徴と留意事項

(1)　障害者とは

障害者とは「身体障害，知的障害，精神障害（発達障害を含む），その他の心身の機能障害（以下「障害」と総称する）があるものであって，障害及び社会的障壁により継続的に日常生活又は社会生活に相当な制限を受ける状態にあるものをいう」と定義されている（障害者基本法）。

さらに，身体障害者とは，「(①視覚障害，②聴覚または平衡機能障害，③音声機能・言語機能またはそしゃく機能の障害，④肢体不自由，⑤内部障害）＝これらの身体上の障害がある 18 歳以上の者であって，都道府県知事から身体障害者手帳の交付を受けたもの」とされる（身体障害者福祉法）。

知的障害者については，「知的障害者福祉法」に定義規定はなく，児童福祉法に「この法律で，障害児とは，身体に障害のある児童又は知的障害のある児童をいう」とあり，身体の障害と同じ定義となっている。

精神障害者については，「統合失調症，精神作用物質による急性中毒又はその依存症，知的障害，精神病質その他の精神疾患を有する者をいう」（精神保健及び精神障害者福祉に関する法律），発達障害者については，「発達障害を有するために日常生活又は社会生活に制限を受ける者をいい，「発達障害児」とは，発達障害者のうち十八歳未満のものをいう」と規定されている（発達障害支援法）。

(2)　障害者への栄養教育

障害者とは「通常の個人生活と社会生活の両方または一方の必要性を自らでは全体的にもしくは部分的に満たすことができない人（障害者の権利宣言・国際連合総会採択決議）」であり，個々の障害により生活状況は異なる。栄養教育では，個々の障害の種類・程度・障害の重複などを詳細に把握・理解し，障害による身体活動量や食物摂取状況などを配慮しつつ，残存機能の悪化防止・回復と自立に繋がる教育を，本人・介助する家族・キーパーソンに行う。

1)　視覚障害

視覚障害の発症時期（先天的・中途失明）により，食事内容をイメージして理解できる状況が異なる。栄養教育にあたっては，発症理由や視力を把握

コラム 14　身体計測

身長計測：立位で身長計測ができない場合は，仰臥位で頭頂から踵まで，または，膝高を測定し計算式により推定する。拘縮の場合は測定できる部分を測り合算する。体重計測：体重計に乗ることが困難な場合は車椅子やベッドごと計測できる体重計，ハンモック体重計を使用する。

＊膝高計測値
踵から膝上までの高さで，膝高計を用いて計測する。下記計算式により推定身長・体重が求められる。
〈推定身長（cm）〉
男性：64.02＋(膝高×2.12)－(年齢×0.07)
女性：77.88＋(膝高×1.17)－(年齢×0.10)
〈推定体重（kg）〉
男性：(1.01×膝高)＋(AC×2.03)＋(TSF×0.46)＋(年齢×0.01)－49.37
女性：(1.24×膝高)＋(AC×1.21)＋(TSF×0.33)＋(年齢×0.07)－44.43
（単位）膝高（cm），AC：上腕周囲長（cm），TSF：上腕三頭筋皮下脂肪厚（mm）

し，残存視力と視覚以外の五感（聴覚・臭覚・味覚・触覚）を生かした方法や教材を検討する。

聴覚：言葉の他，音により確認する（音声調理器具，調理の音，食器の音）

臭覚・味覚：香り・味により確認する（食品・料理）

触覚：手で触れる（点字プリント・シール，食品・料理・食器の種類，料理の温度）

調理にあたっては，盛り付けても通常食べないもの（飾り，ペーパー，魚の骨，果物の種・皮など）は除く。また，料理・箸の配置，調味料の位置，冷蔵庫内の食品の位置などは決めておき習慣化する。

2)　聴覚障害・言語機能障害

聴力・言語力機能を把握し，話しかけ言葉を返してもらうなど残存機能の悪化防止・回復を目指す栄養教育が望ましい。筆談する，大きな声で話す，補聴器を利用してもらうことにより障害のない人と類似の教育が可能である場合も多い。

3)　肢体不自由

障害が上肢にある・半身にある・全身にあるなど障害の状況を把握して，残存機能の悪化防止・回復，自立を目指し，食事の形態（おにぎり，串に刺す，噛まなくてよい調理，経腸栄養剤）や摂食のための自助具の利用などについて具体的な栄養教育を行う。

全身の障害，脳性まひ，肢体不自由と精神障害を合わせもつ場合や高齢者の脳血管障害などによる摂食・嚥下機能障害者も多い。日本摂食嚥下リハビリテーション学会では，「日本摂食嚥下リハビリテーション学会嚥下調整食分類2021」を，農林水産省は，「スマイルケア（新しい介護食品）の選び方」を策定している。また，噛む・嚥下に障害がある場合の食品も開発されている。

適正エネルギー量は，障害や活動量が個人によって大きく異なる。現状の摂取エネルギー量と体格（身長・体重・体脂肪など）と活動量との関連を観察しつつ設定する。

肥満では，低エネルギー食品の利用や調理法を，低体重では，高エネルギー・高たんぱく質食品・経腸栄養剤の利用や食事回数の増加などの工夫をする。

4)　知的障害

摂食機能に障害がある場合はその状況を把握し，3）肢体不自由に準じた対応をとりつつ，摂食訓練を行いその機能を高めていく。栄養教育では，知的レベルに応じた楽しい教材・内容とし，食事への関心を高める。

5）　精神障害者

精神障害の症状・日常生活の状況・食行動などを把握する。特定の食事や食品へのこだわりをもつ場合は栄養量に配慮しつつ本人の意向を尊重する。しかし，食べないと固縮していた食品が突然喫食される場合もある。明るく安定した雰囲気のなかで，通常の食事を試してみることも重要である。

4.7.2　栄養教育プログラムの実際（表4.44）

(1)　アセスメント（p.58，3.1 参照）

医療カルテや医師・看護師・本人・家族・キーパーソンより，障害・病態，社会・日常生活状況，食物摂取状況（表4.44）などを把握する。体格（身長・体重・体脂肪），摂取栄養量を関連付けて，「摂取エネルギーが少ないが，活動量が少なく，体重・体脂肪が多い」などアセスメントする。結果はカンファレンスや医療カルテに報告する。

(2)　目標設定とプログラムの作成（p.67，3.2，p.69，3.3 参照）

症例：68 歳男性，無職
165cm，体重 60kg，高血圧症のため定期的に受診している。3 年前脳梗塞を発症，左半身に軽い障害が残っている（顔面：咀嚼・嚥下しにくい，上肢・下肢：思うように動かしにくい）。今回，妻が亡くなり自分で食事を用意しなければならなくなり，栄養食事指導を希望。現在の食事摂取状況は，朝食は菓子パンと牛乳，昼・夕食はインスタントラーメンやうどん，レトルトの粥・煮ものなど軟らかいもので，単調な食事である。昔は調理が好きであったが脳梗塞発症後からはしていない。血圧 144／85mmHg。

〈目標設定例〉

表 4.52　目標設定の例

長期目標	咀嚼・嚥下しやすい食事を栄養のバランスを考えて用意する 自由の利く右手を使い負担の少ない薄味の調理ができる 生活の支援が得られる環境をつくる
中期目標	市販の咀嚼・嚥下しやすい食品を購入する とろみ剤を使い，飲み物にとろみをつける 昔調理をしていたことを思い出し，少しずつ安全な調理にチャレンジする 支援について公的機関などに相談する
短期目標 学習目標	市販の咀嚼・嚥下しやすい食品を知る 栄養素の種類とバランスについて知る 薄味を知る
行動目標	以下から実施できそうなことを 1 ～ 2 つを選択しつつ達成していく 市販の咀嚼・嚥下しやすい食品を購入する 人に付いてもらい調理を行ってみる 調理をする場合は薄味にする かけ醤油・ソースは量を少なくし薄味になれる 飲み物にとろみ剤を使う
環境目標	支援者を得て調理の練習をする
結果目標	市販の咀嚼・嚥下しやすい食品の利用と，栄養バランスを考えた薄味の簡単な調理により食生活が豊かになる

できるだけ早く1回目の個人指導を行い，次は受診日（2週間後）の診察前，以後受診日ごとに個人指導を予約する。

(3)　プログラムの実施（p.83，3.4）

妻が調理していた食事内容を聞きつつ，写真・フードモデル・実際の食品を用い，市販の咀嚼・嚥下しやすい食品（4.7.1.(2) 3）肢体不自由　参照），咀嚼・嚥下のしやすい調理法・とろみの付け方，栄養のバランス（主食・主菜・副菜と果物・牛乳）などが理解できるように指導する。また，醤油・ソースなどの使い方や薄味を指導する。現在の食事をどのように変えると良いか一緒に考え，できるだけ実技指導も行う。

(4)　プログラムの評価（p.83，3.4，p.84，3.5 参照）

アセスメント項目や目標項目についてモニタリングし，改善・達成状況などを評価する。

表 4.53　評価の例

企画評価	＊継続指導の期間・間隔は適切であったかか
経過評価	＊摂取状況を確認しながら進めることができたか ＊指導時間内に対象者が満足できる指導ができたか
影響評価	市販の咀嚼・嚥下しやすい食品を購入できるようになったか 簡単な調理やとろみの調整はできるようになったか 食事がむせることはなかったか
結果評価	咀嚼・嚥下しやすい食事を用意できるようになったか 栄養のバランス，薄味を意識するようになったか

＊は指導者側の評価

(5)　報告とフィードバック（p.83，3.4 参照）

傷病者の（p.136(5)）場合と同様に行う。

4.7.3　ノーマライゼーションと栄養教育

ノーマライゼーションとは，障害者が特別視され社会から隔離されるのではなく，障害を持っていても健常者と均等に普通の生活ができる社会こそがノーマルであるという考え方をいう。1959年デンマークの知的障害者教育法に登場後，スウェーデン・アメリカで発展し，今日の福祉の基本概念である。

栄養教育においてもノーマライゼーションの理念に基づき実施する。障害者の障害の状況を理解し個々に応じた教育が必要であるともに，現在実施できる行動の維持のみならず，新たな食に対する訓練もノーマライゼーションの発展につながる。障害者が食の知識を得て，食事の準備・片付け，マナーなどのスキルを学び，食を通じて生きがいがもてるような教育が重要である。

【演習問題】

問1 妊娠初期の妊婦に対する栄養カウンセリングの初回面接である。行動変容の準備性を確認する管理栄養士の発言である。最も適切なのはどれか。1つ選べ。 (2018年度国家試験)

(1) 今朝，朝食に何を召し上がりましたか。
(2) 食事調査の結果をご覧になって，どう思われましたか。
(3) ご家族は，食事について，どのようにおっしゃっていますか。
(4) 今日お話した内容について，何か質問がありますか。

解答 (2)

次の文を読み**問2**，**問3**に答えよ。 (2020年度国家試験)

K産科クリニックに勤務する管理栄養士である。医師の指示のもと，妊婦の栄養カウンセリングを行うことになった。

妊婦Aさんは，36歳，事務職（身体活動レベル150）。妊娠8週目，経産婦，妊娠高血圧症候群の既往はあるが，現在は高血圧ではない。身長155cm，標準体重53kg，現体重63kg（妊娠前60kg），BMI 26.2kg/m^2（妊娠前25.0kg/m^2），血圧120/72mmHg。

問2 エネルギー指示量として，最も適切なのはどれか。1つ選べ。

(1) 1,400 kcal/日
(2) 1,800 kcal/日
(3) 2,200 kcal/日
(4) 2,600 kcal/日

解答 (2)

問3 妊娠39週で出産，出産直前の体重は70kg，産後8週目，現体重66kg，BMI 27.5 kg/m^2，血圧124/82mmHg，再度，栄養食事指導を行うことになり，1日の食事内容を聞き取った（表）。ふだんも同じような食事をしているという。この結果を踏まえた行動目標である。最も適切なのはどれか。1つ選べ。 (2020年度国家試験)

表　Aさんの1日の食事内容

朝食（8時）	昼食（12時30分）	間食（15時）	夕食（19時）
バタートースト（6枚切り）1枚 スクランブルエッグ（鶏卵1個） ヨーグルト 1カップ（100g） オレンジジュース 1杯（150mL）	スパゲティ カルボナーラ（冷凍食品）1皿 ポテトコロッケ（市販）2個 レタス1枚	牛乳 1本（200mL） ドーナツ1個	ごはん 1杯（150g） 豚カツ 1枚（100g） 付け合わせ キャベツ 冷奴 1/4丁（100g） みそ汁（大根，ねぎ）

(1) 野菜の摂取量を増やす。
(2) 果物を摂るようにする。
(3) 糖質の多い食べ物を減らす。
(4) 油脂の多い食べ物の品数を減らす。

解答 (4)

問4 離乳食教室を企画する場合の，目標とその内容の組合せである。最も適当なのはどれか。1つ選べ。 (2020年度国家試験)

(1) 実施目標 —— 家庭で離乳食レシピブックを参照し，調理する。
(2) 学習目標 —— 成長・発達に応じた離乳食を調理できるようになる。
(3) 行動目標 —— 集団指導と調理実習を組み合わせた教室を行う。
(4) 環境目標 —— 市販のベビーフードの入手法を紹介する。
(5) 結果目標 —— 負担感を減らすために，家族の協力を増やす。

解答 (2)

問5 保育所での食育推進計画の策定にあたり，園児の保護者に対し，プリシード・プロシードモデルに基づいたアセスメントを実施した。アセスメント内容とその項目の組合せである。正しいのはどれか。1つ選べ。

(2019年度国家試験)

(1) 幼児の体格 —— 準備要因
(2) 幼児食について相談できる人の有無 —— 強化要因
(3) 保護者の調理の知識 —— 実現要因
(4) 保護者の共食に対する考え —— 行動と生活習慣
(5) 保護者の持つボディイメージ —— 健康

解答 (2)

次の文を読み，問6，問7，問8に答えよ。

K市の市立保育園に勤務する管理栄養士である。保育園に通う女児A子（9か月）の母親への栄養の指導を行っている。

母親から，A子が家庭で離乳食をあまり食べないので心配との相談を受けた。

A子は，身長72.5cm，体重8.7kg。精神・運動機能の発達は良好である。

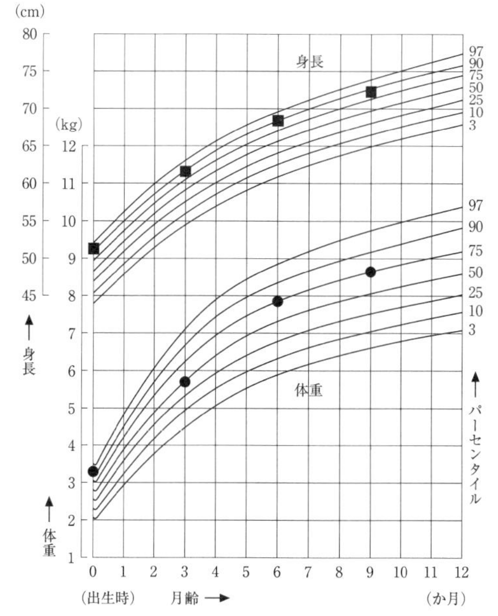

図　乳児身体発育曲線（女子）

問6 A子の出生時からの身長と体重の変化を乳児身体発育曲線に示した（図）。A子の栄養アセスメントの結果である。最も適切なのはどれか。1つ選べ。

(2019年度国家試験)

(1) 体重は標準的な発育曲線であるが，低身長である。
(2) 身長は標準的な発育曲線であるが，低体重である。
(3) 身長，体重ともに離乳食開始後の発育不良が懸念される。
(4) 身長，体重ともに標準的な成長状態である。

解答　(4)

問 7　離乳食の与え方について，母親にたずねた。現在，離乳食は歯ぐきでつぶせる固さで1日3回与えており，母乳は欲しがるときに飲ませているという。この内容に対する栄養アセスメントである。最も適切なのはどれか。1つ選べ。　(2019 年度国家試験)

(1) 月齢に応じた離乳食の与え方である。
(2) 月齢に応じた離乳食の調理形態として，不適切である。
(3) 月齢に応じた離乳食の回数として，多すぎる。
(4) 母乳を与え過ぎている。

解答　(1)

問 8　栄養アセスメントの結果を踏まえた管理栄養士の発言である。最も適切なのはどれか。1つ選べ。
(2019 年度国家試験)

(1) 月齢どおりの与え方ができていますね。あまり心配せず，見守ってあげましょう。
(2) お子さんが食べやすい，ペースト状のおかずにしてはいかがですか。
(3) 食べないことが心配であれば，離乳食を2回に減らしてみては，いかがですか。
(4) お子さんに母乳をあげる回数を，決めましょう。

解答　(1)

問 9　高校の男子運動部の顧問教員より，部員が補食としてスナック菓子ばかり食べているのが気になると相談を受け，栄養教育を行うことになった。栄養教育の目標の種類とその内容の組合せである。最も適当なのはどれか。1つ選べ。　(2021 年度国家試験)

(1) 実施目標 —— 学校内の売店で販売する，おにぎりと果物の品目を増やす。
(2) 学習目標 —— 食事の悩みがある部員には，個別相談を行う。
(3) 行動目標 —— 補食として牛乳・乳製品を摂取する。
(4) 環境目標 —— 体組成をモニタリングする。
(5) 結果目標 —— 補食の摂り方と競技力の関連を理解する。

解答　(3)

問 10　減量したいと考え始めた肥満女性に，栄養教育を行うことになった。減量の達成に向けて，優先的に設定すべき行動目標である。最も適切なのはどれか。1つ選べ。　(2022 年度国家試験)

(1) 肥満を改善できた同僚の話を聞く。
(2) 昼食は，社員食堂でヘルシーメニューを選ぶ。

(3) 毎日，栄養計算して食事を準備する。
(4) 毎日，体重を測る。

解答 (4)

問 11 配偶者の死後，食生活に不安を感じている 60 歳の男性に，特定保健指導を行うことになった。アセスメント項目と質問内容の組合せである。最も適当なのはどれか。1 つ選べ。 (2022 年度国家試験)

(1) 既往歴 ──── 主観的体調
(2) 職知識 ──── 自分で作ることができる料理
(3) 食スキル ─── 1 日当たりの食費の目安
(4) 食態度 ──── 生活の中での食事の優先度
(5) 食行動 ──── 食料品店やスーパーマーケットとの距離

解答 (4)

次の文を読み，問 12，問 13，問 14 に答えよ。

K 大クリニックに勤務する管理栄養士である。

患者は，70 歳，女性。重度の関節痛と体力低下によって数年前から通院できなくなり，医師が往診している。この度，腎機能低下が認められたため，医師からエネルギー 1,400kcal/日，たんぱく質 40g/日，食塩 6g/日未満の食事について，在宅患者訪問栄養食事指導の指示があった。屋内での生活はかろうじて自力で行えるが，買い物や食事の準備は近所に住む娘に頼んでいる。摂食嚥下機能に問題はない。

身長 150cm，体重 44kg，BMI 19.6kg/m^2，血圧 145/90mmHg。空腹時血液検査値は，ヘモグロビン 11.2g/dL，アルブミン 3.6g/dL，血糖 82mg/dL，尿素窒素 26mg/dL，クレアチニン 0.80mg/dL，eGFR 54.1mL/分/1.73m^2。

表　食事メモ

1 日目

朝	昼	夕
食パン　6 枚切半分 牛乳　1 杯（150mL） ヨーグルト　1 個（100g） バナナ　半分	ごはん　茶碗小 1 杯（100g） 納豆　1 パック（40g） 茹で野菜　小鉢半分 （ブロッコリー，人参） ポン酢 わかめのみそ汁　1/2 杯	ごはん　茶碗小 1 杯（100g） かれい煮魚　小 1 切 野菜類の煮物　小鉢半分

2 日目

朝	昼	夕
食パン　6 枚切半分 牛乳　1 杯（150mL） ヨーグルト　1 個（100g） みかん　1 個	ごはん　茶碗小 1 杯（100g） 奴豆腐（100g） 白菜のおかか和え　小鉢半分 大根のみそ汁　1/2 杯	ごはん　茶碗小 1 杯（100g） 肉団子（小 5 個）と 野菜の洋風煮（カリフラワー，人参 50g 程度） きゅうり酢の物　小鉢半分

（　）内は，管理栄養士が記載した内容

問 12　初回の在宅患者訪問栄養食事指導の時に，娘からいつも作っている食事内容のメモをもらい摂取量を把握した（表）。準備された食事はほぼ摂取し，間食はほとんどしない。この内容から優先すべき問題点である。最も適切なのはどれか。1 つ選べ。（2021 年度国家試験）

(1) エネルギー摂取量が少ない。
(2) たんぱく質摂取量が少ない。
(3) 野菜摂取量が少ない。
(4) 食塩摂取量が少ない。

解答　(1)

問 13　今後の食事に対する具体的なアドバイスである。最も適切なのはどれか。1 つ選べ。（2021 年度国家試験）

(1) 煮物を炒め物に替えるなど，油脂類の摂取を増やしましょう。
(2) 朝食に卵 1 個程度を追加しましょう。
(3) 朝食にトマト 1/2 個程度の野菜を追加しましょう。
(4) 昼食のみそ汁をやめましょう。

解答　(1)

問 14　翌月に，再び在宅患者訪問栄養食事指導を行った。娘より，「最近，母の食欲が低下してきたようだ。」との訴えがあった。対策を相談していたところ，患者から「昔のように，パンにバターをたっぷり塗って食べたい。」と言われた。これに対する返答である。最も適切なのはどれか。1 つ選べ。（2021 年度国家試験）

(1) はい，たっぷり塗ってもらいましょう。
(2) バターは 5 g に決めて，塗ってもらいましょう。
(3) バターではなく，マーガリンをたっぷり塗ってもらいましょう。
(4) たっぷり塗ってもらうのは，週 2 回にしましょう。

解答　(1)

問 15　軽い認知症があり，もの忘れが多くなった独居の高齢者に，脱水症予防のための栄養教育を行うことになった。適切な水分摂取の実行が期待できる働きかけである。最も適切なのはどれか。1 つ選べ。（2020 年度国家試験）

(1) 脱水症予防のための水分のとり方について，講義を聴いてもらう。
(2) 水分のとり方について，グループディスカッションをしてもらう。
(3) 経口補水液づくりを実習し，作り方のプリントを持ち帰ってもらう。
(4) 身の回りに水の入ったペットボトルを置いてもらう。

解答　(4)

問 16　医師から禁酒を指示された肝臓病の患者である。「1 週間は禁酒しましたが，寝つきが悪いと感じ再び飲むようになってしまいました」と話す。行動変容技法のうち，認知再構成を意図した管理栄養士の支援である。正しいのはどれか。2 つ選べ。（2019 年度国家試験）

(1)「1 週間も禁酒できたのですね」と褒める。
(2)「お酒の買い置きをやめてみては」と提案する。
(3) 飲まなくても眠れた日があったことを，思い出させる。
(4) 再度，家族に禁酒宣言することを，勧める。
(5)「飲酒の記録を次の相談日に持参してください」と指示する。

解答　(1)(3)

問 17　2 型糖尿病の患児とその保護者を対象とした栄養教育プログラムの，環境目標を設定するためのアセスメントである。最も適切なのはどれか。1 つ選べ。　(2020 年度国家試験)

(1) 患児の成長を，身長と体重の記録で調べる。
(2) 家族の病歴を，診療記録で調べる。
(3) 家庭に常備されている飲料の種類を，質問紙で調べる。
(4) 家庭の調理担当者と食事内容を，食事記録で調べる。

解答　(4)

問 18　特別支援学校高等部の，料理を作ることが可能な生徒を対象に，調理実習を伴う栄養教育を実施する。対象者と安全に調理するための配慮の組合せである。誤っているのはどれか。1 つ選べ。　(2019 年度国家試験)

(1) 視覚障害者 ―――― 包丁を使う作業をさせない。
(2) 聴覚障害者 ―――― 後ろから声をかけない。
(3) 肢体不自由者 ――― 車椅子で作業できる調理台を使う。
(4) 病弱者 ――――――― 食事制限の有無を確認する。
(5) 知的障害者 ―――― 次の作業を促す言葉かけを行う。

解答　(1)

【参考文献】

大川弥生：新しいリハビリテーション―人間「復権」への挑戦，講談社 (2004)
大川弥生：生活機能とは何か―ICF：国際生活機能分類の理解と活用，東京大学出版会 (2007)
大和田浩子，中山健夫：知的障害者のための栄養アセスメント，食生活，101，74-86 (2007.11)
関東信越厚生局東京事務所：入院時食事療養における基準 (2017)
北住映二ほか：子どもの摂食・嚥下障害―その理解と援助の実際，189-198，永井書店 (2007)
木戸康博，小倉嘉夫，真鍋裕之編：栄養ケア・マネジメント　基礎と概念，医歯薬出版 (2017)
口分田政夫：体重管理，臨床栄養，117(3)，260-268 (2010)
厚生労働省：平成 28 年国民健康・栄養調査
厚生労働省，平成 30 年度診療報酬改定について
https://www.mhlw.go.jp/stf/seisakunitsuite/bunya/0000188411.html (2018.9.6)
厚生労働省，健やか親子 21 推進検討会：妊産婦のための食生活指針・リーフレット
妊産婦のための食事バランスガイド，
https://www.mhlw.go.jp/houdou/2006/02/dl/h0201-3b02.pdf (2018.9.6)

厚生労働省雇用均等・児童家庭局母子保健課：授乳・離乳の支援ガイド（2019）
https://www.mhlw.go.jp/content/11908000/000496257.pdf（2019.12.10）
厚生労働省：日本人の食事摂取基準（2020 年度版）
厚生労働省：楽しく食べる子どもに～食からはじまる健やかガイド（2004），
https://www.mhlw.go.jp/shingi/2004/02/dl/s0219-4a.pdf（2019.12.10）
厚生労働省：平成 27 年度乳幼児栄養調査結果の概要（2015），
https://www.mhlw.go.jp/file/06-Seisakujouhou-11900000-Koyoukintoujidoukateikyoku/0000134460.pdf（2019.12.10）
厚生労働省：平成 17 年度知的障害児（者）基礎調査結果の概要（2007），
https://www.mhlw.go.jp/toukei/saikin/hw/titeki/（2018.9.6）
厚生労働省：平成 18 年身体障害児・者実態調査結果（2008），
https://www.mhlw.go.jp/toukei/saikin/hw/shintai/06/（2018.9.6）
厚生労働省：障害者プラン，http://www.mhlw.go.jp/shingi/2004/06/s0617-6d.html（2018.9.6）
厚生労働省：国際生活機能分類—国際障害分類改訂版（2002）
https://www.mhlw.go.jp/houdou/2002/08/h0805-1.html（2018.9.6）
厚生労働省：平成 22 年乳幼児身体発育調査報告書
厚生労働省：令和 3 年度厚生労働行政推進調査事業費補助金（成育疾患克服等次世代育成基盤研究事業）「幼児期の健やかな発育のための栄養・食生活支援に向けた効果的な展開のための研究」: 幼児期の健やかな発育のための栄養・食生活支援ガイド（2022）
厚生労働省：保育所における食事の提供ガイドライン（2012）
食事摂取基準の実践・運用を考える会編：日本人の食事摂取基準 2010 年度版の実践・運用，第一出版（2012）
杉山みちこ，赤松利恵，桑野稔子編：栄養教育論，建帛社（2017）
全国心身障害児福祉財団編：発達障害幼児の家庭養育，21，日本財団図書館（2005）
https://nippon.zaidan.info/seikabutsu/2005/00486/contents/0005.htm
世界保健機関／国連食糧農業機関：乳児用調整粉乳の安全な調乳，保存および取扱いに関するガイドライン（2007）
http://www.mhlw.go.jp/topics/bukyoku/iyaku/syoku-anzen/qa/dl/070604-1b.pdf（2019.12.10）
竹中優，土江節子：応用栄養学　栄養マネジメント演習・実習，医歯薬出版（2019）
内閣府
https://www8.cao.go.jp/syokuiku/about/plan/pdf/kihonpoint.pdf（2018.9.6）
https://www8.cao.go.jp/syokuiku/about/plan/moku_gen/pdf/moku_gen.pdf（2018.9.6）
日本学校保健会：児童生徒の健康診断マニュアル（平成 27 年度改訂版）
日本小児神経学会社会活動委員会編：医療的ケア研修テキスト，92-93，クリエイツかもがわ（2006）
日本スポーツ振興センター：平成 22 年度　児童生徒の食事状況等調査報告書（食事状況調査編）
https://www.jpnsport.go.jp/anzen/anzen_school/tyosakekka/tabid/1491/Default.aspx（2018.9.6）
日本糖尿病学会編：糖尿病治療ガイド 2014-2015，文光堂（2014）
日本糖尿病療養指導士認定機構編：糖尿病療養指導ガイドブック 2021，メディカルレビュー社（2021）
日本ベビーフード協議会
https://www.baby-food.jp/standard/standard.html#f1
農林水産省：「食生活指針」改定ポイント（2016）
春木敏編：エッセンシャル栄養教育論，医歯薬出版（2020）
平成 15 年度 児童環境づくり等総合調査研究事業保育所における食育のあり方に関する研究班：楽しく食べる子どもに～保育所における食育に関する指針～（平成 16 年 3 月）

https://www.pref.nara.jp/secure/28270/shishin.pdf（2019.12.10）
本田佳子，土江節子，曽根博仁編：臨床栄養学　基礎編，羊土社（2018）
丸山千寿子，足達俶子，武見ゆかり：栄養教育論，南江堂（2017）
文部科学省：小学校学習指導要領解説，東洋館出版社（2008）
文部科学省：中学校学習指導要領解説，東洋館出版社（2009）
文部科学省：食に関する指導の手引（第2次改訂版）（2019.3）
https://www.mext.go.jp/a_menu/sports/syokuiku/1292952.htm（2019.12.10）
https://www.mext.go.jp/a_menu/education/detail/__icsFiles/afieldfile/2019/04/19/1293002_6_1.pdf（2019.12.10）
文部科学省：平成30年度　学校保健統計調査結果の概要（2018）
https://www.mext.go.jp/b_menu/toukei/chousa05/hoken/kekka/k_detail/1399280.htm（2019.12.10）
文部科学省：学校給食実施基準（平成21年を改正）文部科学省通知第十号（2021）
横山徹爾ほか：幼児身体発育評価マニュアル（2012）

5　栄養教育の国際的動向

5.1　わが国と諸外国の食生活の比較

図 5.1 に示すように，肥満者の割合は増加傾向にある国が多く，世界的に深刻な問題である。多くの国の基準では，BMI 30 以上を肥満（obese）と定義しており，25 以上は太りぎみ（overweight）と定義されている。日本ではBMI 25 以上を肥満としている。

日本の 20 歳以上の肥満者の割合（BMI ≧ 30）は，2019（令和元）年の国民健康・栄養調査によると 4.6％で，韓国よりも低い割合であり，世界的にみると肥満者は少ない国となる。しかし，わが国でも肥満者は増加傾向にあるため，「健康日本 21（第 2 次）」では，成人の肥満者（BMI ≧ 25）の減少を掲げている。同調査 2019（令和元）年によると，20 歳以上の肥満者（BMI ≧ 25）の割合は，男性 33.0％，女性 22.3％であるが，「健康日本 21（第 2 次）」の令和 4 年度の目標値は，20〜60 歳代男性 28％以下，40〜60 歳代女性 19.0％以下を掲げている。

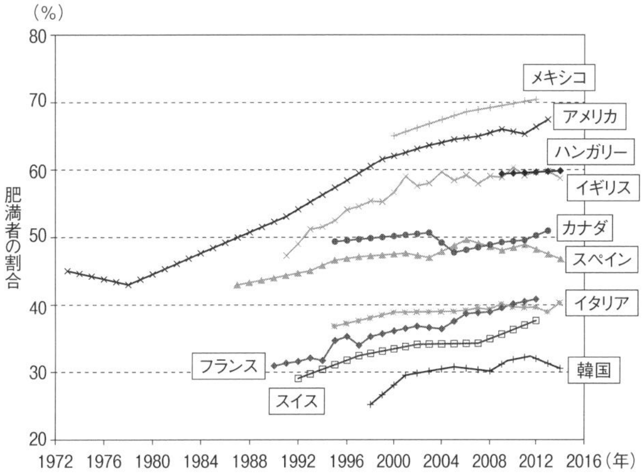

出所）http://www.oecd.org/els/health-systems/Obesity-Update-2017.pdf（2022.1.15）

図 5.1　各国の BMI 30 以上の肥満者の割合（2017）

わが国は，2005（平成 17）年 6 月に「**食事バランスガイド**」を公表した（**図 5.2**）。主食，副菜，主菜，牛乳・乳製品，果物の5つの料理を基本としている。主食は炭水化物がおよそ 40g，副菜は野菜などの重量が約 70g，主菜はたんぱく質がおよそ 6 g，牛乳・乳製品はカルシウムが約 100mg，果物は重量が 100g を基準に果物 1 つ（SV，サービング）と数える。

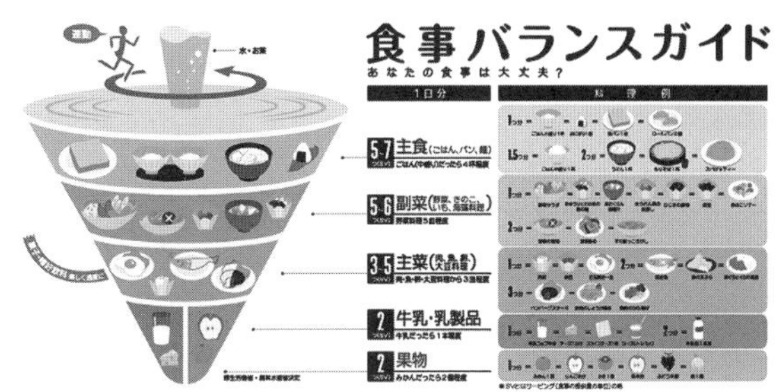

出所）http://www.maff.go.jp/j/balance_guide/（2022.1.15）

図 5.2　食事バランスガイド（厚生労働省，農林水産省）

5.2　先進国における栄養教育

わが国同様，その他の先進諸国でも肥満など生活習慣に関する問題を抱えている。他国でも，ガイドを見た人がどのようなバランスで食事を摂取すればよいかわかるように工夫された食生活の指針が示されている。先進国のガイドラインを以下に示す。

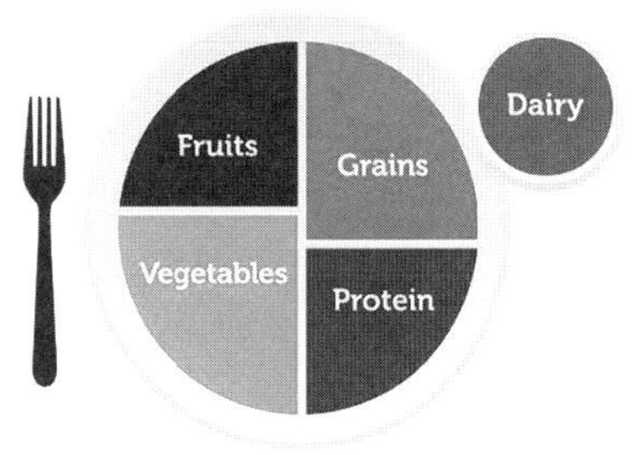

出所）https://www.myplate.gov/（2022.1.15）

図 5.3　マイプレートのロゴ

5.2.1　アメリカのガイドラインについて

アメリカでガイドラインが初めて発表されたのは，1894 年であり，現在と同様，米国農務省（USDA）から出された。

マイプレート（MyPlate）は，2011 年米国農務省（USDA）から出されたガイドラインである。今後，食品のパッケージに掲示されたり，栄養教育の教材として使用される予定である。

図 5.3 にマイプレートのロゴを示す。マイプレートは，① 穀類 30%，② たんぱく質 20%，③ 野菜類 30%，④ 果物類 20%に区分けされている。大きな皿の横に，小さな乳類の皿が付いている。MyPlatePlan というインターネットのページでは，自分の身長と体重を入れると目安の摂取エネルギーが計算され，MyPlate で必要とされるポーションサイズが表示される。自分に適応した食事記録票がダウンロードできたりと，栄養教育ツールが充実している。

マイプレートはアメリカ人のための食生活指針 2020-2025 に改訂された。4 つのポイント（1．すべてのライフステージで健康的な食事パターンに従いましょう。2．個人的な好み，文化的伝統，予算を反映し，栄養豊富な食べ物や飲み物をカスタマイズして楽しみましょう。3．栄養豊富な食べ物や飲み物で食品グループを満たすことに焦点をあて，カロリー制限しましょう。4．糖分，飽和脂肪酸，ナトリウムを多く含む食品やアルコールを制限しましょう）で，これまでの指針より端的に記されている。食生活指針をサポートするための My plate の使用方法についても記載されている。

5.2.2　アメリカにおけるその他の栄養教育にまつわる事象

ファイブ・ア・デイ（5-a-day）は，1991 年にアメリカの PBH（Produce for Better Health Foundation：農産物健康増進基金）と NCI（National Cancer Institute：米国国立がん研究所）が協力して始めた健康増進運動である。野菜や果物の摂取は，生活習慣病発症のリスクを抑える可能性が高いという科学的根拠をもとに「1 日 5 ～ 9 SV（サービング）以上の野菜（350g 以上）と果物（200g 以上）を食べましょう」をスローガンとした官民一体の運動が展開されている。その結果，アメリカ国内では野菜や果物の摂取量が増加傾向にあり，この運動の成果が広がっているとされている。この実態を受け，日本でも 2002 年にファイブ・ア・デイ協会が設立され，子どもたちや消費者を対象とした健康増進のための野菜・

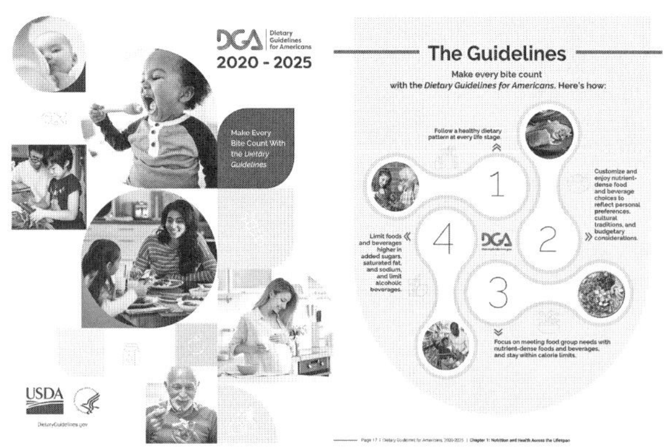

出所）https://Dietary Guidelines for Americans. 2020-2025（2022.1.15）

図 5.4　アメリカ人のための食生活指針

果物を十分に取り入れた正しい食習慣を伝える食育活動が実施されている。

フードスタンプ（Food Stamp）（現在の正式名称は，「補助的栄養支援プログラム」（SNAP：Supplemental Nutrition Assistance Program）（**図 5.5**）とは，アメリカで 1964 年から制度化された貧困対策のひとつで，低所得者向けに行われている食糧費補助対策で，公的扶助のひとつである。家族構成と所得に応じた金額を受給することができ，デビットカードのようなカードを受け取り，食料を購入する際に金券として利用することができる。アメリカの学校給食プログラムでは，朝食を提供するものがある。

https://www.fns.usda.gov/building-healthy-america-profile-supplemental-nutrition-assistance-program（2022.1.15）

図 5.5　補助的栄養支援プログラム（フードスタンプ）のロゴ

その他にも，学校内の清涼飲料水の自動販売機設置を規制する条例の制定や，子ども向けジャンクフードの広告規制がある。高脂肪食品・ジャンクフードに対する課税は，デンマークやハンガリーで 2011 年，メキシコでは 2013 年に導入されている。アメリカではいくつかの州ですでに実施されており，国での導入が検討されている。

5.2.3　カナダのガイドラインについて

カナダのガイドラインは，1942 年に Canada's Official Food Rules として発行された。その後，数回の改定を経て，1961 年に Canada's Food Guide となり，現在もその名称が使われている（**図 5.6A**）。2019 年に発表された。

アメリカのフードガイド（My Plate）と同様に，一皿で食品をどのくらい摂取すればよいか割合でわかるように示されている（**図 5.6B**）。しかし，My Plate とは，食品の皿の分け方が多少異なり，乳製品も勧められていない。また，直接メッセージが入れられているという部分でも異なり，そのメッセージは 4 つで，① たんぱく質を食べよう ② 全粒穀類を選ぼう ③ たくさんの野菜と果物 ④ 飲み物は水に，という内容である。カナダ保健省（Health Canada）のホームページよりダウンロードすることができる。

A　フードガイド　　B　フードガイドの詳細

出所）https://food-guide.canada.ca/static/assets/pdf/CFG-snapshot-EN.pdf（2022.1.15）
http://www.healthycanadians.gc.ca/alt/pdf/eating-nutrition/healthy-eating-saine-alimentation/tips-conseils/interactive-tools-outils-interactifs/eat-well-bien-manger-eng.pdf（2022.1.15）

図 5.6　カナダのガイドライン

5.2.4　オーストラリアのガイドラインについて

アメリカやカナダと同様に，円形で食品群ごとにどのくらい摂取すればよいか割合でわかるように示されている（**図 5.7A**）。食品群は，① 野菜類，② 果物，③ 乳製品，④ 肉・魚類，⑤ 穀類，という 5 群に分けられている。円の外に，油，嗜好飲料，菓子類は少量摂取する注意喚起がされている。また，ガイドラインの詳細が示されており，そのなかにオーストラリア人のための

A　フードガイド

出所）https://www.eatforhealth.gov.au/guidelines/australian-guide-healthy-eating（2022.1.15）

B　食生活指針

AUSTRALIAN DIETARY GUIDELINES

GUIDELINE 1

To achieve and maintain a healthy weight, be physically active and choose amounts of nutritious food and drinks to meet your energy needs.

GUIDELINE 2

Enjoy a wide variety of nutritious foods from these five food groups every day:

- Plenty of vegetables of different types and colours, and legumes/beans
- Fruit
- Grain (cereal) foods, mostly wholegrain and/or high cereal fibre varieties, such as breads, cereals, rice, pasta, noodles, polenta, couscous, oats, quinoa and barley
- Lean meats and poultry, fish, eggs, tofu, nuts and seeds, and legumes/beans
- Milk, yoghurt, cheese and/or their alternatives, mostly reduced fat

And drink plenty of water.

GUIDELINE 3

Limit intake of foods containing saturated fat, added salt, added sugars and alcohol.

GUIDELINE 4

Encourage, support and promote breastfeeding.

GUIDELINE 5

Care for your food; prepare and store it safely.

5つの食生活指針

1	健康的な体重を維持するため，適度な運動を行い，あなたの必要なエネルギーを満たす，栄養価の高い食べ物と飲み物を選択しましょう。
2	毎日，5つの食品グループ（野菜類，果物，穀物類，肉・魚・卵などのたんぱく源，乳製品）から様々な栄養価の高い食品を楽しみましょう。
3	飽和脂肪酸，塩，砂糖およびアルコール食品の摂取を制限しましょう。
4	母乳を奨励，支援，促進しましょう。
5	あなたの食べ物に気を使いましょう；安全に準備して保存しましょう。

出所）https://www.eatforhealth.gov.au/guidelines/australian-dietary-guidelines-1-5（2022.1.15）

C　ライフステージごとの野菜のサービング数

Minimum recommended number of serves of vegetables per day

	Serves per day		
	19-50 years	51-70 years	70+ years
Men	6	5½	5
Women	5	5	5
Pregnant women	5	-	-
Breastfeeding women	7½	-	-

	Serves per day				
	2-3 years	4-8 years	9-11 years	12-13 years	14-18 years
Boys	2½	4½	5	5½	5½
Girls	2½	4½	5	5	5

出所）https://www.eatforhealth.gov.au/sites/default/files/files/n55a_australian_dietary_guidelines_summary_131014_1.pdf（2022.1.15）

D　ポーションサイズ

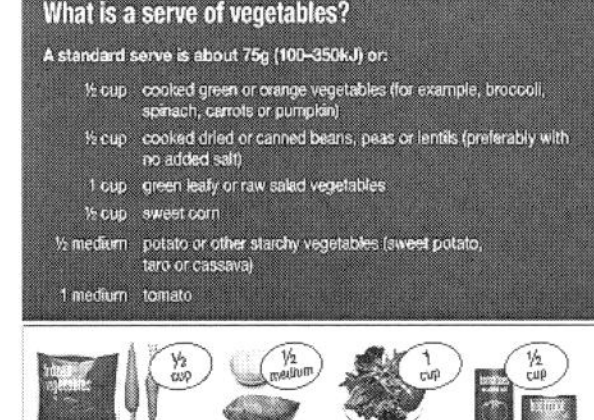

出所）https://www.eatforhealth.gov.au/sites/default/files/files/n55a_australian_dietary_guidelines_summary_131014_1.pdf（2022.1.15）

図 5.7　オーストラリアのガイドライン

食生活指針が示されている（**図 5.7B**）。

オーストラリアのガイドラインは，食品群ごとに，ライフステージごとのサービング数（**図 5.7C**）とポーションサイズ（一皿分の盛り付け量）の食品例（**図 5.7D**）を，オーストラリア政府保健省が運営するホームページで見ることができる。

5.2.5　イギリスのガイドラインについて

アメリカやオーストラリアと同様に，円型で食品群ごとの割合が示され（**図 5.8B**），健康のための8つの食生活指針が出されている（**図 5.8C**）。2016年3月，A The eatwell plate（**図 5.8A**）から B Eatwell Guide（**図 5.8B**）へと変更された。

A　フードガイド

The eatwell plate

Use the eatwell plate to help you get the balance right. It shows how much of what you eat should come from each food group.

B　フードガイド

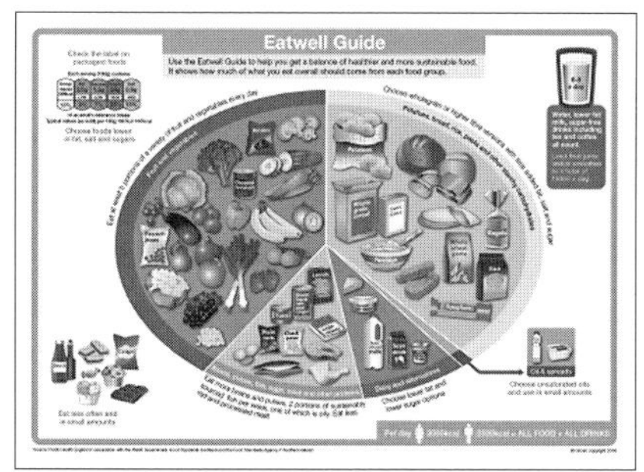

8 tips for eating well

1. Base your meals on starchy foods
2. Eat lots of fruit and veg
3. Eat more fish – including a portion of oily fish each week
4. Cut down on saturated fat and sugar
5. Eat less salt – no more than 6g a day for adults
6. Get active and be a healthy weight
7. Don't get thirsty
8. Don't skip breakfast

C　**8つの食生活指針**

1	でんぷんの多い食品を食事の基本としましょう。
2	果物と野菜をたくさん食べましょう。
3	もっと魚を食べましょう。 週1回は脂の乗った魚を食べましょう。
4	飽和脂肪酸と砂糖を減らしましょう。
5	食塩を減らしましょう。 成人は1日6g以下にしましょう。
6	運動をして，適正体重を維持しましょう。
7	喉が渇かないようにしましょう。
8	朝食を欠食しないようにしましょう。

出所）https://assets.publishing.service.gov.uk/government/uploads/system/uploads/attachment_data/file/528193/Eatwell_guide_colour.pdf（2022.1.15）
https://assets.publishing.service.gov.uk/government/uploads/system/uploads/attachment_data/file/551502/Eatwell_Guide_booklet.pdf（2022.1.15）

図5.8　イギリスのガイドライン

新しいガイドでは，印象的であったナイフとフォークは取り除かれている。また，各食品群の名前とその割合についても変更が加えられた。例えば，たんぱく質の部分では「豆，豆類，魚，卵，肉，その他のたんぱく質」と記されており，肉類以外の食品がたんぱく質摂取に寄与することを強調している。

5.2.6　デンマークのガイドラインについて

2021年1月に新たに発表されたデンマークのガイドライン（**図5.9**）では，健康と気候にやさしい食事の仕方についてのスローガンが掲げられている。牛肉や羊肉の摂取や加工肉を減らすことで，地球の気候変動やサスティナビリティ（持続可能性）に繋がることまで考慮されている。また，前回の指針にも記載があったが，野菜とフルーツを1日約600g摂取するように推奨されている。

5.2.7　その他の国のフードガイド，食育の実施について

ギリシャのフードピラミッドでは，ワインの表示がある（**図5.10**）。スイスで2011年新たに出されたフードピラミッドは，上から3段目の右上，たんぱく質のグループに日本食である豆腐が表示されている（**図5.11**）。また，フ

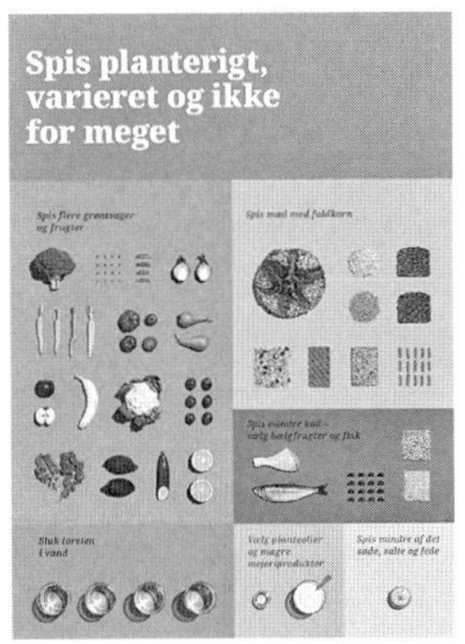

The Official Dietary Guidelines - good for health and climate are:	公式の食生活指針 —健康と気候に良いものとは—
Eat plant-rich, varied and not too much	植物が種類豊かで，多すぎないようにしましょう
Eat more vegetables and fruit	野菜や果物をたくさん食べましょう
Eat less meat - choose legumes and fish	マメや魚を選び，肉を減らしましょう
Eat wholegrain foods	全粒穀物を食べましょう
Choose vegetable oils and low-fat dairy products	植物油と低脂肪乳製品を選びましょう
Eat less sweet, salty and fatty food	甘くなく，塩辛くなく，脂肪の少ないものを食べましょう
Thirsty? Drink water	喉が渇いたら，水を飲みましょう

出所）https://altomkost.dk/english/#c41067（2022.1.15）

図 5.9　デンマークのガイドライン

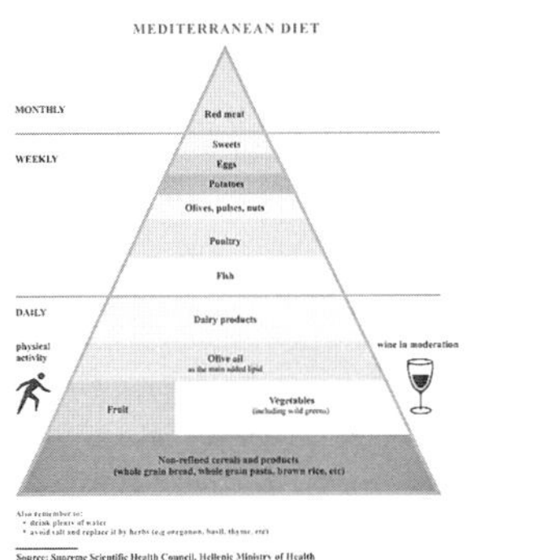

出所）http://www.fao.org/nutrition/education/food-dietary-guidelines/regions/countries/greece/en/（2022.1.15）
http://www.fao.org/nutrition/education/food-based-dietary-guidelines/regions/countries/switzerland/en/（2022.1.15）

図 5.10　ギリシャのフードピラミッド　　**図 5.11**　スイスのフードピラミッド

ランスでは，1990 年から子どもたちの食文化の乱れを守るため，フランス料理という国家遺産を学習する場として「味覚の週間」の取組みが行われている。現在では，国を挙げた「食育」へと成長している。イタリアでは，1986 年から「**スローフード**[*1] 運動」が行われている。

＊1 **スローフード**　ファストフード（fast food）の健康や情緒に及ぼす影響，食文化の荒廃への警鐘として提唱されてきた言葉。伝統的な食材や料理方法を守り，質の良い食品を提供し，消費者の味の教育を進めるというもの。

5.3　開発途上国の栄養教育

開発途上国では，飢餓状況が続いている国があることが，WFP（World Food Program）作成の**ハンガーマップ**[*2] を見るとわかる（**図 5.12**）。飢餓に苦しむ人々のほとんどは開発途上国に住み，その人口の 11％が栄養不足である（**図 5.13**）。栄養の確保が必要な状況であり，低栄養状態に伴うエネルギーやたんぱく質の不足（PEM：protein energy malnutrition）や，微量栄養素欠乏症（micronutrient deficiency）が大きな問題となっている。5 歳児未満の子どもの低栄養は 1990 年以降低下しているが，低所得国では 40％近い（**図 5.13**）。SDGs（持続可能な開発目標）2（飢餓をゼロに）では，2030 年までに 5 歳児未満

＊2 **ハンガーマップ**　世界の飢餓状況を，栄養不足人口の割合により国ごとに 5 段階で色分けして表現したものである。飢餓人口の割合が最も高いレベル 5 に分類された国では，全人口の35％以上もの人々が栄養不足に陥っている。ハンガーマップは WFP が FAO（国際連合食糧農業機関）の統計に基づき作成したものである。

出所）https://ja.wfp.org/publications/hankamatsufu2021（2022.12.19）

図 5.12　ハンガーマップ（2021）

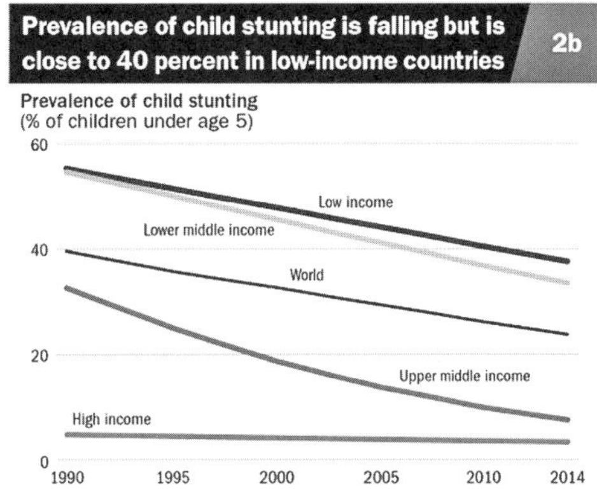

出所）World Development Indicator（2016）

図 5.13　栄養失調の子どもの割合（2004～2009）

の発育不全の子どもの割合を減らすことを目的としている。一方，開発途上国の一部では，先進諸国と同様に肥満者の増加がみられ，過剰栄養による慢性疾患対策が重要となり，開発途上国の栄養状態は２極化しているのが現状である。開発途上国においても，国独自の指針やフードガイドを作成している。

JICA（Japan International Cooperation Agency，国際協力機構）では，栄養欠乏が深刻な開発途上国の人々に対して，鉄やビタミンAなどを食品に添加するプログラムが実施されている。また，ヨード不足による知能障害が深刻であり，ヨード添加塩の使用を義務づけている国や地域もある。ユニセフでは，微量栄養素欠乏症対策として，栄養素の補強が行われている。たとえば，パンへのビタミンA添加プログラムや，食卓塩へのビオチン添加プログラムがある。国連 WFP では，**学校給食プログラム**を実施し，空腹のまま学校に通っている飢餓状態にある地域の子どもたちに給食を提供している。給食は学校で調理されたり，調理場等から学校へ運ばれてくる。内容は，温かい食事や栄養価の高いビスケットなどである。また，日本の子どもたちへ飢餓の状況を伝えるための教材も配布されている。

2020 年より新型コロナウイルス感染症（COVID-19）によるパンデミックが発生し，低・中所得国に大きな影響を与え，公平性が一層の課題となった。2021 年に開催された東京栄養サミットでは，栄養不良に苦しむ子どもの減少，紛争や気候変動によっても影響を受けやすい低・中所得国について資金やシステムを支援していくことが議論された。

【演習問題】

問 1　わが国の「食事バランスガイド」に関する記述である。最も適当なのはどれか。1つ選べ。

(2020年度国家試験)

(1)「食生活指針」を具体的な行動に結びつけるためのツールである。

(2) 生活習慣病予防のためのハイリスクアプローチを目的として，つくられた。

(3) 推奨される1日の身体活動量を示している。

(4) 年齢によって，サービングサイズを変えている。

(5) 1食で摂る，おおよその量を示している。

解答　(1)

問2　世界の健康・栄養問題に関する記述である。最も適当なのはどれか。1つ選べ。　(2020年度国家試験)

(1) 先進国では，NCDによる死亡数は減少している。

(2) 障害調整生存年数（DALYs）は，地域間格差は認められない。

(3) 栄養不良の二重負荷（double burden of malnutrition）とは，発育障害と消耗症が混在する状態をいう。

(4) 開発途上国の妊婦には，ビタミンA欠乏症が多くみられる。

(5) 小児における過栄養の問題は，開発途上国には存在しない。

解答　(4)

問3　公衆栄養活動に関する国際的な施策とその組織の組合せである。最も適当なのはどれか。1つ選べ。　(2021年度国家試験)

(1) 持続可能な開発目標（SDGs）の策定 ―― 国際連合（UN）

(2) 食品の公正な貿易の確保 ―― 国連世界食糧計画（WFP）

(3) 栄養表示ガイドラインの策定 ―― 国連児童基金（UNICEF）

(4) 食物ベースの食生活指針の開発と活用のガイドラインの作成
―― コーデックス委員会（CAC）

(5) 母乳育児を成功させるための10か条の策定 ―― 国連食糧農業機関（FAO）

解答　(1)

問4　国際的な公衆栄養活動に関する記述である。正しいのはどれか。1つ選べ。

(2019年度国家試験)

(1) 持続可能な開発目標（SDGs）は，国際連合（UN）が発表している。

(2) 栄養表示ガイドラインは，国連世界食糧計画（WFP）が策定している。

(3) フードセキュリティーの達成は，国連教育科学文化機関（UNESCO）の設立目的である。

(4) 自然災害被災地への緊急食糧援助は，コーデックス委員会（CAC）が担っている。

(5) フードバランスシートの策定基準は，世界保健機関（WHO）が定めている。

解答　(1)

【参考文献】

勝俣誠監修：世界から飢餓を終わらせるための30の方法，合同出版（2012）
春木敏編：エッセンシャル栄養教育論，医歯薬出版（2009）
丸山千寿子，足達淑子，武見ゆかり編：栄養教育論（改訂第4版），南江堂（2016）

巻末資料

1．栄養教育に必要な基礎知識と教材

〈健康日本21〉

2000年に策定された「21世紀における国民健康づくり運動（健康日本21）」では，2010年度までの期間を目途とした具体的な目標等が提示された。国民の健康維持と現代病予防を目的として2002年に制定された健康増進法に基づき，2003年には「国民の健康の増進の総合的な推進を図るための基本的な方針」が告示された。「健康日本21」の終了にともない，2012年には「国民の健康の増進の総合的な推進を図るための基本的な方針」が全面的に改正され，「健康日本21（第2次）」が告示された。

＊21世紀における国民健康づくり運動（健康日本21）（期間：2000～2012）

（2000（平成12）年3月31日厚生省発健医第115号等）

第一　趣　旨

健康を実現することは，元来，個人の健康観に基づき，一人一人が主体的に取り組む課題であるが，個人による健康の実現には，こうした個人の力と併せて，社会全体としても，個人の主体的な健康づくりを支援していくことが不可欠である。

そこで，「21世紀における国民健康づくり運動（健康日本21）」（以下「運動」という。）では，健康寿命の延伸等を実現するために，2010年度を目途とした具体的な目標等を提示すること等により，健康に関連する全ての関係機関・団体等を始めとして，国民が一体となった健康づくり運動を総合的かつ効果的に推進し，国民各層の自由な意思決定に基づく健康づくりに関する意識の向上及び取組を促そうとするものである。

http://www.kenkounippon21.gr.jp/kenkounippon21/about/intro/index_menu1.html

＊健康日本21（第2次）（期間：2013～）

（2012（平成24）年7月10日厚生労働省告示第430号）

健康増進法に基づき策定された「国民の健康の増進の総合的な推進を図るための基本的な方針（平成15年厚生労働省告示第195号）」は，国民の健康の増進の推進に関する基本的な方向や国民の健康の増進の目標に関する事項等を定めたものです。本方針が全部改正（いわゆる「健康日本21（第2次）」）されました。

http://www.kenkounippon21.gr.jp/kenkounippon21/about/index.html（付表1）

＊国民の健康の増進の総合的な推進を図るための基本的な方針

（2012（平成24）年7月10日厚生労働省告示第430号）

この方針は，21世紀の我が国において少子高齢化や疾病構造の変化が進む中で，生活習慣及び社会環境の改善を通じて，子どもから高齢者まで全ての国民が共に支え合いながら希望や生きがいを持ち，ライフステージ（乳幼児期，青壮年期，高齢期等の人の生涯における各段階をいう。以下同じ。）に応じて，健やかで心豊かに生活できる活力ある社会を実現し，その結果，社会保障制度が持続可能なものとなるよう，国民の健康の増進の総合的な推進を図るための基本的な事項を示し，平成25年度から令和4年度までの「21世紀における第2次国民健康づくり運動（健康日本21（第2次））」（以下「国民運動」という。）を推進するものである。

https://www.mhlw.go.jp/bunya/kenkou/dl/kenkounippon21_01.pdf

〈健康づくりのための指針〉

＊食生活指針（2016（平成28）年6月に一部改定。主な改定のポイント）

改定前	改定後
適正体重を知り，日々の活動に見合った食事量を。	適度な運動をバランスのよい食事で，適正体重の維持を。
食塩や脂肪は控えめに。	食塩は控えめに，脂肪は質と量を考えて。
食文化や地域の産物を活かし，ときには新しい料理も。	日本の食文化や地域の産物を活かし，郷土の味の継承を。
料理や保存を上手にして無駄や廃棄を少なく。	食料資源を大切に，無駄や廃棄の少ない食生活を。

http://www.maff.go.jp/j/syokuiku/shishinn.html（2018.7.5）

＊食生活指針

食生活指針	食生活指針の実践
食事を楽しみましょう。	・毎日の食事で，健康寿命をのばしましょう。 ・おいしい食事を，味わいながらゆっくりよく嚙んで食べましょう。 ・家族の団らんや人との交流を大切に，また，食事づくりに参加しましょう。
１日の食事のリズムから，健やかな生活リズムを。	・朝食で，いきいきとした１日を始めましょう。 ・夜食や間食はとりすぎないようにしましょう。 ・飲酒はほどほどにしましょう。
適度な運動とバランスのよい食事で，適正体重の維持を。	・普段から体重を量り，食事量に気をつけましょう。 ・普段から意識して身体を動かすようにしましょう。 ・無理な減量はやめましょう。 ・特に若年女性のやせ，高齢者の低栄養にも気をつけましょう。
主食，主菜，副菜を基本に，食事のバランスを。	・多様な食品を組み合わせましょう。 ・調理方法が偏らないようにしましょう。 ・手作りと外食や加工食品・調理食品を上手に組み合わせましょう。
ごはんなどの穀類をしっかりと。	・穀類を毎食とって，糖質からのエネルギー摂取を適正に保ちましょう。 ・日本の気候・風土に適している米などの穀類を利用しましょう。
野菜・果物，牛乳・乳製品，豆類，魚なども組み合わせて。	・たっぷり野菜と毎日の果物で，ビタミン，ミネラル，食物繊維をとりましょう。 ・牛乳・乳製品，緑黄色野菜，豆類，小魚などで，カルシウムを十分にとりましょう。
食塩は控えめに，脂肪は質と量を考えて。	・食塩の多い食品や料理を控え目にしましょう。食塩摂取量の目標値は，男性で１日８g未満，女性で７g未満とされています。 ・動物，植物，魚由来の脂肪をバランスよくとりましょう。 ・栄養成分表示を見て，食品や外食を選ぶ習慣を身につけましょう。
日本の食文化や地域の産物を活かし，郷土の味の継承を。	・「和食」をはじめとした日本の食文化を大切にして，日々の食生活に活かしましょう。 ・地域の産物や旬の素材を使うとともに，行事食を取り入れながら，自然の恵みや四季の変化を楽しみましょう。 ・食材に関する知識や調理技術を身につけましょう。 ・地域や家庭で受け継がれてきた料理や作法を伝えていきましょう。
食糧資源を大切に，無駄や廃棄の少ない食生活を。	・まだ食べられるのに廃棄されている食品ロスを減らしましょう。 ・調理や保存を上手にして，食べ残しのない適量を心がけましょう。 ・賞味期限や消費期限を考えて利用しましょう。
「食」に関する理解を深め，食生活を見直してみましょう	・子供のころから，食生活を大切にしましょう。 ・家庭や学校，地域で，食品の安全性を含めた「食」に関する知識や理解を深め，望ましい習慣を身につけましょう。 ・家族や仲間と，食生活を考えたり，話し合ったりしてみましょう。 ・自分たちの健康目標をつくり，よりよい食生活を目指しましょう。

文部省決定，厚生省決定，農林水産省決定
2016（平成28）年6月一部改正

＊妊娠前からはじめる妊産婦のための食生活指針―妊娠前から，健康なからだづくりを―

（厚生労働省，2021（令和３）年）

① 妊娠前から，バランスのよい食事をしっかりとりましょう
② 「主食」を中心に，エネルギーをしっかりと
③ 不足しがちなビタミン・ミネラルを，「副菜」でたっぷりと
④ 「主菜」を組み合わせてたんぱく質を十分に
⑤ 乳製品，緑黄色野菜，豆類，小魚などでカルシウムを十分に
⑥ 妊娠中の体重増加は，お母さんと赤ちゃんにとって望ましい量に
⑦ 母乳育児も，バランスのよい食生活のなかで
⑧ 無理なくからだを動かしましょう
⑨ たばことお酒の害から赤ちゃんを守りましょう
⑩ お母さんと赤ちゃんのからだと心のゆとりは，周囲のあたたかいサポートから

出所）厚生労働省，2021年3月

＊健康づくりのための身体活動基準 2013（概要）（厚生労働省，2013（平成 25）年）

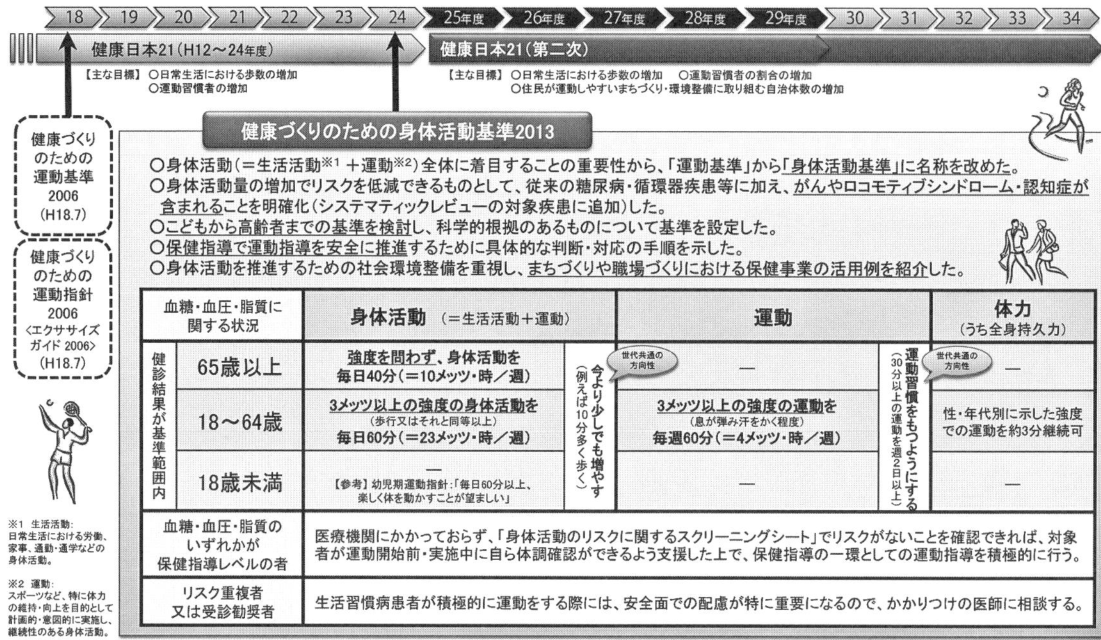

健康づくりのための身体活動基準2013（概要）

ライフステージに応じた健康づくりのための身体活動（生活活動・運動）を推進することで健康日本21（第二次）の推進に資するよう、「健康づくりのための運動基準2006」を改定し、「健康づくりのための身体活動基準2013」を策定した。

18 19 20 21 22 23 24 25年度 26年度 27年度 28年度 29年度 30 31 32 33 34

健康日本21（H12～24年度）
【主な目標】 ○日常生活における歩数の増加
○運動習慣者の増加

健康日本21（第二次）
【主な目標】 ○日常生活における歩数の増加　○運動習慣者の割合の増加
○住民が運動しやすいまちづくり・環境整備に取り組む自治体数の増加

健康づくりのための運動基準 2006（H18.7）

健康づくりのための運動指針 2006 <エクササイズガイド 2006>（H18.7）

健康づくりのための身体活動基準2013

○身体活動（＝生活活動※1 ＋運動※2）全体に着目することの重要性から、「運動基準」から「身体活動基準」に名称を改めた。
○身体活動量の増加でリスクを低減できるものとして、従来の糖尿病・循環器疾患等に加え、がんやロコモティブシンドローム・認知症が含まれることを明確化（システマティックレビューの対象疾患に追加）した。
○こどもから高齢者までの基準を検討し、科学的根拠のあるものについて基準を設定した。
○保健指導で運動指導を安全に推進するために具体的な判断・対応の手順を示した。
○身体活動を推進するための社会環境整備を重視し、まちづくりや職場づくりにおける保健事業の活用例を紹介した。

血糖・血圧・脂質に関する状況		身体活動（＝生活活動＋運動）		運動		体力（うち全身持久力）
健診結果が基準範囲内	65歳以上	強度を問わず、身体活動を毎日40分（＝10メッツ・時／週）	今より少しでも増やす（例えば10分多く歩く） 世代共通の方向性	—	運動習慣をもつようにする（30分以上の運動を週2日以上） 世代共通の方向性	—
	18～64歳	3メッツ以上の強度の身体活動を（歩行又はそれと同等以上）毎日60分（＝23メッツ・時／週）		3メッツ以上の強度の運動を（息が弾み汗をかく程度）毎週60分（＝4メッツ・時／週）		性・年代別に示した強度での運動を約3分継続可
	18歳未満	— 【参考】幼児期運動指針：「毎日60分以上、楽しく体を動かすことが望ましい」		—		—
血糖・血圧・脂質のいずれかが保健指導レベルの者		医療機関にかかっておらず、「身体活動のリスクに関するスクリーニングシート」でリスクがないことを確認できれば、対象者が運動開始前・実施中に自ら体調確認ができるよう支援した上で、保健指導の一環としての運動指導を積極的に行う。				
リスク重複者又は受診勧奨者		生活習慣病患者が積極的に運動をする際には、安全面での配慮が特に重要になるので、かかりつけの医師に相談する。				

※1 生活活動：
日常生活における労働、家事、通勤・通学などの身体活動。

※2 運動：
スポーツなど、特に体力の維持・向上を目的として計画的・意図的に実施し、継続性のある身体活動。

○健康づくりのための身体活動指針は、国民向けパンフレット「アクティブガイド」として、自治体等でカスタマイズして配布できるよう作成。

＊健康づくりのための睡眠指針 2014 ～睡眠 12 箇条～（厚生労働省，2014（平成 26）年）

1．良い睡眠で，からだもこころも健康に。
2．適度な運動，しっかり朝食，ねむりとめざめのメリハリを。
3．良い睡眠は，生活習慣病予防につながります。
4．睡眠による休養感は，こころの健康に重要です。
5．年齢や季節に応じて，ひるまの眠気で困らない程度の睡眠を。
6．良い睡眠のためには，環境づくりも重要です。
7．若年世代は夜更かし避けて，体内時計のリズムを保つ。
8．勤労世代の疲労回復・能率アップに，毎日十分な睡眠を。
9．熟年世代は朝晩メリハリ，ひるまに適度な運動で良い睡眠。
10．眠くなってから寝床に入り，起きる時刻は遅らせない。
11．いつもと違う睡眠には，要注意。
12．眠れない，その苦しみをかかえずに，専門家に相談を。

〈食育ガイド〉

2012（平成 24）年 5 月に内閣府より公表された。乳幼児から高齢者まであらゆる国民が，日々の生活の中で食育の取り組みが実践できるように，各世代に応じた具体的な取り組みを示したものである。そのため，小学生や高齢者などあらゆる世代の者が読みやすく，わかりやすい内容となっている。ガイドでは，健康や生活習慣，食事内容，食品表示の見方，食中毒予防，災害への備えなどの情報が記載されている。2022 年 4 月に農林水産省より，デジタル食育ガイドブックが公表された。https://www.youtube.com/watch?v=0ZTL253yOW8（2022.2.4）

「食べること」は「生きること」

現在をいきいきと生き、生涯にわたって心もからだも健康で、質の高い生活を送るために、「食べること」を少し考えてみませんか?

自然のなかで育った食べものは、収穫され、加工され、食料品店やスーパーマーケットなどの店頭に並びます。私たちは、店頭にたくさん並んでいる食べ物のなかから、選び、調理して、食べています。

自然のなかで育まれた食べ物は、私たちのからだのなかまで、生きる力にまでつながっています。
そして、それは次の世代へもつながっています。

もくじ

生涯にわたる食の営み
食べる
生産から食卓まで
災害への備え
まとめ

「食べること」は「生きること」……1～2
■生涯にわたって大切にしたい食育……3
■私たちのからだ……4～6
■きのうは何を食べたかな……7～8
■朝ごはん食べたかな……9～10
■こんなことも気をつけて……11～12
■よく噛んで、味わって!……13～14
■みんなで食べたらおいしいね……15～16
■私たちの食べ物はどこから?……17～18
■季節や地域の「食」を見つけよう……19～20
■見てみよう、食品表示……21
■家庭でできる食中毒予防……22
■いざという時のために……23～24
■セルフチェック……25
■食育ダイアリー……26
■情報アクセスリスト……27～28
■「食育ガイド」について……29

1

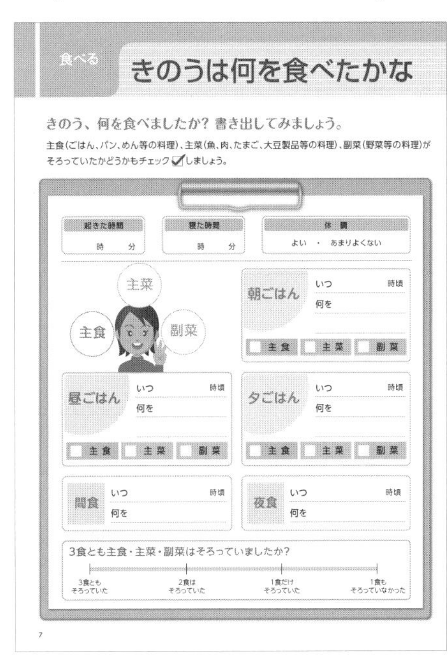

食べる

きのうは何を食べたかな

きのう、何を食べましたか? 書き出してみましょう。

主食(ごはん、パン、めん等の料理)、主菜(魚、肉、たまご、大豆製品等の料理)、副菜(野菜等の料理)がそろっていたかどうかもチェック✓しましょう。

起きた時間　時　分
寝た時間　時　分
体調　よい・あまりよくない

主菜　主食　副菜

朝ごはん　いつ　時頃　何を　主食　主菜　副菜
昼ごはん　いつ　時頃　何を　主食　主菜　副菜
夕ごはん　いつ　時頃　何を　主食　主菜　副菜
間食　いつ　時頃　何を
夜食　いつ　時頃　何を

3食とも主食・主菜・副菜はそろっていましたか?

3食ともそろっていた　2食はそろっていた　1食だけそろっていた　1食もそろっていなかった

7

出所）内閣府　http://www8.cao.go.jp/syokuiku/data/guide/pdf/printing.pdf（2015.2.1）

〈第４次食育推進基本計画〉

第 4 次食育推進基本計画は，令和 3 年から令和 7 年までの 5 年間の食育の推進に関する方針や目標を定めている。

「第４次食育推進基本計画」における食育の推進に当たっての目標

目標 具体的な目標値　(追加・見直しは黄色の目標値)	現状値 (令和２年度)	目標値 (令和７年度)
1 食育に関心を持っている国民を増やす		
①食育に関心を持っている国民の割合	83.2%	90%以上
2 朝食又は夕食を家族と一緒に食べる「共食」の回数を増やす		
②朝食又は夕食を家族と一緒に食べる「共食」の回数	週9.6回	週11回以上
3 地域等で共食したいと思う人が共食する割合を増やす		
③地域等で共食したいと思う人が共食する割合	70.7%	75%以上
4 朝食を欠食する国民を減らす		
④朝食を欠食する子供の割合	4.6%※	0%
⑤朝食を欠食する若い世代の割合	21.5%	15%以下
5 学校給食における地場産物を活用した取組等を増やす		
⑥栄養教諭による地場産物に係る食に関する指導の平均取組回数	月9.1回※	月12回以上
⑦学校給食における地場産物を使用する割合(金額ベース)を現状値(令和元年度)から維持・向上した都道府県の割合	―	90%以上
⑧学校給食における国産食材を使用する割合(金額ベース)を現状値(令和元年度)から維持・向上した都道府県の割合	―	90%以上
6 栄養バランスに配慮した食生活を実践する国民を増やす		
⑨主食・主菜・副菜を組み合わせた食事を1日2回以上ほぼ毎日食べている国民の割合	36.4%	50%以上
⑩主食・主菜・副菜を組み合わせた食事を1日2回以上ほぼ毎日食べている若い世代の割合	27.4%	40%以上
⑪1日当たりの食塩摂取量の平均値	10.1g※	8g以下
⑫1日当たりの野菜摂取量の平均値	280.5g※	350g以上
⑬1日当たりの果物摂取量100g未満の者の割合	61.6%※	30%以下

注）学校給食における使用食材の割合（金額ベース、令和元年度）の全国平均は、地場産物52.7%、国産食材87%となっている。

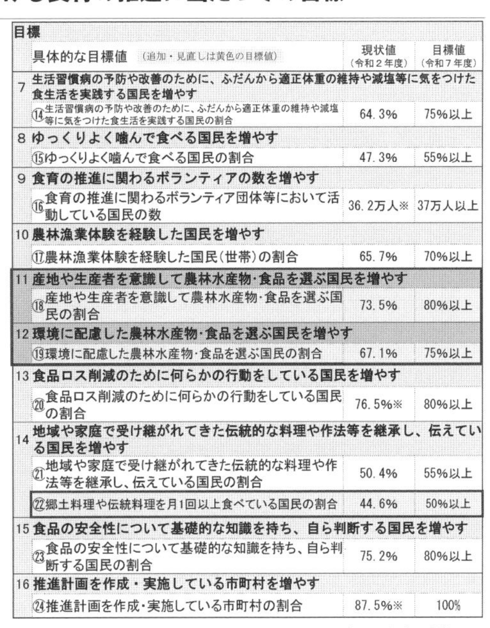

目標 具体的な目標値　(追加・見直しは黄色の目標値)	現状値 (令和２年度)	目標値 (令和７年度)
7 生活習慣病の予防や改善のために、ふだんから適正体重の維持や減塩等に気をつけた食生活を実践する国民を増やす		
⑭生活習慣病の予防や改善のために、ふだんから適正体重の維持や減塩等に気をつけた食生活を実践する国民の割合	64.3%	75%以上
8 ゆっくりよく噛んで食べる国民を増やす		
⑮ゆっくりよく噛んで食べる国民の割合	47.3%	55%以上
9 食育の推進に関わるボランティアの数を増やす		
⑯食育の推進に関わるボランティア団体等において活動している国民の数	36.2万人※	37万人以上
10 農林漁業体験を経験した国民を増やす		
⑰農林漁業体験を経験した国民(世帯)の割合	65.7%	70%以上
11 産地や生産者を意識して農林水産物・食品を選ぶ国民を増やす		
⑱産地や生産者を意識して農林水産物・食品を選ぶ国民の割合	73.5%	80%以上
12 環境に配慮した農林水産物・食品を選ぶ国民を増やす		
⑲環境に配慮した農林水産物・食品を選ぶ国民の割合	67.1%	75%以上
13 食品ロス削減のために何らかの行動をしている国民を増やす		
⑳食品ロス削減のために何らかの行動をしている国民の割合	76.5%※	80%以上
14 地域や家庭で受け継がれてきた伝統的な料理や作法等を継承し、伝えている国民を増やす		
㉑地域や家庭で受け継がれてきた伝統的な料理や作法等を継承し、伝えている国民の割合	50.4%	55%以上
㉒郷土料理や伝統料理を月1回以上食べている国民の割合	44.6%	50%以上
15 食品の安全性について基礎的な知識を持ち、自ら判断する国民を増やす		
㉓食品の安全性について基礎的な知識を持ち、自ら判断する国民の割合	75.2%	80%以上
16 推進計画を作成・実施している市町村を増やす		
㉔推進計画を作成・実施している市町村の割合	87.5%※	100%

※は令和元年度の数値

出所）農林水産省 https://www.maff.go.jp/j/press/syouan/hyoji/attach/pdf/210331_35-4.pdf（2022.1.15）

2．栄養教育に関連する法律・通知および疾患治療ガイドライン

〈世界保健機関（World Health Organization：WHO)〉

〈厚生労働省関連法令，通知文等〉

＊栄養士法（1947（昭和 22）年法律第 245 号）　**＊健康増進法**（2002（平成 14）年法律第 103 号）
＊健康増進法施行規則（2003（平成 15）年厚生労働省令第 86 号）　**＊地域保健法**（1947（昭和 22）年法律第 101 号）
＊児童福祉法（1947（昭和 22）年法律第 164 号）　**＊老人福祉法**（1963（昭和 38）年法律第 133 号）
＊介護保険法（1997（平成 9）年法律第 123 号）　**＊食品衛生法**（1947（昭和 22）年法律第 233 号）
＊食育基本法（2005（平成 17）年法律第 63 号）　**＊保育所保育指針**（2008（平成 20）年厚生労働省告示第 141 号）
＊保育所におけるアレルギー対応ガイドライン（2011（平成 23）年 3 月）
＊保育所における食事の提供ガイドライン（2012（平成 24）年 3 月）

〈政府統計関連〉

＊国勢調査

〈厚生労働省統計・白書〉

＊厚生労働白書　**＊国民生活基礎調査**　**＊国民健康・栄養調査**　**＊乳幼児身体発育調査**
＊乳幼児栄養調査　**＊患者調査**　**＊国民医療費**
＊健康づくりのための食環境整備に関する検討会報告書について（2012）
＊健康日本 21（第 2 次）の推進に関する参考資料（2012）
＊厚生労働統計協会：厚生の指標　増刊　国民衛生の動向
＊厚生労働省：労働衛生白書

〈文部科学省関連法令，統計情報〉

＊学校給食実施基準（1954（昭和 29）年文部省告示第 90 号）　**＊学校保健統計調査**　**＊体力・運動能力調査**

〈農林水産省統計情報〉

＊食育推進基本計画　**＊食育白書**　**＊食料需給表**　**＊外食における原産地表示に関するガイドライン**（2005）

〈消費者庁〉

＊食品表示法（2013（平成 25）年法律 70 号）

〈演習問題〉

問 1　妊産婦のための食生活指針に関する記述である。誤っているのはどれか。1 つ選べ。

（2021 年度国家試験）

(1) 妊娠前の女性も対象にしている。
(2) 栄養機能食品による葉酸の摂取を控えるよう示している。
(3) 非妊娠時の体格に応じた、望ましい体重増加量を示している。
(4) バランスのよい食生活の中での母乳育児を推奨している。
(5) 受動喫煙のリスクについて示している。

解答　(2)

問 2　健康日本 21（第二次）の目標項目のうち，中間評価で「改善している」と判定されたものである。最も適当なのはどれか。１つ選べ。 （2021 年度国家試験）

（1）適正体重の子どもの増加
（2）適正体重を維持している者の増加
（3）適切な量と質の食事をとる者の増加
（4）共食の増加
（5）食品中の食塩や脂肪の低減に取り組む食品企業及び飲食店の登録数の増加

解答　（5）

問 3　健康増進法で定められている事項のうち，厚生労働大臣が行うものである。正しいのはどれか。１つ選べ。 （2022 年度国家試験）

（1）都道府県健康増進計画の策定
（2）国民健康・栄養調査における調査世帯の指定
（3）特定給食施設に対する勧告
（4）特別用途表示の許可
（5）食事摂取基準の策定

解答　（5）

問 4　健康日本 21（第二次）で示されている目標項目である。正しいのはどれか。１つ選べ。 （2022 年度国家試験）

（1）成人期のう蝕のない者の増加
（2）食品中の食塩や脂肪の低減に取り組む食品企業及び飲食店の登録数の増加
（3）主食・主菜・副菜を組み合わせた食事が１日１回以上の日がほぼ毎日の者の割合の増加
（4）妊娠中の飲酒量の減少
（5）郷土料理や伝統料理を月１回以上食べている者の割合の増加

解答　（2）

〈予想問題〉

問 1　日本 21（第二次）の目標項目の最終評価に関する記述である。策定時のベースライン値と比較して「改善した」と判定されたものとして最も適当なのはどれか。１つ選べ。

（1）適正体重の子どもの増加
（2）適正体重を維持している者の増加
（3）適切な量と質の食事をとる者の増加
（4）共食の増加
（5）食品中の食塩や脂肪の低減に取り組む食品企業及び飲食店の登録数の増加

解答　（4）

問 2　健やか親子 21（第二次）の最終評価に関する記述で、「改善した」（目標に達していなくても改善がみられるものを含む）と判定されたものである。最も適当なのはどれか。１つ選べ。

（1）低出生体重児の割合の減少
（2）朝食を欠食する子どもの割合の減少

(3) 十代の喫煙率の増加
(4) 虫歯のない3歳児の割合の増加。
(5) 十代の飲酒率の増加
解答 (4)

問3 食育推進基本計画に関する記述である。最も適当なのはどれか。1つ選べ。
(1) 第一次食育推進基本計画は平成17年に策定された。
(2) 食育推進基本計画は当初内閣府所管であったが、現在は厚生労働省所管である。
(3) 第一次食育推進基本計画から学校給食において地場産物を使用する割合を増加させる目標がある。
(4) 第三次食育推進基本計画では、食育に関心を持っている国民の割合が目標値を達成した。
(5) 第四次食育推進基本計画は、食育推進の16目標と20の目標値が設定されている。
解答 (3)

問4 健康づくりのための身体活動基準と睡眠指針についての記述である。最も適当なのはどれか。1つ選べ。
(1) 身体活動量の増加はがん、ロコモティブシンドローム、認知症などのリスク低減が期待できる。
(2) 身体活動基準では年齢区分は18歳未満、18〜69歳、70歳以上の3区分となっている。
(3) 睡眠不足を解消するためには、休日に寝だめをするとよい。
(4) 就寝前の飲酒は質のいい睡眠に繋がる。
(5) 睡眠不足でも健康状態に影響することは無い。
解答 (1)

索　引

ADL　65, 127
BMI　94, 118
B（being）心理学の人間観　35
PDCA サイクル　10, 58
PDS サイクル　58
PEM　127
POS　83
QALY　86
QOL　1, 58
SOAP 形式　83
X 理論と Y 理論　35
Web 会議システム　82

あ　行

アセスメント　10

意思決定バランス　15, 27
一次予防　5
一斉学習　79
イノベーション普及理論　21
飲酒　4

ウェブ調査　65

影響評価　85
栄養カウンセリング　7, 32
栄養教育　1, 95
栄養教育プログラム　67, 127
栄養教諭　75, 111
栄養食事指導　95, 130
栄養成分表示　46
エビデンス（科学的根拠）　48
エプロンシアター　78
エンパワーメント　7, 9, 43

オタワ憲章　22, 44
オペラント強化　26
オペラント条件付け　12, 26

か　行

ガイダンス　35
ガイドライン（食生活指針）（アメリカ）　150
——(イギリス)　152
——(オーストラリア)　151
——(カナダ)　151
——(デンマーク)　153
介入　22
外来　74, 133
カウプ指数　102
カウンセリング　35
かかわり行動　37
学習目標　68
学習理論　11
陰膳法　62
家族歴　61
課題　67
カタルシス　37
学校栄養職員　75
学校給食摂取基準　110
学校給食プログラム　155
学校給食法　109
学校教育　75
学校における食育の推進　111
がん　120
環境　17
環境目標　68
観察学習　17
観察法　65

既住歴　61
企画評価　84
喫煙　3
技術　87
気づき　7
強化　18
強化刺激　12
強化要因　23
共感的理解　36, 37
教材　77

グループ学習　79
グループ・ダイナミクス　42, 65

計画的行動理論　15
経過評価　85
経済評価　85
形成的評価　85
傾聴　35
系統誤差　89
ケーススタディデザイン　87
結果（アウトカム）評価　85
結果目標　68
研究デザイン　48
健康教育　2, 7
健康教育理念の体系化　22
健康寿命　126
健康づくりのための身体活動基準 2013　122, 160
健康日本 21　158
現病歴　61

行動　87
行動カウンセリング　32
行動科学　8
行動記録（セルフモニタリング）　65
行動記録表　18
行動契約　27
行動コントロール感　16
行動置換　26
行動分析　65
行動変容技法　7, 24
行動目標　68
合理的行動理論　15
更年期障害　121
コ食　4, 108
個人教育　74
個人面接法　65
コミットメント　14
コミュニケーション技術　80
コミュニティ・オーガニゼーション　20, 42
コンサルテーション　35

さ　行

在宅患者訪問栄養食事指導　74, 133
参加型学習　82
産業保健の場　73
三次予防　5

自記式記入法　63
刺激統制　25
刺激 - 反応理論　11
自己一致　36
自己強化　26
自己効力感　15, 17, 28
自助集団　42
実験デザイン　87
実現要因　23
実施目標　68
実測法　63
質問紙法　63

社会的学習理論　16
社会的強化　26
社会的認知理論　16，18
写真撮影法　62
周囲の理解・協力　83
重大性　12
集団教育　74
集団面接法　65
主観的規範　15
主訴　61
授乳の支援　100
授乳・離乳の支援ガイド　98
受容　36
準実験デザイン　88
準備（前提）要因　23
食育　102
食育基本法　110
食事記録法　62
食事バランスガイド　149
食生活改善推進員（ヘルスメイト）　73
「食に関する指導の手引―第2次改訂版」　111
食品安全委員会　45
食品安全基本法　45
食物摂取行動　1
食物摂取状況調査　133
食物摂取頻度調査法　62
食歴法　62
神経性過食症　112，120
神経性やせ症　112
身体状況　83
シンポジウム　81
心理的強化　26
診療所　74

睡眠　4
ステージ理論　13
ストレスマネジメント　28
スポーツ基本法　115
スローフード　154

生活習慣病　120，126
生体指標　62
成長曲線　102
生態学的モデル　24
セルフコントロール　18
セルフヘルプグループ　42
セルフモニタリング　18，27，65
前後比較デザイン　88

総括的評価　85
相互決定主義　17
ソーシャルキャピタル　44
ソーシャルサポート　19，42
ソーシャルスキルトレーニング　29
ソーシャルネットワーク　19，42
ソーシャルマーケティング　24

た　行

第1次食育推進計画　111
ダイエット　112
第3次食育推進基本計画　111
態度　7，15，83，87
第2次食育推進計画　111
第二次性徴　107
第4次食育推進基本計画　111
妥当性　88
楽しく食べる子どもに　101, 102, 104

地域保健　72
知識　83，87
チーム医療　75
チームティーチング　76
チームによる患者教育　75
チェンジトーク　41
中期目標　67
長期目標　67
朝食欠食　101，107
沈黙　39

低栄養　128
電話調査法　65

動機付け　7
動機付け面接法　40
糖尿病療養指導士　75
特定健康診査　73，120
特定保健指導　73，120
閉ざされた質問　37
留置き法　65
トランスセオレティカルモデル　13
トレーサビリティ　45

な　行

内潜行動　26
内臓脂肪型肥満　118
内臓脂肪減少　64
内臓脂肪症候群（メタボリックシンドローム）　120
ナッジ　29
中食　123

二次データ　65
24時間思い出し法　62
二次予防　5
入院　74，131
妊産婦のための食生活指針　95，159
妊娠高血圧症候群　96
妊娠糖尿病　96
認知　16
認知行動療法　39
認知再構成　26

ノーマライゼーション　140

は　行

バイアス　88
媒体　78
バズセッション　82
パーソナル・コミュニケーション　48
発育急進期　106
発育ソフト　106
パネルディスカッション　81
ハンガーマップ　154
反応妨害　25

ピア・エデュケーション　80
非感染性疾患　124
膝高計測値　138
肥満　94，118
評価指標　59, 87
評価デザイン　87
費用効果分析　85
費用効用分析　86
標準体重　118
費用便益分析　86
標本　88
開かれた質問　37

ファイブ・ア・デイ　150
フィードバック　86
フォーカスグループインタビュー法　65
フォーラム　81
福祉の場　76
物理的強化　26
フードスタンプ　151
フードファディズム　47，49
プリシード・プロシードモデル　22
ブレインストーミング　82
プレゼンテーション技術　83
プログラム学習　80
プログラム目標（長期目標）　67
プロセス理論　14

ベビーフード　100

ペープサート　78
ヘルシーピープル 2000　9
ヘルスビリーフモデル　12
ヘルスプロモーション　2，9，44

保育所保育指針　102
保健医療従事者　98
保健行動　8
ポストハーベスト　45
母乳育児を成功に導く10のステップ　98
母乳栄養　99

ま　行

前向きコホート研究　48
マッチング　89
マネジメント　58
マネジメントサイクル　58，84
無作為抽出　87
無作為割付　87
無作為割付比較試験　48
メタボリックシンドローム　120
面接法　65
メンタルヘルス　120

盲検化　89
目的　1
目標　1
目標宣言　27
モデリング　17
モニタリング　83
問題解決型学習　82

や　行

やせ　120

郵送法　65

ら　行

ライフイベント　117
ライフステージ　4
ラウンドテーブルディスカッション　80
ラポール　39

罹患性　12
理論・モデル　10

レクチャー（講義）　81
レスポンデント条件付け　11

ローカス・オブ・コントロール　19
6-6 式討議　81, 82
ロールプレイング　82
ロコモティブシンドローム　127
ロジャーズ, C.R.　35

わ　行

ワークショップ（研究集会）　82
ワーク・ライフ・バランス　122

執筆者紹介

*土江　節子	神戸女子大学名誉教授（1，2.4，4.6–7）
安田　敬子	神戸女子大学家政学部管理栄養士養成課程准教授（1，3.3，4.1，巻末資料 2）
井上久美子	十文字学園女子大学人間生活学部食物栄養学科教授（2.1–2）
小川万紀子	吉祥寺二葉栄養調理専門職学校校長（2.3）
小林　実夏	大妻女子大学家政学部食物学科教授（2.5–6）
秋吉美穂子	文教大学健康栄養学部管理栄養学科教授（3.1–2）
橋本　弘子	大阪成蹊短期大学栄養学科教授
清水　扶美	神戸女子大学家政学部管理栄養士養成課程准教授（3.3，4.1）
平田　庸子	神戸女子短期大学食物栄養学科准教授（3.4–5）
小倉　有子	安田女子大学家政学部管理栄養学科准教授（4.2）
髙橋　律子	昭和学院短期大学ヘルスケア栄養学科教授（4.3）
馬渡　一諭	徳島大学大学院医歯薬学研究部講師（4.4–5）
寺田　亜希	山口県立大学看護栄養学部栄養学科講師（4.6）
大瀬良知子	東洋大学食環境科学部健康栄養学科准教授（5，巻末資料 1・2）

（執筆順，＊編者）

食物と栄養学基礎シリーズ 9　栄養教育論〈第八版〉

2013年4月10日　第一版第一刷発行　◎検印省略
2014年3月30日　第一版第二刷発行
2015年4月1日　第二版第一刷発行
2016年3月20日　第三版第一刷発行
2017年4月10日　第四版第一刷発行
2018年9月30日　第五版第一刷発行
2020年2月28日　第六版第一刷発行
2022年4月1日　第七版第一刷発行
2023年2月28日　第八版第一刷発行

監修者　吉田　勉
編著者　土江節子

発行所　株式会社　学文社
発行者　田中千津子

郵便番号　153-0064
東京都目黒区下目黒 3-6-1
電話　03(3715)1501(代)
https://www.gakubunsha.com

印刷所　新灯印刷株式会社

ISBN 978-4-7620-3226-4